Probabilistic Risk Assessment of Engineering Systems

工程系统的概率风险评估

〔澳〕Mark G. Stewart 〔澳〕Robert E. Melchers 著

李 杰 穆全平 译

吕 杨 林 坤 主 审

黄河水利出版社

·郑州·

图书在版编目(CIP)数据

工程系统的概率风险评估/(澳)马克·G.斯图尔特(Mark G. Stewart),(澳)罗伯特·E.梅尔彻斯(Robert E. Melchers)著;李杰,穆全平译.—郑州:黄河水利出版社,2022.8

书名原文:Probabilistic Risk Assessment of Engineering Systems

ISBN 978-7-5509-2825-1

Ⅰ.①工… Ⅱ.①马…②罗…③李…④穆… Ⅲ.①系统工程-风险评价 Ⅳ.①N945

中国版本图书馆 CIP 数据核字(2021)第 035032 号

出 版 社:黄河水利出版社 网址:www. yrcp. com
地址:河南省郑州市顺河路黄委会综合楼 14 层 邮政编码:450003
发行单位:黄河水利出版社
发行部电话:0371-66026940、66020550、66028024、66022620(传真)
E-mail:hhslcbs@ 126. com
承印单位:河南新华印刷集团有限公司
开本:787 mm×1 092 mm 1/16
印张:12.75
字数:295 千字 印数:1—1 000
版次:2022 年 8 月第 1 版 印次:2022 年 8 月第 1 次印刷

定价:68.00 元

豫著许可备字-2021-A-0006

前　言

本书源于对风险分析的理解。风险分析并不针对任何特定的工程学科，它的应用非常广泛，对风险分析进行系统阐述的时机已经成熟。多年以来，我们参与了许多工程的风险评估项目和相关研究，进一步加深了对风险分析的深入理解，有必要从宏观上说明各种分析方法是如何相互关联和相互加强的。近年，在澳大利亚纽卡斯尔举行的风险评估会议获得了巨大成功，与会者来自工业界和研究机构。大家一致认为，要实现理解跨学科领域风险分析的评估，实现理解数值及主观风险分析方法的必要性和局限性以及理解随着风险管理方法增加而产生的概率风险评估，还有很长一段路要走。

不同的学科在发展过程中可能非常自然和有意地形成了自己的形式体系和特定语言，当风险评估被限定于一个给定的行业或体系时，结果可能是令人满意的。但现在越来越多的跨学科领域的风险评估急需进行，而仅采用特定的技术应用于跨领域风险分析将往往产生一些问题。因此，本书的主要目的之一是建立一种供其他专业领域人员通用的术语和概念。

全书共7章，第1章试图创建风险分析场景，并为接下来的大部分内容建立框架。熟悉风险分析的读者可快速浏览。

第2章介绍了危险情况可能产生的各种形式。在某种意义上，本章为许多学者及工程师等在设计、建设和项目管理中面临的问题设定了场景，这些问题可能对人们的生活和健康产生很大影响。

第3章介绍了风险分析师检查处理系统所需的方法，从简单但强大的技术到故障发生对复杂系统具有重大潜在影响所需的详细分析技术均有论述，并概述了之后3章的框架。

第4章和第5章阐述了需要输入到详细系统分析程序（如第6章所描述）的数据和模型的信息，包括系统部件的机械、物理、电气和其他特性等必需信息，也包括有关系统抗力（容量）等信息，其中特别重要的是特别繁重或严重的事件联合发生概率。此外，人的行为在系统的可靠性中也起着重要的作用，第5章讨论了对考虑人为错误、人的可靠性和与人为错误相关的控制机制的广泛概述。

虽然在第6章之前的内容中很少涉及数学运算，但运用概率方法的系统分析不可能离开数学运算，因此在本章予以阐述。大部分的数学都尽可能地保持简单，目的是聚焦于风险分析本质。在此过程中，不仅描述了传统的故障树和事件树分析，而且还详述了单个事件数据在概率意义上的分析。

第7章检验了第6章中进行风险估计的技术用来决定风险评估的可接受程度，讨论了诸如风险感知、风险心理以及社会、文化和制度等问题，并论述了这些问题对决策制定可能产生的影响，同时对基于风险评估的决策方法进行了描述。本章最后以监管安全目标作为决策标准——本书中描述的概念、原则和应用的一个重要领域。

在这本书中所描述的原则和技术可能适用的领域包括:核设施、化学和石油化工设施、远海石油平台、航空航天设施、土木工程项目(大坝及防洪设施等)、结构工程等。简言之,本书所述的方法和思路特别适合于投资较高、建造困难或稳定性稍差的大型项目。

本书对风险分析问题的思考和理解得益于多年来与各界人士的讨论和互动。非常感谢所有关心我们和给我们提供帮助的人,希望他们的意见在本书中能够得到充分的体现。和其他大多数书籍一样,本书的完成是建立在许多前辈的工作基础之上,只希望对于他们的贡献不会太有失公允。然而,我们必须简洁地、有选择性地在有限的篇幅内实现我们写书的初衷,也真心希望能够对工程(和其他)系统的风险评估方法和技术提出合理全面的见解。

本书编写人员及分工如下:第1~5章由李杰(天津城建大学)编写(共计171千字),第6、7章及附录由穆全平(中水北方勘测设计研究有限责任公司)编写(共计124千字)。全书由李杰统稿,由吕杨(天津城建大学)、林坤(哈尔滨工业大学)担任主审。

本书的译著者多年来从事工程系统风险领域的教学、研究、应用以及翻译工作,对风险评估在结构工程等领域的应用和发展有着深刻的认识。本书的翻译工作得到了许多专家和学者的大力支持与协助,特别是天津城建大学吕杨副教授和哈尔滨工业大学林坤副教授担任了本书的主审,对包括专业名词在内的翻译思路等都提出了宝贵的建议,在此表示衷心的感谢!由于译者的水平有限,如有错误与不妥之处,敬请读者批评指正。

本书得到了国家自然科学基金项目(项目编号:51708391)和天津市自然科学基金项目(项目编号:18JCQNJC77700)等的资助,并得到了 Mark G. Stewart 教授的帮助,在此表示衷心的感谢!

作　者

2021年11月

目 录

第1章 概 述

1.1 风险评估

风险评估与决策有关。对于工程系统和类似的系统,决策取决于新的或拟议系统的生存能力,或者现存系统的持续生存能力。"系统"可能包括核电站、铁路系统、桥梁、石油化工设施和许多其他系统,也包括软件系统和类似的系统。

系统是否可行取决于是否满足需求。首先,系统必须能够满足建立的要求;其次,它必须是经济的,且必须在可接受的安全水平上运行。稍加思考就会发现,同时达到这三个要求通常不是一件简单的事情。每个要求都带有不确定性因素——系统必须在何种程度上被确定并继续履行其功能?系统不经济或者系统后期会变得不经济的概率有多少?它能安全运行并继续这样做的可能性是多大?每个问题都会引发更深远的问题:"如果……将发生什么?"也就是说,如果不满足功能、经济和/或安全要求可能产生的后果是什么?

每个问题都由三个组成部分:①需要满足的要求;②达到该要求的概率;③不符合该要求的后果。

这些组成部分均构成合理决策所需信息的一部分。本书的主要内容涉及解决这些组成部分中的第二部分,即估计满足系统要求的概率。

确定这些概率的过程在许多行业和学科中具有一定程度的通用性。然而,系统必须满足需求的定义通常是特定于某系统、某行业或某技术。类似的理论也适用于后果的确定。因此,尽管这两个问题是决策过程中非常重要的组成部分,但它们并不是本书的主要内容。

第2章说明了特定系统中三个组成部分(需求、概率、结果)相互关联的方式。可以看出,概率分析只是整个决策过程的一部分。评估导致系统故障(失效)的原因是很重要的,评估故障发生后可能造成的后果也非常重要。在随后的详细讨论中应谨记这些方面。

由于风险评估与决策有关,因此可以将其视为另一种管理工具,适用于各种情况。实际上,风险分析和评估已经作为一种管理工具进行了编纂(例如,AN / NZS 4360:1995)。在这种情况下,此类申请可以是个人级别,或者是团体、组织级别,或者是地方、国家或国际社会级别。

1.2 决策中的风险评估

现代的决策方法一直试图使风险方面更加明确,但情况并非总是如此,风险也并非总是与概率有关。

它可能根据直觉做出决定。通常这适用于相对较小的问题,或者只涉及一个或很少人的问题。在后果可能很严重的情况下(例如涉及很多人,可能造成很大损失,等等),为了使方法变得更加合理,决策者通常面临着很大压力。当数据或信息不足以确定可靠的替代方案时,通常会出现困难。然后就可能转向投票系统,基于无知、大众吸引力、带有政治因素的煽动者等因素,或者可以尝试对可用信息进行排序或分类,并尝试对不太清楚的事项进行排序或分类。然后可以使用"专业判断"之类的术语,并且可以通过多个专家的使用加以完善,例如在 Delphi 环境中。下一步是调用更精细的排序系统,例如,"模糊集理论",其中存在公理基础或概率理论,存在某种更为普遍接受的公理基础。程序步骤的选择,以及由此产生的理论框架,在某种程度上创造了一定的激情。本书选择的概率论,它是最被广泛接受的,并且与管理决策理论方法(如成本效益风险分析)一致,并得到数学界的广泛支持。

诚然,运用概率论进行风险评估并没有解决一些引人关注的理论问题。尤其是许多人都有一种期望,即将系统发生故障或其他事件的概率估计值始终可以与特定事件(如雷暴)的发生频率相比较,或与雷暴、飞机旅行或爬山等造成的死亡风险相比较。这种"观察到的"频率是一种引人注意的衡量标准,但只能用于对与系统事件相关的概率进行正确计算的估计。特别是,必须考虑所有风险因素,而不仅仅是其中一些因素。人们经常提出的一种批评意见是,人为错误总是未考虑在内。在这种情况下,应该清楚的是,计算出的概率只有"名义值"或相对值。但是,这种概念上的概率已经在实践中得到了应用,并且已在许多应用中使用,例如在结构设计规则的"校准"中,当一个设施内的备选方案正在进行比较并且可以忽略外部影响时(Melchers,1987)。只要能理解系统估计概率的局限性,所有这些都不应该是引起恐慌或降低概率使用的理由。此外,显而易见的是,采用概率论的替代方法并不能解决问题。

正如在第 7 章中详细讨论的那样,预期的出现频率越来越多地被用作特定系统的政府监管要求的基础。鉴于上述评论,风险分析必须处理影响发生概率的所有因素,包括人为错误。第 5 章详细讨论了这个重要主题。

1.3　定义风险

1.3.1　风险与概率

"风险"一词有必要更加清楚地说明。不同的受众可以通过多种方式来理解"风险"。对于统计人员和许多工程师来说,他们用另一种简单的词汇来表达事件发生概率的定义,例如"今晚雷暴的风险(发生概率)为 20%"。对于大多数人而言,此类事件让人联想到损坏的可能性比事件本身更引起人们的关注。保险业专注于这类定义,对他们而言,"风险"一词只是"有风险"的物品或货币的(或许是成比例的折价)价值。不管以何种方式,"风险"一词的公认定义越来越多地体现了这两个方面。因此"风险"被定义为特定后果的概率,被评估为"概率×后果的价值"。在这个定义中,后果可以用美元来估计,或者用其他一些评估系统来评估,比如人的死亡。该定义主要在本书中使用。

所采用的风险定义有时会引起混淆,因为有时其他定义更符合常规用法。因此,“死亡风险”的说法仍然很常见,即已经确定的事件的概率,如死亡。然而,这种冗余不应导致不适当的问题,因为在所有情况下,背景都是清楚的。

如前所述,本文主要是关于确定事件发生概率的估计以及如何使用这些信息。由于在大多数情况下,结果估计是与特定行业有关的,因此在本书中无法进行有效的处理。然而,需要注意的是,风险分析中采用的后果评估细节级别可能对用于估计概率的详细程度有重大影响。例如,只对死亡很关注,而不是对各种死亡和伤害的类型关注,也许长期影响会导致风险分析更加集中和更小的难度,尽管有其局限性,但也很可能为某些类型的决策提供足够的信息。

风险分析中使用的细节级别也可以通过其他方式进行分解。例如,核工业中的风险概率分析(PRA),由于很明显的因素也称为安全概率分析(PSA),可以在三个层次上进行,包括:第 1 层:对核电站达到某些临界状态的概率分析(例如“冷却剂流失故障”),第 2 层:分析了达到各种临界状态的后果以及相对应的概率,第 3 层:对可能对人类造成的(不利)影响进行进一步分析,包括估计生命损失和可能发生的时间。本书在很大程度上是关于第 1 层的内容。它仅在需要估计发生的概率时才对其他层别产生影响。对后果(如爆炸的规模、放射性气体在空气中的扩散等)的分析是另一个问题。

1.3.2　风险类型

本书未区分各种类型的风险,但应该指出的是,有时“个人”风险和“公共”风险或“社会”风险之间,以及“自愿”风险和“非自愿”风险之间存在区别,但也具有相同的特点。社会风险与人群有关,可能与个人风险有不同的看法。这一现象的一个方面是,在一次集体事故中 100 人死亡的可接受性要低于每起事故都有 1 人死亡的 100 起不同的事故(相当不合理)。

自愿风险是指对自己的行为有自主控制权的个人自愿承担的风险,跳伞、爬山、吸烟等风险属于此类。然而,与生活在社会中有关的正常风险,如犯罪、飞机失事、家庭煤气爆炸等,通常被认为是非自愿风险。更难分类的是与驾驶机动车等活动相关的风险,这可以被认为是自愿的,但如果上班的唯一选择是开车,这是真的自愿吗?

另一个分类是在“真实”风险和“感知”风险之间。显然,有些人对某些潜在的危险有不合理的恐惧,例如飞机旅行,这可能会在使用风险标准进行理性决策时出现问题,可能存在与风险感知相关的文化方面。在心理学文献方面,这是一个引起极大关注的课题。对大多数人来说,在接下来的讨论中可以忽略这一区别,只是在制定接受标准时需要提出这一区别——这是第 7 章中讨论的一个主题。也可参考 Royal Society(1992)、Blockley(1992)和 Bayersche Ruck(1993)。

在风险接受标准方面,区分“可接受”风险和“可容忍”风险的趋势日益明显。稍加思考,就可以清楚地区分这两个术语,但简言之,在正常的事件过程中,可以容忍的风险可能是不可接受的。第 7 章再次对此进行了进一步讨论。

1.4　基于风险的决策流程

在进行风险分析时,许多步骤是分析的基础,并且可能与所考虑的系统无关。进行分析到底是为了评估是否符合需求,还是作为管理决策的基础,这一点并不重要。这些步骤本质上是相同的,只是流程的后面部分会有所不同。以下部分都是基于 AS/NZS 4360:1995,但这些原则是众所周知的。图 1-1 为基于风险的决策流程图。

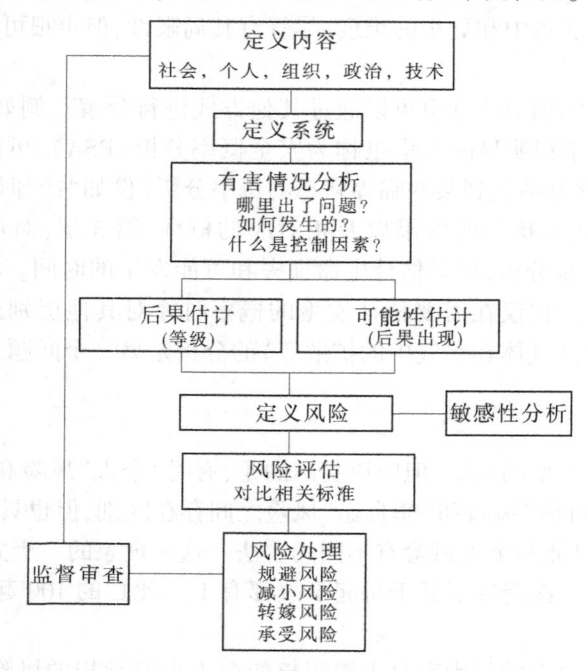

图 1-1　基于风险的决策流程图

1.4.1　上下文定义

风险分析应该在良好定义的语境中进行。这意味着风险分析者、待检查的系统、内部和外部的影响之间的关系必须是已知和定义好的。这些包括:

(1)利益相关者和利益相关团体,比如社会、地方团体、个人、地方各种组织机构、州和联邦层面、直接涉及的组织(如"承托人")和这些组织内的团体。

(2)可能影响风险分析有效性的问题以及由此产生的任何建议的行为。

(3)风险分析进程中潜在的影响因素,如政治、社会、文化、法律和财务方面。

组织问题也是非常重要的。了解系统和承担其直接责任的,或者对其有直接影响的组织之间的关系都非常重要。这包括现有的和未来的目标、宗旨和战略,因为这些目标和战略会对需要采取的行为产生影响(如为了改善风险分析中发现的任何不利影响)。

另外,必须定义风险管理的来龙去脉。第一部分是解释为什么分析是在一开始就进行的。之后,对将要分析的系统进行定义,包括不考虑系统中哪一部分的理由,还必须确定分析的全面性和对分析及结果的执行负有责任的各方。

1.4.2 标准的定义

对风险分析结果进行评估的标准是至关重要的,各种方面可能都需要考虑到,如文化、人道主义、社会、法律、财政和技术方面。对于公共领域的系统,很有可能存在普遍适用的国家标准,但是对于内部的或公司间的分析,可能会使用其他的标准。然而在这些情况下,也很少能避免对国家或国际标准的问责。第7章会对这方面做进一步的讨论。

1.4.3 灾害识别

下一步是实际分析的第一步,也就是系统的定义以及评估系统如何失效或在不利情况下会发生什么。这个进程有三步:

第一步:定义结构体系。

在这步中,系统通常被分解成许多较小的组件或子系统。这些构成了系统的逻辑和数值分析的框架。第3章对这些进行了详细的讨论,第6章运用第4章和第5章的数据,并展现了数值方面的细节。

第二步:灾害场景的识别。

对于风险分析来说,识别系统或其子系统可能出现的“错误”是至关重要的。这就产生了与系统相关的“危险”。它要求对系统进行详细的检查(并理解)。来自数据库的信息,以及其他过去的经验,将在危险场景识别中起重要作用。在第2章和附录中讨论的一些经验也会起到很重要的作用。此外,还可以使用各种特殊技术,比如核查表和头脑风暴法。对于核电站或加工厂来说,如果某些工厂受损,则可以认为其发生了危险,这些危险情景有时被称为“工厂损坏状态”。

第三步:灾害场景分析。

一旦确定了潜在的危险,就有必要确定这些危害是如何发生的。了解最可能的原因是不够的,不太可能的原因可能也很重要,也需要考虑,即使这些原因后来被舍弃了。此外,共同导致的失效,以及各成因之间的联系也很重要,但往往缺乏对它们的理解。第3章会更详细地介绍。

1.4.4 风险分析

风险分析涉及确定与每种危险相关的概率。为了获得这些信息,需要分析系统的组成部分和子系统,及其发生的概率和各种结果的组合。基本步骤如下:

第一步:选定方法和细节。

各种技术都可以用于风险分析,从定性技术(如排名)到各种定量技术。在第3章和第6章中将进一步讨论,以下都假设定量的方法。

分析的详细程度取决于所要求的结果,以及分析和建模细节与输出结果之间的一致性的需求。显然,不应该认为风险只对早期结果产生很小影响。初步分析通常用于此目的。然而,应该有效记录已经被排除的风险,以强调它们的存在性。

第二步:发生概率。

定量分析中,在既定的系统及其操作条件下,风险评估需要对发生的概率(或可能性)和结果进行估计。一般来说,概率是根据相关数据和主观判断的组合来估计的,见第4章和第5章。对于某些情况或子系统,发生的概率必须通过子系统容量的信息和对其需求的信息(分析)来确定。第4章和第6章会介绍这方面内容。

第三步:预测结果。

如前所述,对结果的预测通常不是风险分析专家的事情。一般来说,在已查明具体危害和后果的每一领域都需要专家的投入。例如,对于危险气体泄露事件,需要专家给出的建议包括:①气体泄露流量预测;②气体扩散的方式以及危险区域;③)着火的概率;④在热辐射或爆炸压力下造成火灾及可能导致的后果;⑤危险气体泄漏的影响包括对人类的影响。显然,专家意见取决于所考虑的系统。

1.4.5　敏感性分析

第6章提出建议可以使用概率方法来考虑数据源和系统建模中的不精确性(或“不确定性”)。一种更传统的方法用来估计不精确性或不确定性所带来的影响是进行敏感性分析。这意味着要估计输入变量(数据)本身或模型假设本身存在变化对结果的影响。这提供了所谓的风险评估的敏感性。敏感性越高,说明在获取有关变量的数据或估计时需要更加注意。敏感性分析可以突出分析中特别重要的部分。

1.4.6　展示结果

风险分析得到的结果可能是很复杂的。它们需要以最清晰的方式呈现给潜在用户。一种常见的方法是对类似的危险进行分组,并将其转换为一个通用的等级,如生命处于风险中或损失(后果等级)。这可能与发生各类危险的概率有关,并可以将其与其他危险活动或风险标准进行对比,详见第7章。

1.4.7　风险评估/标准

“风险评估”术语通常用于将系统风险估计与风险“可接受性”标准进行比较。它们通常是随意建立或采用的,一般以过去的经验作为指导。因此,可接受或可容忍的死亡风险常常被引述为每年低于 $1/10^6$,而这部分人并不在系统风险考虑的范围内。这一数字是基于相对安全的非自愿活动的预期(过早)死亡率计算的(详见第7章)。必须指出,这些数字是基于对预期的判断的。

显然,与接受标准相比较,意味着风险分析必须产生与标准有可比性的结果。这表示分析必须尝试提供预期概率,而不是名义值。当然,风险评估结果也必须与现存的标准进行比较。

风险评估将列出对系统风险贡献最大的危害列表。如有必要,可考虑采取进一步行动。

1.4.8　风险处理

如果该系统的估计风险超过了预先确定的标准,或以某种其他方式被认为需要降低,则有以下几种选择：

（1）方案1：风险规避，这通常意味着终止系统运行。这并不总是一个可行的选择，但如果危害或其发生的可能性（或两者都）特别严重，这可能是唯一的方法。

（2）方案2：降低风险，通过降低某些事件的发生概率或通过降低时间发生后果的严重性来降低风险。如缩小系统规模或采取适当控制措施。

（3）方案3：风险转移，指可以建立保险或其他金融机制来分担或完全将财务风险转移给第三方。如果其主要后果不是经济上的，该方案不可行。

（4）方案4：风险接受，即虽然风险已超过了标准，但可能只是在有限的时间内，有足够时间可以采取其他措施予以控制。

在所有情况下，风险处理都需要认真评价拟建议的方案，同时必须考虑可能的备选办法及其可能产生的影响。但这可能涉及一个或多个新的风险分析，以衡量变化的影响。在其他情况下，对原始风险的敏感性分析可能足以提供必要的信息。

1.4.9 监控和审查

通常，风险分析只提供与系统相关的风险“快照”。系统的变化，例如由于材料老化或对需求的变化而导致的系统逐渐恶化，都会改变系统的风险。此外，控制程序的有效性可能会随着时间的推移而减弱，这也会影响系统风险。处理这些变化的一种方法是尝试预测在未来某个时间点可能发生的变化，然后评估该时间点的风险。当然，这需要高质量的模型来预测变化。

另一种选择是监控系统。在此方法中，对系统需求、系统容量、材料强度和性能等进行重新评估是基于抽样、测试或观察进行的。之后，可以使用各种参数的新值重复风险分析，并根据接受标准，对系统风险进行重新评估。如果风险分析是经过适当记录的，那么修正后的分析应该是相对直接的。现代趋势是将分析的主要特征记录在一套完整的计算机程序中，用各种数学模型来估计概率和后果。其结果是得到一种风险评估工具，该工具需要相对较少的工作便可提供一个更新的风险分析。在核工业中，这被恰当地称为“活”（概率安全）分析。

1.5 一些其他事项

目前，还有一些未讨论过但对风险分析仍然很重要的事项。这些事项包括管理承诺、文件和质量保证、政治和公共参与、高后果—低概率事件和对风险的法律解释。关于这些事项的简短评论如下。

1.5.1 管理承诺

显然，风险分析只有在人们意识到需要的情况下才会进行。一些分析是由监管要求驱动，另一些则可能是管理政策或需求的结果。无论动力是什么，很明显，如果没有适当的管理承诺，分析几乎不可能成功。这将包括确定政策和目标，并提供足够的资源来完成这项工作，还需要做出承诺，将结果传达给可能受影响的人。在适当的情况下，还需要承诸进行监控和审查。AS/NZS 4369:1995 中给出了在组织内实施风险管理程序的一些有用的指导方针。

1.5.2 文件和质量保证

在进行风险分析时,必须建立适当记录分析的程序。文件记录的目的可概括为:

(1)提供过程和假设等的透明度,从而证明分析过程是正确进行的。

(2)记录关键的决定和假设。

(3)提供所采用的所有数据、程序等的记录。

(4)为后续的审计或更新提供信息。

关于简单风险管理系统中适当的文件编制和质量保证程序的一些准则载于 AS/NZS 4369:1995。有关质量保证的补充意见见第 7 章。

1.5.3 政治和公共参与

风险评估的政治性、风险标准的制定和风险管理技术的使用涉及诸如由谁来决定什么是关键风险和后果、什么是风险接受标准,以及向谁披露、披露多少等问题。显然,这些问题的答案不能在这里给出,也不是直截了当的。这在很大程度上取决于进行风险分析的背景,在私有领域,还是在公共领域,危险的性质以及系统故障可能造成的后果。

对于公共系统或那些有可能产生公共影响的系统,通常假定公众有权适当地了解风险分析过程和假设,以及所涉及的参数。人们还普遍认为,公众有权就适当的风险接受标准征求公众的意见,包括对其接受水平的讨论。然而从文献中可以清楚地看出,出于各种原因过去并不总是如此,在所有文化或政治制度中也可能并非如此。

在确实有公众参与的地方,重要和关键就在于公开和坦率,因为没有什么比"事情正在被隐藏"的看法更快地破坏公众的信心。谈判与在可接受的限度内妥协的能力以及争取"双赢"的结果,都是需要考虑的方面。然而通常不太可能每个人都完全满意。因此,朝着所期望的方向前进的政治意愿是取得适当结果的关键。

这些问题在很大程度上超出了本书的范围。这里发出的信号提醒风险分析人员注意可能涉及的一些问题。进一步阅读和相关问题的有益讨论详见"Royal Society"(1992)、"Blockley"(1992)、"Bayersche Ruck"(1993)和"Freudenberg"(1988)的报告。

公共领域可能发生的部分讨论是风险积累问题,即由于对现有风险施加新的风险而导致的风险积累。显然,如果有许多这样的新风险,即使它们随着时间的推移而发生,个人的总风险也将增加,至少原则上是这样。对许多项目来说,额外的风险几乎可以忽略不计,但公众并不这样认为。对另一些人来说,风险累积的问题是真实存在的,如果不能证明对现有风险源的估计是减少的,则风险积累的问题就更严重了。

1.5.4 高后果—低概率事件

风险分析特别困难的一个领域是,如果潜在的后果非常大或严重,但实际发生这些后果的可能性非常低。有时有人认为,传统的风险分析在这种情况下会崩溃,因为风险现在是一个很大的数字乘以一个非常小的数字!我们应该认识到,这里的错误不在于风险分析方法,而在于将分析中获得的信息用于决策的能力。在预测会产生巨大或严重后果的地方,决定采取何种行动将主要取决于后果的潜在影响,而不考虑所估计的风险。

有两个类似例子:第一个是美国在发生几起“事故”和苏联1986年切尔诺贝利事件之后,美国对建造更多核电站的反应。另一个相反的较少为人所知的例子是对1995年日本神户地震的反应,这次地震揭示了为一个重大的、意想不到的地震做好充分准备的困难。提高一个大城市及其周边地区所有基础设施的等级以应对一场很重大但不太可能发生的自然灾害的成本,可能对一个社会来说太大了,尽力能做到最好的就是某灾害发生后简单地辞职做好“扫尾工作”。在这两种情况下,传统的风险分析对于做出决策都不是特别有用的,但至少风险分析可以揭示问题。

1.5.5 法律解释和风险

人们有时认为,基于风险的决策会让工程师、管理者和其他人在“事件发生”时承担责任。这是一个相当简单的观点。它忽略了这样一个事实:基于风险的设计多年来一直被用于防洪、大坝设计、一般结构工程和某些危险行业的选址规划(如石油化工选址)。另忽略的事实为,即在使用基于风险的决策标准之前,这些系统是使用“经验法则”设计和构建的。这些系统所涉及的风险变得更加明确,当然,风险总是存在的。应该指出的是,基于风险的监管要求是由社会通过其政府合法实施的,这将对法律体系产生影响(可能是“长期”的)。

对一些人来说,困难在于法院要求工程师和其他人必须谨慎行事,并采取一切合理措施,确保公众和个人的安全。正是在对这些要求的解释中,法律论点有时凌驾于本来被认为是相当谨慎的行为之上。但同样地,也有一种企图隐藏在“风险”之下的倾向,这种“风险”被更恰当地描述为未能赋予注意义务,包括疏忽。人们不希望社会接受在传统风险分析所涵盖的专业方式下的疏忽。

通常,法律界可能在某种程度上落后于社会的期望。尽管如此,法律和社会都在逐渐摆脱结构、工业设施等“完全安全的”概念。难点在于如何协调风险分析中适当考虑的重大错误、疏忽和类似的行为或疏漏,从而成为风险的一部分被社会所接受的设施。这似乎不是一个容易或迅速得到解决的问题。

从本书观点出发,有必要指出,在问题发生时,明确的基于风险的决策与专业人员的责任之间的关系是一个持续存在的问题。有人建议,从根本上讲,这不是一个新问题,也不是纯粹是由于采用基于风险的决策方法而产生的问题。有人认为,从根本上说,这不是一个新问题,也不是一个纯粹由于采用基于风险的决策方法而产生的问题。人们知道这个问题不容易解决。但同时也指出,基于风险的决策机制已经有很多被社会所接受的先例,最终便成为了基本标准。

1.6 结 论

本章概述了风险的概念及其与风险管理思想的关系。对基于风险的决策过程、概率在风险评估中的一般作用以及风险管理进行了综述。此外,还简要介绍了风险决策中的其他一些问题,包括基于风险决策必须运作的政治和法律领域。

参考文献

[1] Bayersche Ruck [ed](1993), Risk is a Construct, Knesebeck, Munich.

[2] Blockley, D. [ed](1992),Engineering Safety, McGraw-Hill Book Co. London.

[3] Freudenberg, W. R. (1988),Perceived risk, real risk:Social science and the art of probabilistic risk Assessment,Science, 242, (7 October), 44-49.

[4] Royal Society(1992) Risk: Analysis, perception and management, Report of the Royal Society Study Group, London.

[5] Standards Australia(1995),Risk Management: AS/NZS 4360:1995, Sydney.

第 2 章　风险的来源

2.1　概　述

当系统无法实现某些“可接受的”(或预定的)性能级别时,系统会发生故障。因此,系统失效是一种潜在的能量释放(如蒸汽云、爆炸、飞机失事),环境中有毒物质的释放,系统运行的中断或任何其他情况下系统未按其预计功能运行。系统故障通常是由多个故障事件或过程的组合引起的,尤其是一个或多个独立组件的故障,而这些组件是成功完成系统任务所必需的。这些单独的部件包括设备故障、人为错误(人类的行为超过了某种程度上可接受的范围),例如超载等。本章对一系列工程系统考虑导致其故障(或事件)的一般因素及其成因会是非常有用的。比如:

(1)核电站。

(2)化学及油料加工及储存设施。

(3)运输。

(4)管道。

(5)结构。

(6)海上平台。

(7)大坝。

(8)水文系统。

(9)航空航天系统。

(10)机器人。

(11)计算机系统。

前文列出了各种各样的系统,但是“大型系统的共同之处比它们在设计和目的上的差异更重要”(Bell, 1984)。可以看出,许多工程系统的风险来源通常是共同的。

上述部分系统可分为其他工程系统的子系统,例如,化学及石油工业“系统”可包括海上平台、处理及储存设施、管道、电脑系统及船舶运输。

这一概述为全面的危险场景分析提供了一个重要的起点(参见第 3 章),因为它突出了那些已被证明对系统性能有不利影响的工程系统组件。

然而,需要注意的是,即使有最好的意图,建议和广泛的经验及数据库也不可能确定工程系统中所有潜在的故障事件或危险。一些被称为“不可预见的”失败事件或过程可能会继续存在。然而,一个合理的危险场景分析应该将这些减至最小。

2.2 特定工程系统的风险来源

本书所确定的系统风险的一般原因仅用于说明导致系统故障的因素。这些资料可能有助于以下情况：

(1)界定需要量化的风险性质,即定义系统故障。

(2)识别可能导致系统故障的事件或事件序列(例如,管道或阀门故障、高负荷)。

(3)确定这些事件可能的成因(例如,腐蚀、设计年限、火灾、地震、人为错误)。

下面将要讨论的是复杂的工程系统,因此只能用术语来描述风险的原因。本书的范围不包括为减轻系统故障的可能性和/或后果而提出建议或措施,因为这些措施通常包含行业特定的方法并且可能只适用于某单个故障事件。此外,改善设备或人员性能的措施最好是通过检查事件的确切原因来获得,例如,通过更好的培训、给予更多的时间、符合人体学设计的仪器、自动化控制等措施可有效地减少操作人员的错误。

另外,通过更频繁的维护或安装更新的泵,可以减少泵故障的发生率。此外,通过安装备用和并行冗余系统以及更好地培训和监督操作人员,可以减少泵故障的后果。

2.2.1 核电站

核电站的系统故障通常被定义为核电站边界以外的放射性物质释放(通常距核电站1英里,1英里=1.6 km),这些给周围环境带来了所谓的“非现场”后果。这些可能包括早期或潜在的健康影响,可居住性丧失和经济损失。

定义系统故障后,便可识别可能引发系统故障的事件。事件树或故障树(参见第3章)等技术可用于描述可能导致系统故障的事件或事件序列。例如,图2-1为位于美国的NPP(Nuclear Power Plant,简称NPP)进行风险分析而开发的故障树。故障树的结果表示了可能导致非现场发布的不希望发生的事例。例如,Ⅱ~Ⅶ级,其中Ⅶ级事件可以定义为子系统故障。Ⅷ级中显示的启动程序也可以由其他故障树描述,这些故障树显示的是不能导致子系统失败的设备或过程。在USNRC(1989)的研究中,该系统的复杂性显而易见,需考虑16 000个事故序列(通过故障树的不同路径)。第3章详细描述了事件树、故障树等系统表示方法。

现在详细考虑NPP运行的一个重要方面,比如一些可用的数据,即阀门的性能。阀门失效定义为阀门不能正常工作,这可能导致阀芯冷却损失,这反过来又可能导致对阀芯的破坏。Scott 和 Gallaher(1979)给出了1965~1978年间1 842起与操作经验有关的轻水反应堆NPP阀门安全事件的数据。该数据用于描述：

(1)发生阀门故障的设备。

(2)阀门故障的原因,分别见表2-1和表2-2。

过去发生过阀门故障的大量设备清单(见表2-1)很好地说明了大量潜在的事故序列。

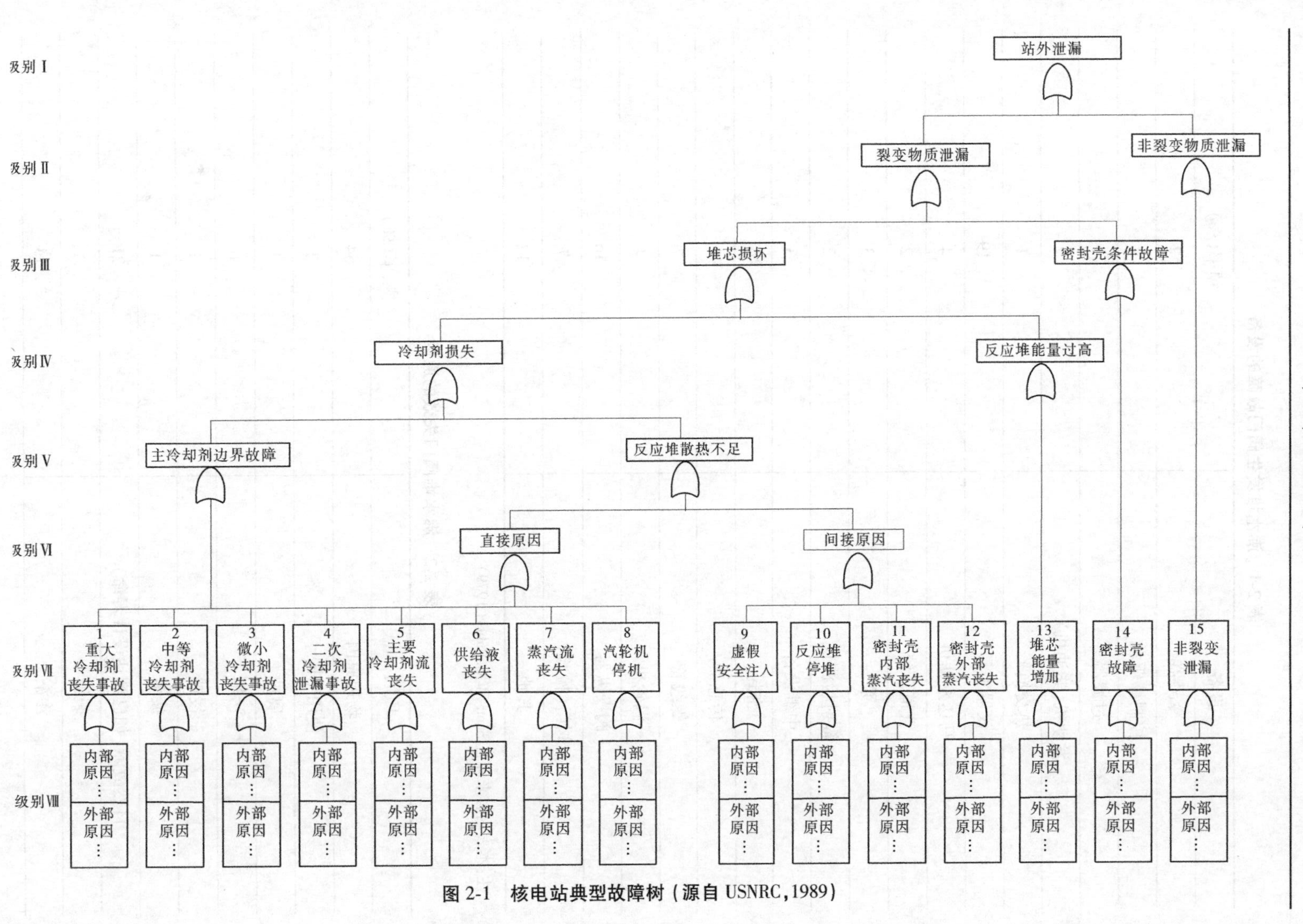

图 2-1　核电站典型故障树（源自 USNRC,1989）

表 2-1　沸水堆发生阀门故障的设备

设备	频率(%)
冷凝器	2
控制棒驱动	2
过滤器	1
发动机(柴油机)	2
热交换器	1
仪器工具	19
马达发动机	4
管道系统	2
泵	3
辐射检测仪	2
中继设备	3
密封	6
传感器	5
螺线管	7
涡轮机	4
阀操纵器	16
阀门(检验)	7
其他	12

注:本表内容来源自 Scott 和 Gallaher(1979)。

表 2-2　沸水堆阀门失效的原因

原因	频率(%)
一、物理原因	54
使用年限	1
腐蚀	1
污垢	6
侵蚀	1
疲劳	1
自然故障(如已到达设计寿命)	21
裂缝	1
渗漏	14

续表 2-2

原因	频率(%)
润滑	2
压力	1
振动	2
损耗	1
天气	1
二、人为原因	46
管理错误	3
工厂设计错误	11
制作错误	4
安装错误	5
操作错误	6
维护错误	18

注:本表内容改编自 Scott 和 Gallaher(1979)。

表 2-2 表示阀门故障可能由一个或多个原因造成。人为失误是造成这一现象的主要原因,它可能发生在管理、设计、设备的制造、安装、操作和维护。其余原因一般是由于物理影响,如疲劳、腐蚀、泄露和即将达到“设计年限”。92%的阀门故障发生在 NPP 的测试和运行期间,其余的阀门故障发生在施工或加油期间。外部事件的影响,如火灾、地震、龙卷风、洪水和飞机坠毁也被认为是设备或工艺故障的潜在原因。例如,表 2-3 显示了在地震中可能受损的一些结构和设备项目。

表 2-3　地震中可能受损的结构和设备

堆场设备及构筑物	燃油柜、换料水柜、辅助给水柜、一次给水柜、维修取水结构和水泵、辅助水管(包括电池和控制器)、电气调车场和变压器
附属结构	热交换器、水泵、水箱、阀门、通风设备、部件冷却系统调压箱、空调设备
控制区	天花板、控制板、主控制室的开关设备、墙、电缆槽、电动巴士、变压器、逆变器、电池室、控制柜、通风设备
反应堆安全壳	蒸汽发生器、蓄能器、密封风扇冷却器、喷淋头、安全壳隔离阀、电子穿透,仪器油管和变送器
柴油发电机房	柴油发电机、柴油控制区、重要的控制中心、日用油箱、排气管、燃料储罐、燃料输送泵
渗透区域	重要的控制中心、水泵、阀门、热交换器、压缩机、主蒸汽隔离阀、安全阀

注:本表内容改编自 Ravindra 等(1990)。

非核电厂存在大量的系统故障（如停电和事故），也是人为原因造成的（如 Floyd，1986）。剩余的系统故障通常是由设备故障、闪电或多种干扰造成的。

2.2.2　化工、石油加工及储存设备

化工和石油工业的加工往往涉及生产、储存和运输高度危险的物质。这些过程中任何一个都可能发生系统故障。系统故障可定为以下一种或多种危害的发生。

（1）火灾：泄漏/溢出的液体或气体着火。

（2）爆炸：蒸汽云的引爆。

（3）有毒物质的释放。

Lees（1980）报告说，虽然火灾最常见，但爆炸往往导致更高的损失和死亡。然而，有毒物质的释放对伤害或伤亡有最大的潜在危害。系统失效的发生和后果可能受到许多因素的影响，包括材料的反应性和毒性，以及材料对其加工条件的敏感性（高压或低压和高温或低温），下列设施被认为特别危险（Lees，1980）：

（1）空气和氧气植物。

（2）氨植物。

（3）硝酸铵植物。

（4）烯烃工厂。

（5）液化石油气、液化天然气设施。

一些化学物质也与其他工程相互作用，或者是其他工程的基本组成部分，例如，液化石油气和液化天然气通常被用作各种工业的燃料。

因此，液化石油气或液化天然气装置（如存储设施）发生火警或爆炸可能会严重损坏附近的工程系统（例如核电站或氢能厂）。

Kochors（1989）利用 FACTS（失效和事故技术信息体系）事件数据库发现，化工行业的重大事故约 6%发生在启动/关闭过程中，约 60%发生在正常运行过程中，其余则发生在维护过程中。化工火灾和爆炸的典型原因见表 2-4 和表 2-5。显然，设备故障（如泵、管道、仪表）和人为错误是导致系统故障的主要原因。

表 2-4　造成化学工业巨大损失的原因

原因	频率（%）
不完全了解某种特定化学物质的性质	11.2
不完全了解化学系统或过程	3.5
设备设计或布局不良	20.5
维护故障	31.0
操作错误	6.9

注：改编自 Doyle（1969）。

表 2-5　造成化学工业火灾和爆炸的原因

原因	频率(%)
设备故障	31.1
不充分的材料评估	20.2
运行故障	17.2
化学过程的问题	10.6
无效的预防损失计划	8.0
材料转运问题	4.4
工厂现场问题	3.5
工厂布局和间距不足	2.0

表 2-6 给出了炼油厂中容易发生故障的设备类型。人为错误很可能发生在规划、设计、施工、操作、检查、维修、运输、保管等过程中(如 Koehorst, 1989)。此外,管理或组织因素对大多数安全相关事件负有部分或全部责任(Robinson, 1987)。

表 2-6　炼油厂重大设备故障

设备	频率(%)
泵和压缩机	33.9
公用设备	22.3
熔炉	13.6
管道系统	10.7
塔和反应器	8.8
交换器	6.8
其他	3.9

2.2.3　运输

系统故障发生时,人们的交通工具和运送大量石油和化学品的系统会造成严重后果。系统失效包括结构失效、火灾、爆炸、石油和化学品泄漏。

在开放、不受限制的水域中,船舶系统失效对第三方的影响可能不特别严重。然而,沿海岸或海港发生爆炸或有毒物质释放,可能造成人命损失和环境破坏,以及巨大的经济损失。例如,装载液化氮气的油轮具有摧毁城市大部分地区的潜在爆炸危害,据观察,“一些油轮类似于漂浮的化学储存工厂,在微妙的温度和压力下保存着危险的化学物质”

(Perrow,1984)。

碰撞、搁浅、结构损伤、火灾和爆炸通常是船舶事故的主要起爆事件,见表 2-7(Bertrand 和 Escoffier,1989)。碰撞原因见表 2-8;显然,违规和/或判断错误占 90%(Gardenier,1976)。因此,据估计,大约 80%的航运事故是由人为失误造成的(Gardenier,1981;Perrow,1984)。人为错误的来源可以确定为非强制操作错误和强制操作错误。

表 2-7　引发油轮事故的事件

引发事件	频率(%)	
	油轮装载	油轮卸载
搁浅	37.4	28.7
碰撞	27.1	12.9
结构损伤	9.4	4.9
爆炸	7.6	39.6
泄露	5.8	3.0
火灾	5.3	7.9

注:本表内容改编自 Bertrand 和 Escoffier(1989)。

表 2-8　导致 1970~1974 年船舶碰撞的原因及频率

碰撞的原因	频率(%)
故意违反交通规则	55.6
判断错误	50.0
环境	46.5
船舶设计/水路设计	31.3
后期检测	30.0
多船舶	9.5
机械故障	8.0

注:一些碰撞是多因素引起的。本表内容改编自 Gardenier(1976)。

例如,长时间不休息以及因错过船期而面临的财务罚款的威胁,都会产生强迫操作错误。5%~10%的运输事故是由于未预料到的多错误或事件的相互作用(未预见事件)。其他事故可能是由于设备故障或自然现象,如风暴、雾或渠道转换(Perrow, 1984)。

2.2.4　管道

管道系统故障可导致有毒液体或气体泄漏到环境中,这会造成大范围污染,并构成严重的健康危害。对于石油管道,据估计约 73%的故障发生在管道本身,约 27%发生在沿管道的辅助设备(如阀门、法兰、仪表连接)。该研究还将失效原因分为:①机械失效(材料失效和建筑缺陷);②操作失误;③腐蚀;④自然灾害;⑤第三方损害(例如,船舶锚损坏近海海岸管线)。这些事件的原因及频率见表 2-9(Anderson 和 Misund,1983)。

表 2-9 输油管道故障的原因及频率

原因	频率(%)
腐蚀	29.9
第三方破坏	27.2
运行错误	26.6
机械故障	10.7
自然灾害	5.6

注:本表数据源自 Anderson 和 Misund(1983)。

2.2.5 结构

建筑物、桥梁和其他结构由相互连接的梁、柱、连接件、地板、墙壁和地基形成一个结构体系。这些工程结构的系统故障可以定义为以下任一种:①结构倒塌(孤立的结构构件、结构系统的全部或部分);②功能性或正常使用失效(例如,过度移动或变形,过度振动,使结构不能用于其设计的功能)。结构体系失效会导致建筑工人和/或公众的死亡(或受伤)、维修或损坏费用和其他经济损失。需要量化的风险本质一般是结构倒塌的可能性(失效概率),因为这种系统故障模式通常会导致最严重的灾难性后果。因此,本书只考虑结构倒塌的初始事件及其成因。在结构工程中,当荷载超过结构体系或构件的结构抗力(或承载力)时,结构就会倒塌。因此,高荷载或低抗力是引起结构倒塌的初始因素。

荷载通常由以下一种或多种组成:恒载、活载、雪、风和地震。高恒荷和活荷一般受用户影响,例如,重型车辆、火车或船与桥梁结构的超载或碰撞。

另外,风、洪水、雪和地震等自然现象的发生超出了使用者的控制范围。系统风险也可能由于结构低抗力而增加,这可能是由于材料性能的自然(和预期的)变化,或由于构件尺寸过小或构件强度不够。

结构抵抗力或高荷载(或两者兼而有之)的原因可分为天然或人为(人为错误)。现有的统计数据表明,高达 75%的结构失效是人为失误造成的(例如,结构失效是由人为失误引起的)(例如, Matousek 和 Schneider, 1977)。然而,在遭受地震和飓风等恶劣自然现象的地区,很可能有超过 25%的故障是由极限荷载造成的。

表 2-10 为在工程结构的规划、设计、建造、使用(包括外部事件)及维修过程中可能会出现人为失误。这些错误可能是由建筑师、工程师、承包商(建筑工人)、工程监理及建筑物使用者造成的。在解释说明此类统计数据时需要注意。例如,使用者并不一定要对建筑物和桥梁的所有使用错误负责。事实上,如果工程师没有预料到外部事件的影响,例如车辆、火车或轮船的冲击载荷或人为超载(例如,人们在行走时拥挤在阳台上),他们可能要承担部分或全部责任。一般来说,如表 2-11 所示,工程师和承包商对大多数结构故障负有最终责任。表 2-11 列出了 1975~1986 年美国 604 例(Eldukair 和 Ayyub, 1991)的研究中得出的结构破坏的 10 个主要原因。由表 2-11 可知,低劣的建筑质量是导致结构失

效的主要原因。需注意的是,大约 7%的结构故障是由"不可预见事件"引起的,此类事件一般不纳入风险分析。

表 2-10　建筑物和桥梁中的人为失误

规划设计	建设	使用和维护	调查的故障次数	来源
45	49	6	800	Matousek 和 Schneider(1977)
53	47	—	277	Fraczek(1979)
77	22	1	120	Walker(1980)
64	31	1	10 000	Logeais(1980)
43	32	25	87	Hadipriono(1985)—Buildings
12	23	65	54	Hadipriono(1985)—Bridges
39	40	21	604	Eldukair 和 Ayyub(1991)

注:由于其他误差的影响,百分比之和可能不等于 100%。

表 2-11　结构失效的主要原因

主要原因	频率(%)
负荷不足	45.2
构件连接不充分	47.0
依赖于施工精度	1.8
设计计算中的错误	2.5
含糊的合同信息	23.5
违反指令或说明	21.8
项目系统的复杂性	1.2
贫乏的施工过程	54.3
不可预见事件	7.1

注:本表内容源自 Eldukair 和 Ayyub(1991)。

对于识别导致结构(或其他)失效的原因存在疑问时,应尽力减少失效可能导致的后果。例如,结构可以设计这样一个结构组件的损失(例如,由于船舶碰撞而失去一个桥墩)不会导致整个结构倒塌或在大风时防止车辆被吹翻和破坏悬架结构而必须将悬索桥关闭(Shiraishi 和 Cranston,1992)。

类似的论点也适用于飞机、火车、轮船、机动车辆、航空交通、工业厂房和海上平台的结构方面,因为这些包含的结构子系统和组件的性质与建筑物和桥梁中使用的系统和组件的性质大致相同。因此,本节所述的初始事件及其原因也适用于这些系统的结构设计、施工和使用。

2.2.6 海上油气平台

海上油气平台的系统故障如下:①一个或多个子系统(通常是地基、护套或甲板)的结构故障;②造成系统损坏、生产和生命损失的重大操作事故。

表 2-12 为 1955~1990 年在固定和移动海上平台引发事故的初始事件(Bertrand 和 Escoffier, 1991)。最初的事件在起源上与那些有经验的过程工业和结构体系很相似(见本章 2.2.2 和 2.2.5 部分),只有一小部分的事故是由环境或自然灾害(例如极限风浪荷载)引起的,几乎所有剩余的初始事件都可以追溯到一系列的人为错误(Bea, 1989)。Paté-Cornell(1989)将这些错误分为程序性错误或组织性错误。当操作员未能在操作程序中执行特定的任务时,就会出现程序错误,而组织错误则可能是由组织或管理决策失误造成的。这些错误可能发生在海上平台的设计、施工、操作中。

表 2-12 引发严重海上平台事故的事件

引发事件	频率(%)			
	固定平台	活动平台	潜式平台	半潜式平台
井喷	34	23	50	28
火灾/爆炸	25	6	14	6
碰撞	9	5	3	11
倾覆	8	9	10	3
结构损坏	8	32	7	13
漂移、搁浅	—	8	3	20
天气、洪水	3	6	10	9
其他	8	11	3	10

注:本表内容源自 Bertrand 和 Escoffier(1991)。

2.2.7 大坝

大坝最重要的破坏是由于洪水波(突发性放水)导致的墙体破裂从而造成严重的生命损失和大量的财产损失。

正如上面讨论的支持系统一样,大坝的破坏通常是由于“荷载”超过了大坝的“抗力”。这里的载荷可解释为,例如由于地震、洪水或上游大坝的破坏,大坝的“抗力”可能由于潜在的设计/施工缺陷或混凝土/土壤性质的自然变化而降低。初始事件可分别称为外部事件和内部事件(Bowles, 1987)。在 1945 年后修建的水坝中(Blind, 1983),这些事件的相对发生情况如表 2-13 所示。结果表明,主要的初始事件为漫坝(由于洪水泛滥或闸门打开失败)和坝基冲蚀而引起的地基破坏(如孔隙水压力、渗流、沉降)。Serafim(1981)认为,大坝的大部分破坏可以归因于人为失误,很少是自然现象引起的(那些不为人知或无法控制的)。这与 Loss 和 Kennett(1987)给出的数据相一致,他们的研究表明大坝破坏的主要原因也是人为失误,见表 2-14。例如,在确定洪水设计时的不合理假设,或未考虑地震影响,都可能导致漫坝。

表 2-13　大坝失效的引发事件

引发事件	频率(%)
基础失效	36
漫坝	33
大坝裂缝	7
滑移(岸坡或坝坡)	5
不正确的计算	1
未知因素	18

注:本表内容源自 Blind(1983)。

表 2-14　导致大坝失效的原因

原因	频率(%)
设计错误	23
欠佳的假设	12
欠佳的建设	12
欠佳的检验	12
管理/通信	7
实践错误	7
其他	26

注:本表内容改编自 Loss 和 Kennett(1987)。

2.2.8　水文系统

水文系统,如供水、防洪、废水管理和水质系统,都与水及其对人类和环境的影响有关。

这些系统也可能包含许多子系统;例如,供水系统通常包括处理厂、蓄水池、抽水站、输送和分配管道(Shamir, 1987)。对于大多数水文系统,当“负荷”(或“需求”)超过系统的“抗力”(或“容积”)时,系统故障就会发生(Duckstein 等,1987)。从这个意义上说,负荷或需求包括洪水量、污染物负荷(如化学危害)和需水量(如饮用水或灌溉用水)。另外,水库的蓄洪能力、堤坝高度、清洗和供水能力是这些系统的典型抗力或能力。然而,现有的数据中能表示引起水文系统的低抗力或低能力或高负荷或高需求的原因相对较少。

2.2.9　航空航天系统

航空飞行事故被认为是引起下列一种或多种航空体系灾害的直接原因:

(1)与地面、水、建筑物或其他航空器碰撞。

(2)火(烟)。

(3)结构完整性的丧失(如舱门故障,发动机故障)。

飞机失事也有可能是其他危险系统(如核电站、化工厂、建筑和大坝)失效的初始事件。

表2-15给出了引起1969~1976年喷气式客机事故的原因(Lloyd 和 Tye, 1982)。这些事故的原因大致可分为:

表2-15 导致客机事故的原因

事件	频率(%)	
	致命事件	全部事件
主要的飞行性能		
机身结构破坏	1.6	7.1
火灾(机舱、卫生间等)	3.2	2.4
火灾(起落架故障)	1.6	6.8
火灾(引擎故障)	7.9	19.6
起落架故障	0	4.4
飞行控制系统故障	11.1	4.7
主要的运行操作		
引人注目的高地	22.2	4.7
未到达跑道	36.6	15.1
超出跑道	6.3	9.5
滑出跑道	0	7.8
重着陆	0	5.4
天气	9.5	6.1
飞鸟袭击	0	6.4

注:本表内容改编自 Lloyd 和 Tye(1982)。

(1)单个或多个材料或设备故障。

(2人为错误。

(3)天气或环境条件(如冰、雪、禽鸟进入发动机)。

许多研究表明,几乎所有的飞行事故都是由以下人为错误造成的(Thurston, 1980; Lloyd 和 Tye, 1982; Gloag, 1991):

(1)设计和制造人员。

(2)维修人员。

(3)飞行员和其他机组人员。

(4)机组人员、地勤人员和乘客。

(5)空中交通管制员。

表2-15显示,大多数事故是由操作不当引起的,也就是说,在着陆和起飞期间,人们认为机组人员控制着飞行器,因此大多数研究表明机组人员的错误将导致大多数系统故

障(至少 50%)(如 Nagel,1988)。然而,驾驶舱设计不良或操作程序不足是导致机组人员错误的原因之一(Lloyd 和 Tye, 1982)。空中交通管理错误造成大约所有飞行事故的1%;这里所指的事故通常是半空中碰撞(Weiner,1980)。值得注意的是,很少有重大的飞行事故可以归因于空中交通管理系统中的雷达或计算机故障(Driver,1979)。

现有的数据似乎很少有关于太空飞行器和卫星的危险来源,原因为:①非常有限的太空系统操作经验(如,到 1995 年为止大约只有 150 次载人航天飞行);②这些系统往往是由军事或商业利益集团开发和操作的,因此他们的操作经验往往被视为“机密”资料。尽管如此,我们有理由假设,太空飞行器和卫星的设计、生产和操作的风险来源与上述飞行系统的风险来源并无不同。附加风险来源,如太阳碎片(陨石和人造太空垃圾)和太阳辐射(主要是由于太阳耀斑)也需要考虑。此外,值得注意的是,飞机的研制往往包括大约 1 000 次试飞,每架成型飞机在最后交付前至少有两次试飞。

但太空飞行器和卫星的情况并非如此,因为生产它们成本太高(而且大多数宇宙飞船都是易耗品)往往严重限制了试飞或试验的次数。此外,严格的重量约束(最大限度地提高有效载荷)限制了本来与航空航天系统相同设计的冗余和并行系统的数量;从而降低了它们的安全界限(Ashford 和 Collins, 1990)。出于这些原因,航空航天系统更有可能对设备故障、环境条件、人为错误和无法预见的事件特别敏感。

2.2.10　工业机器人

工业机器人的系统故障可以定义为以下内容(Khodabandehloo, Duggan 和 Husband, 1984a):

(1)在读出模式下不合需要的机器人运动。

(2)在示教模式下不合需要的机器人运动。

(3)开机时手臂失控。

(4)需要时无紧急停机行为。

(5)手臂行动缓慢或可重复性逐渐退化。

系统故障通常由一个或多个初始事件引起(Khodabandehloo, Duggan 和 Husband, 1984b):

(1)随机组成构件失效(机械的、电子的、液压的、气动的)。

(2)系统硬件故障(如设计缺陷)。

(3)计算机软件故障。

(4)人为错误。

随机组成构件故障可能由辐射、灰尘、烟雾、腐蚀、疲劳和电子干扰引起的(Dhillon, 1988)。然而,Khodabandehloo 等(1984b)观察到人为错误是“大量故障”的原因。

2.2.11　计算机系统

计算机越来越多地用于设计、监测和控制复杂的工程系统。其中一些系统可能是危险的,而另一些则是对时间很敏感的。例如空中系统交通管理、航空订票和电信系统。这些系统故障可能导致人员伤亡、经济损失或环境破坏。

毫不意外的是,太空、军事和航空航天系统(Leveson, 1986)以及其他系统中的许多操作故障是由计算机系统故障引起的。例如,在核反应冷却系统中用于设计管道和阀门结构支撑的程序中发现了软件错误(Neumann, 1979)。经验表明,在许多情况下,硬件和/或软件故障(如运行错误)往往是导致系统故障的初始事件。这些初始事件可能由以下原因导致(Leveson, 1984):

(1)硬件组成构件故障。

(2)系统组件之间的接口问题(传播问题)。

(3)人为操作或维修失误。

(4)环境压力。

(5)软件错误。

综上,由于计算机软件系统不太依赖于硬件,人为错误似乎是计算机系统故障的主要原因(Kletz, 1993)。

2.3　不可预见事件

某些物理现象的原因和后果(损害、健康和环境影响)不一定能被人们很好地理解,例如,蒸汽爆炸、核聚变事故或有毒蒸汽云释放过程中氢的形成和分布(Rodder 和 Geiser, 1977;Whittmore, 1983)。因此,由于未知现象的发生,很可能会发生意外和无法预见的事件。

然而,合理的假设是,适当的努力研究会带来对未知现象逐步加深的理解,直到这些未知现象最终成为“已知现象”。换句话说,由未知现象引起的系统故障的比例会随着时间的推移而逐步降低,这一过程见图 2-2。Shiraishi 和 Furuta(1989)认为,如果当事人不知道“已知现象”的原因和后果(未转化成为一般工程知识),则系统故障仍然会发生。这些新知识可以整合到工作守则、事件数据库、检查表中等。

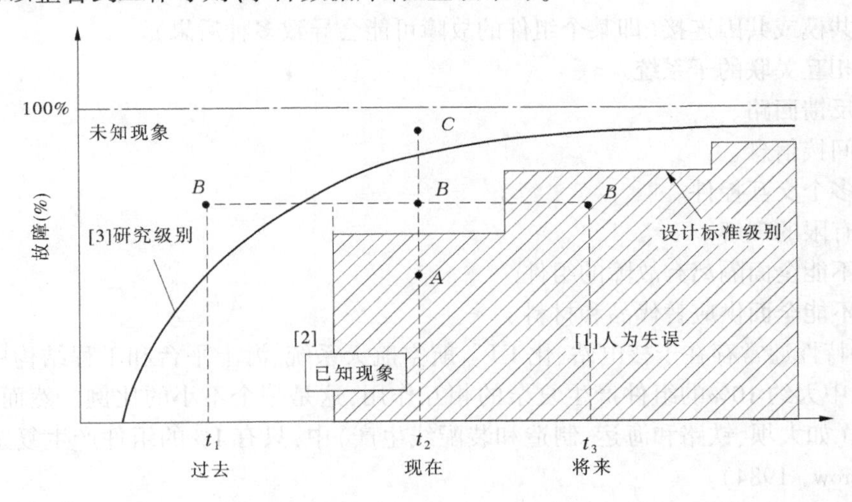

图 2-2　系统故障原因(源自 Shiraishi 和 Furuta,1989)

从图 2-2 可以看出,如果所有人都知道导致系统故障的原因,那么人为错误就越来越成为系统故障的主要原因。

知识和/或资料的改变和更新也能识别出以前没有预见到的事件。这些新知识可以从操作经验(例如,意外或侥幸可能揭示出不可预见事件的后果)、较长时间段内的自然现象(例如波浪作用力)的测量,以及理论或试验研究中获得。新知识最有可能发生在新工程系统的开发和应用过程中。这些新信息的出现很有可能使先前或当前的风险分析无效。例如,更多降雨数据的可用性和改进的统计分析已经提供了设计可能最大降雨量(PMP)的更高估计。因此,后来人们发现许多大坝溢洪道(世界范围内的)都是不够的(Wellington,1988)。此外,新的毒理学研究可能表明,死亡的潜在可能性增加了,因此有必要更新或修订以前进行的风险分析。

不可预见事件的发生可以通过以下方法最小化:①汲取以往的经验和教训(从成功、失败、侥幸脱险);②将以往的经验信息传递给需要这些信息的个人和组织。然而,由于某些工程系统的组织结构不完善,在个人、组织和整个工程社区之间可能并不总是能够交流这些信息。例如,信息可能隐藏在其他材料中,可能分布在多个组织中,或者现有类别或事件数据库中没有这些信息的位置(Turner, 1978)。此外,人们认识到,潜在的诉讼往往会限制某些信息的披露(例如,业绩问题),从以往经验中汲取的教训并不总是能够推断出新技术的发展(Petroski,1985)。

2.4 系统的复杂性

一些工程系统可能包含部件、单元和子系统之间的"复杂交互"。Perrow(1984)将复杂的相互作用定义为"那些不熟悉的后续事件,或计划外和意外的后续事件,或者不可见的或不能即刻理解的"。因此,不可能将一个复杂系统的每个行为都能预测或预见到。复杂的相互作用在工程系统中最有可能包含以下特征(Perrow, 1984):

(1)共模或共因连接(即某个组件的故障可能会导致多种后果)。

(2)相互关联的子系统。

(3)反馈回路。

(4)间接信息。

(5)多个交互控件。

(6)有限的理解。

(7)不能全面隔离有故障的组件。

(8)不能全面供应替代品和材料。

这些特性通常存在于核电站、化工厂、航空航天系统、海上平台和工程结构中。这些工程系统中大约 10%的组件产生复杂的相互作用,这是一个不小的比例。然而,在其他工程系统(如大坝、铁路和海运、制造和装配线生产)中,只有 1%的组件产生复杂的相互作用(Perrow, 1984)。

1979 年三里岛核电站的事故是由复杂的相互作用(部分)引起的不可预见事件的一个典型例子。对于这次事故,"设计故障、设备故障和操作人员错误的组合产生了相互作用,其后果超过或不同于任何单个故障"。毫无意外,操作员作证说"他们被事件弄糊涂了,不知所措了""矛盾的读数对操作员来说是难理解的"。这些观察结果使佩罗(1982)得出结论,"事故是意料之外的,无法理解的,无法控制的,无法避免的"。然而,这个结论可能有些悲观。Garrick(1992)认为,事故序列确实符合(尽管不完全符合)现有风险分析确定的序列。此外,两个主要委员会的调查结果建议更多地运用定量/概率风险分析。

2.5　从故障中恢复

在评估系统风险时,从部件、单元或子系统的故障中恢复的能力是一个重要的考虑因素。成功的恢复可能会预防、减少或最小化系统故障的后果。因此,许多系统都有事故缓解系统(硬件或软件或两者都有)和紧急响应程序(Kabanov 等,1993)。不足为奇的是,从故障中恢复的能力取决于系统的特性。系统可以分为紧密耦合系统和松散耦合系统(见表 2-16)。系统从故障中恢复的能力与这些类别相关(Perrow, 1984)。

表 2-16　紧密耦合系统和松散耦合系统的特性

紧密耦合系统	松散耦合系统
处理过程中不可能出现延迟	可能出现处理延迟
不变的序列	序列顺序可以改变
只有一种方法可以达到目的	可用的替代方法
在供应、设备和人员方面不可能有任何懈怠	可能的资源闲置
缓冲区和冗余是预先设计好的	意外的、可用的缓冲区和冗余
供应品、设备、人员的替换是有限的和指定的	意外的、可用的替换

注:本表内容改编自 Perrow(1984)。

紧密耦合系统需要一定的冗余度、并行系统、安全装置(如应急泵)和必须设计到系统中的安全特性(如防火墙)。在这些系统中,如果发生意外事件,通常没有多少空间进行权宜之计或瞬间恢复操作。另外,使用松散耦合的系统,当紧急情况发生时,有更多的时间/机会启动恢复操作。显然。识别风险源对于紧密耦合的系统尤其重要,因为这些系统从部分、单元或子系统故障中恢复起来更加困难。然而,这个观察结果并不一定意味着松散耦合系统本质上比紧密耦合系统更安全。

2.6　总　结

对于大多数工程系统,人们观察到相关联的风险会有一些类似的风险来源,这些可分为:

(1)自然现象(如闪电、飓风、地震、雪)。

(2)外在故障(如飞机失事、冲击波、恐怖主义、破坏)。

(3)技术故障(如腐蚀、疲劳、知识储备不足)。

(4)人为错误(如操作失误、维护不善、管理不善)。

从本书的讨论可以看出,人为错误是导致系统故障的主要原因。这并不特别令人惊讶,因为工程系统也可以称为"社会技术系统",也就是"技术系统嵌入到社会系统中"(Turner, 1992)。社会制度关注的是人的因素及其对制度组织和管理的影响。显然,将人为错误的可能影响纳入工程系统的风险分析是很重要的。与工程系统特别相关的人为错误包括:

(1)过失或失误:未能达到既定目标(无意的行为)。

(2)错误:选择了一个不合适的目标(故意或有意的行为)。

(3)组织错误:由于组织/管理决策失误而导致的错误 。

(4)潜在的错误: 经过很长一段时间后,错误就会变得越发明显。

(5)违反:故意违反规则或被接受的惯例。

(6)不可预见的错误: 微小的错误会导致不可预见的情况。

第5章给出了更详细的讨论和其他错误(以及它们的量化),为方便起见,本章假设系统故障通常是由事故或异常事件造成的。然而在某些情况下,工程系统的正常或常规操作可能会导致无法预见的后果,这会构成系统故障的一种类型。例如,管理当局可能认为垃圾焚烧炉的排放是安全的;然而,这些排放物最终可能导致周围人群潜在的健康问题。

参考文献

[1] Anderson T, Misund A. (1983), Pipeline Reliability: An Investigation of Pipeline Failure Characteristics and Analysis of Pipeline Failure Rates for Submarine and Cross-Country Pipelines[J]. Journal of Petroleum Technology, 35(4): 709-717.

[2] Ashford D, Collins P. (1989), Your Spaceflight Manual[M]. London: Headline Book Publishing, 1990.

[3] Bea R G. Human and Organizational Error in Reliability of Coastal and Offshore Platforms[R]. Australia: Institution of Engineers.

[4] Bell T E. (1989), Managing Risk in Large Complex Systems. IEEE Spectrum, (6): 21-52.

[5] Bertrand A, Escoffier L. (1989), IFP Databanks on Offshore Accidents, Reliability Data Collection and Use in Risk and Availability Assessment. V. Colombari (Ed.), Springer-Verlag, Berlin, 115-128.

[6] Bertrand A, Escoffier L. (1991), Offshore DataBase Shows Decline in Rig Accidents. Oil and Gas Journal, 89(9): 72-78.

[7] Blind H. (1983), The Safety of Dams[J]. Water Power and Dam Construction, 35: 17-21.

[8] Bowles D S. (1987), A Comparison of Methods for Risk Assessment of Dams, Engineering Reliability and Risk in Water Resources. Germany: Martinus Nijhoff Publishers, 147-173.

[9] CEP. (1970), How Reliable is Vendor's Equipment. Chemical Engineering Progress, 66(10): 29.

[10] Dhillon B S. (1988), Mechanical Reliability: Theory, Models and Applications. Washington, D. C: American Institute of Aeronautics and Astronautics, Inc.

[11] Doyle W H. (1963), Industrial Explosions and Insurance. Loss Prevention, 3: 11.

[12] Driver E T. Statement before Subcommittee on Aviation of the Committee of Public Works and Transportation, Washington, December 11. [see also Weiner, 1980].

[13] Duckstein, L., Plate, E. and Benedini, M. (1987), Water Engineering Reliability and Risk: A System

Framework, Engineering Reliability and Risk in Water Resources, L. Duckstein and E. J. Plate (Eds.), NATO ASI Series, Martinus Nijhoff Publishers, Dordrecht, pp. 1-20.

[14] Eldukair, Z. A. and Ayyub, B. M. (1991), Analysis of Recent U. S. Structural and Construction Failures, Journal of Performance of Constructed Facilities, ASCE, Vol. 5, No. 1, pp. 57-73.

[15] Floyd, H. L. (1986), Reducing Human Errors in Industrial Electric Power System Operation, Part I-Improving System Reliability, IEEE Transactions on Industry Applications, Vol. 22, No. 3, pp. 420-424.

[16] Fraczek, J. (1979), ACI Survey of Concrete Structure Errors, Concrete International, December, pp. 14-20.

[17] Gardenier, J. S. (1976), Towards a Science of Marine Safety, Symposium on Marine Traffic Safety, The Hague, Netherlands.

[18] Gardenier, J. S. (1981), Ship Navigational Failure Detection and Diagnosis, Human Detection and Diagnosis of System Failures, J. Rasmussen and W. B. Rouse (Eds.), Plenum Press, New York, pp. 49-74.

[19] Garrick, B. J. (1992), Risk Management in the Nuclear Power Industry, Engineering Safety, D. Blockley (Ed.), McGraw Hill, U. K., pp. 313-346.

[20] Gloag, D. (1991), Air Crashes and Human Error, British Medical Journal, Vol. 302, No. 6776, pp. 550.

[21] Hadipriono, F. C. (1985), Analysis of Events in Recent Structural Failures, Journal of Structural Engineering, ASCE, Vol. 111, No. 7, pp. 1468-1481.

[22] Kabanov, L., Jankowski, M. and Mauersberger, H. (1993), The IAEA Accident Management Programme, Nuclear Engineering and Design, Vol. 139, pp. 245-251.

[23] Khodabandehloo, K., Duggan, F. and Husband, T. M. (1984a), Reliability of Industrial Robots: A Safety Viewpoint, Proceedings of the 7th British Robot Association Annual Conference, T. E. Brock (Ed.), British Robot Association and North-Holland Publishers, pp. 233-242.

[24] Khodabandehloo, K., Duggan, F. and Husband, T. M. (1984b), Reliability Assessment of Industrial Robots, Proceedings of the 14th International Symposium on Industrial Robots and 7th International Conference on Industrial Robot Technology, N. Martensson (Ed.), IFS and North-Holland Publishers, pp. 209-220.

[25] Kletz, T. A (1993), Computer Control-Living With Human Error, Reliability Engineering and System Safety, Vol. 39, pp. 257-261.

[26] Koehorst, L. J. B. (1989), An Analysis of Accidents with Casualties in the Chemical Industry Based on Historical Facts, Reliability Data Collection and Use in Risk and Availability Assessment, V. Colombari (Ed.), Springer-Verlag, Berlin, pp. 601-620.

[27] Lees, F. P. (1980), Loss Prevention in the Process Industries, Volumes 1 and 2, Butterworths, London.

[28] Leveson, N. G. (1984), Software Safety in Computer-Controlled Systems, IEEE Computer, Feb. , pp. 48-55.

[29] Leveson, N. G. (1986), Software Safety: Why, What, and How, ACM Computing Surveys, Vol. 18, No. 2, pp. 125-163.

[30] Lloyd, E. and Tye, W. (1982), Systematic Safety, Civil Aviation Authority, Cheltenham, England.

[31] Logeais, L. (1980), Statistical Study of Building Structures Behaviour, IABSE Congress, pp. 125-129.

[32] Loss, J. and Kennett, E. (1987), Identification of Performance Failures in Large Structures and Buildings, School of Architecture and Architecture and Engineering Performance Information Center, University of Maryland.

[33] Matousek, M. and Schneider, J. (1977), Untersuchungen zur Struktur des Sicherheitsproblems bei Bauwerken, Report No. 59, Institute of Structural Engineering, Swiss Federal Institute of Technology, Zurich, 1977. [See also Hauser, R. (1979), Lessons from European Failures, Concrete International, pp. 21-25]

[34] Nagel, D. C. (1988), Human Error in Aviation Operations, Human Factors in Aviation, E. L. Weiner and D. C. Nagel (Eds.), Academic Press, San Diego, pp. 263-303.

[35] Neumann, P. G. (1979), Letter from the Editor, ACM Software Engineering Notes, Vol. 4, p. 2.

[36] Paté-Cornell, M. E(1989), Organizational Control of System Reliability-A Probabilistic Approach with Application to the Design Offshore Platforms, Control-Theory and Advanced Technology, Vol. 5, No. 4, pp. 549-568.

[37] Perrow, C. (1982), The President´s Commission and the Normal Accident, Accident at Three Mile Island: The Human Dimensions, D. L. Sills, C. P. Wolf and V. B. Shelanski (Eds.), Westview Press, Colorado, pp. 173-184.

[38] Perrow, C. (1984), Normal Accidents: Living with High Risk Technologies, Basic Books, New York.

[39] Petroski, H. (1985), To Engineer is Human-The Role of Failure in Successful Design, St. Martin´s Press, New York.

[40] Ravindra, M. K., Bohn, M. P., Moore, D. L., and Murray, R. C. (1990), Recent PRA Applications, Nuclear Engineering and Design, Vol. 123, pp. 155-166.

[41] Robinson, B. J. (1987), A Three Year Survey of Accidents and Dangerous Occurrences in the UK Chemical Industry, World Conference Chemical Accidents, Rome, pp. 33-36.

[42] Rodder, P. and Geiser, H. (1977), Formation of Hydrogen Core During Core Melt Accidents in Nuclear Power Plants with Light Water Reactor, Kerntechnik, Vol. 19, No. 11.

[43] Scott, R. L. and Gallaher, R. B. (1979), Operating Experience with Valves in Light-Water-Reactor Nuclear Power Plants for the Period 1965—1978, Report No. NUREG/CR-0848, US Nuclear Regulatory Commission, Washington, D. C.

[44] Serafim, J. L. (1981), Safety of Dams Judged from Failures, Water Power and Dam Construction, Vol. 33, pp. 32-35.

[45] Shamir, U. (1987), Reliability of Water Supply Systems, Engineering Reliability and Risk in Water Resources, L. Duckstein and E. J. Plate (Eds.), NATO ASI Series, Martinus Nijhoff Publishers, Dordrecht, pp. 233-248.

[46] Shiraishi, N. and Furuta, H. (1989), Evaluation of Lifetime Risk of Structures-Recent Advances of Structural Reliability in Japan, Structural Safety and Reliability, A. H-S. Ang, M. Shinozuka and G. I. Schueller (Eds.), ASCE, Vol. III, pp. 1903-1910.

[47] Shiraishi, N. and Cranston, W. B. (1992), Bridge Safety, Engineering Safety, D. Blockley (Ed.), McGraw Hill, U. K., pp. 292-312.

[48] Spiegelman, A. (1969), Risk Evaluation of Chemical Plants, Loss Prevention, Vol. 3, p. 1.

[49] Thurston, D. B. (1980), Design for Safety, McGraw-Hill, New York.

[50] Turner, B. A. (1978), Man-made Disasters, Wykeham Publications, London.

[51] Turner, B. A. (1992), The Sociology of Safety, Engineering Safety, D. Blockley (Ed.), McGraw Hill,

U. K., pp. 186-201.

[52] USNRC(1989), Severe Accident Risks: An Assessment for Five Nuclear Power Plants, NUREG-1150, US Nuclear Regulatory Commission, Washington, D. C.

[53] Walker, A. C. (1980), Study and Analysis of the First 120 Failure Cases, Symposium on Structural Failures in Buildings, Institution of Structural Engineers, London, pp. 15-40.

[54] Weiner, E. L. (1980), Midair Collisions: The Accidents, the Systems, and the Realpolitik, Human Factors, Vol. 22, No. 5, pp. 521-533.

[55] Wellington, N. B. (1988), Dam Safety and Risk Assessment Procedures for Hydrologic Adequacy Reviews, Australian Civil Engineering Transactions, Vol. CE30, No. 5, pp. 318-326.

[56] Whittmore, A. S. (1983), Facts and Values in Risk Analysis for Environmental Toxicants, Risk Analysis, Vol. 3, No. 1, pp. 23-33.

第 3 章　系统建模

3.1　概　述

本章重点讨论系统的建模,这是系统性能量化的必要条件,也是系统风险估计的必要前提。正如第 2 章中所述,系统故障的原因很多,因此对与任何特定系统相关的风险进行评估,都需要识别系统可能发生故障的所有模式,以便估计这种故障模式发生的可能性以及可能产生的后果。

由于所考虑的“系统”往往是一个较大系统的一部分,系统故障性评估是有条件的评估。通常,一个(子)系统故障的输出将成为较大系统的输入和评估的一部分。因此,有必要了解整个系统及其系统要素(如子系统和子系统的组成部分)之间的相互关系。这种相互关系的建模是进行数值分析的第一步,也是本章的主要内容。同时,还应关注系统故障模式的确定和表示方法。

系统建模取决于正在考虑的工程系统的具体特性。因此,在不同的行业中为系统建模开发了各种各样的技术满足不同系统特性的要求。虽然这些技术的命名方法可能有所不同,但许多都有相似的特征,具有统一性,这也是本章所强调的内容。

本章将主要介绍系统建模的以下内容:

(1)系统和系统故障的定义。

(2)识别风险源的技术(PHA、FMEA、FMECA、HAZOP、事件数据库)。

(3)系统表示技术(故障树、事件树/决策树)。

当系统无法达到某个“可接受的”(预定的)性能级别时,认为系统故障可能已经发生。因此,风险分析的第一步便是定义什么是“系统故障”,换句话说,必须定义危害的性质或系统故障的模式。下一步要确定容易发生故障的单个系统元素(如组件)、这些元素的潜在故障原因以及系统元素性能对整个系统运行的影响。故障事件将确定整个系统的风险源。如第 2 章所述,此类事件可能包括设备故障、人为错误、过载等。然后,利用这些信息开发系统表示技术,如采用逻辑图(故障树、事件树)用于表示可能导致系统故障的事件或过程的序列和组合。此外,还需要注意系统中的各要素的依赖性,该问题将稍后进行讨论。

系统建模的过程应充分考虑已经采取的措施,因为这些措施的及时采纳可以减少事件或系统故障的发生或后果。这是系统建模的一个重要方面,因为它迫使分析人员去详细地理解系统,这样能使我们更清楚地认识到目前系统存在的问题,从而提出有效的改进措施。

总的来说,系统建模是系统性能量化分析的第一步,可以作为系统安全、任务成功、可行性和维修成本等措施的参考,还将有助于澄清哪些系统元素或组件需要详细的量化以进行系统风险分析。例如,管道或阀门的可靠性、地震荷载的概率模型和操作员失误率等均可以作为定量分析的数据,之后将数据合并纳入系统表示逻辑图中后,能够直接计算系统风险。

当系统完成建模后,下一步便是系统风险的计算,这需要了解组件和子系统的性能。传统上,这种性能是通过"点估计值"来表示的,即从数据或性能模型中估计单个数值。然而,如第1章所述,系统分析的输入数据具有不确定性,同时,模型本身也存在不确定性,会对计算产生误差。因此,应对数据和模型中的不确定性进行特定的模拟,即随机变量的引入。虽然可变性和不确定性可以用多种方式表示,但本书采用的方法是风险分析中使用最广泛的方法,即使用概率描述(概率密度函数)。本章后面将介绍这种概率模型措施的一般形式。第4章将阐述数据处理和概率模型的开发,如系统抗力、强度和负载等,第5章讨论人为错误,第6章则主要叙述定量系统分析。

3.2 系统故障

对于大多数工程风险分析,系统故障要求存在一个故障事件,并且该事件会导致不良后果的发生。正如第1章所述,系统风险可以定义为"系统风险"="故障(失效)频率"×"故障(失效)后果"。故障事件可能是潜在能量的释放(如蒸汽云、爆炸、火灾、结构倒塌、飞机失事),也可能是其他事件(例如计算机崩溃、水质不良),或者更广泛来说,导致系统未按照其设计的功能运行的事件。故障事件(通常为不良的故障)的后果可分为以下几类:

(1)危及个人或公众安全。

(2)危及周围环境。

(3)对系统产生物理损坏。

(4)中断系统运行(如生产损失、停机)。

例如,系统风险评估可以是在飞机失事中死亡的概率或可能性,也可以是核电站的放射性物质释放后导致某一地区无法居住的可能性,再或者是饮用了可能被污染的水后感染疾病的可能性。

从定量或概率风险分析中获得的系统风险评估将受到系统的性质、范围以及构成"系统故障"的要素等的影响。一般来说,"系统故障"准则包括许多不同的故障模式,而且对于故障的定义还取决于进行风险分析的目的。因此,对人员和环境危害的系统风险的评估主要用于证明符合法规的安全目标。另外,对系统损坏或中断风险的评估可以帮助业主、管理者和其他决策者评估系统的效率或盈利能力。

风险分析通常集中在直接影响人们的风险和后果,即生命、伤害或经济的损失。这些后果可以用已经建立的统计和概率方法来量化(例如,Evans 等,1985)。然而,将生命或伤害的损失换算成货币是一项困难而主观的任务。人的生命价值可能基于一系列的衡量标准,如未来的生产、行政决定、消费者偏好、法院裁决或生命保险等,详见第7章内容。

对于某些系统,系统故障产生的后果包括对环境的损害。在这种情况下,"环境"定义如下(DOE,1991):

(1)自然环境:国家自然保护区、具有特殊科学意义的地点、淡水和河口栖息地、地表和地下水、海洋环境、特定物种及周边环境。

(2)人为环境:建筑遗产(具有建筑学、历史或考古重要性的建筑物)和娱乐设施。

环境的破坏可能是立竿见影的,也可能是延迟或永久的。同时,环境破坏也可能对人类产生间接但有害的影响,如对农作物、动物和水源的污染,以及对医院和污水处理系统的损害。目前,一些指导性文本对环境破坏的标准进行了定义。例如,国家自然保护区的"重大事故"被定义为"造成超过该区域的10%或0.5 hm^2(以较小者为准)的永久性或长期破坏;造成超过特定栖息地面积的10%的永久性或长期破坏;或导致该地区相关特定物种的10%以上遭到永久性或长期破坏"(DOE,1991)。该定义为确定要量化的环境风险提供了基础,关于这方面的实践守则和指南也已经出版(例如,HSE,1990;CIMAH,1984)。

3.3 风险源识别

系统风险分析的第一步是确定系统风险的来源。为了能够识别风险来源,分析师必须熟悉所面对的系统。本书第2章对一系列系统进行了概述。通常,应建立研究或审查团队,团队将主要包括管理人员、工程人员、操作员和其他参与系统运行或对系统性能有所贡献的人员。研究团队的知识储备和经验是影响研究团队有效性的主要因素。但是,应该认识到,团队可能无法识别所有可能的故障情况或危险,尤其是在由"不可预见的"事件或过程引起故障的情况下(参见第2章第2.3节)。

风险源的识别技术如下:

(1)初步危害分析(PHA)。

(2)故障模式和影响分析(FMEA)。

(3)故障模式、效应和临界性分析(FMECA)。

(4)危险性与可操作性研究(HAZOP)。

(5)事件数据库。

以上技术已用于各种工程系统,其中,HAZOP往往是化学和加工行业特有的。另外,将上述方法加以改编后可适应特定的系统或问题。可以看出,识别风险源所采用的方法往往是互补的,例如,指南列表、清单或参考事件数据库通常用于确保检查分析中没有遗漏任何风险源。

3.3.1 初步危害分析(PHA)

初步危害分析(PHA)用于识别系统的主要危害,以及其产生的原因和后果的严重性。通常,PHA用于初步设计阶段,但也可以用于后续的设计阶段来评估是否引入了新的危害(例如,Henley和Kumamoto,1981;Villemeur,1991)。如表3-1所示,PHA的分析结果通常以表格形式显示。正如检查清单所示,潜在危险要素清单和特定系统的潜在危险状况清单通常有助于PHA的实行,如表3-2所示的是航空业的典型检查清单。在核工业和其他地方采用的另一种技术是"逐级检查"程序,即对运行条件下的设备从振动、腐蚀和密封性等方面进行现场视觉和系统的检查和评估。显然,这需要技术熟练、经验丰富的工作人员根据合适的标准进行评估。

表 3-1　化工企业 PHA

危险元素	引起危险情况的事件	危险情况	导致潜在事故的事件	潜在事故	影响	防范措施
1. 强氧化剂	碱金属高氯酸盐被润滑油污染	可能产生强烈的氧化还原反应	足够的能量产生反应	爆炸	人员受伤并损害周边建筑结构	将金属高氯酸盐远离所有可能的污染源
2. 腐蚀	内部被水蒸气污染的钢制存储罐	储罐内部生锈	操作压力保持不变	储罐破裂	人员受伤并损害周边建筑结构	采用不锈钢压力储罐，并把它置于远离其他设备和人员的地方

注：本表内容改编自 Henley 和 Kumamoto（1981）。

表 3-2　航空业的典型检查清单

危险元素	危险情况
燃料	加速度
推进剂	污染
启动器	腐蚀
炸药	化学分解
带电电容器	电气（振荡、电源故障）
蓄电池	爆炸
压力容器	火灾
弹簧保护装置	热量和温度
悬挂系统	泄露
电力及气体发电机	潮湿
坠落物	氧化
弹射物品	压力
加热装置	辐射
泵	机械振动
排风机、风扇	振动、噪声
旋转机械	
驱动调节装置	
核装置	
反应器	
能量源	

注：本表内容改编自 Villemeur（1991）。

在 PHA 中识别的主要危害会采用 FMEA、FMECA 和 HAZOP 等方法进行更详细的分析。由于 PHA 一般用于初步阶段,因此不能期望 PHA 会识别出可能导致重大危害的特定单个组件的故障,而 FMEA、FMECA 和 HAZOP 将会帮助完成以上任务。

3.3.2　故障模式和影响分析(FMEA)

故障模式和影响分析(FMEA)方法是 20 世纪 60 年代为航空航天应用而发展起来的一种方法(Recht, 1966),现广泛应用于航空航天、核工业、电子电器产品和制造业中。在 FMEA 中,要系统地审查系统中的每个组件(或子任务)来确定:

(1)系统成功运作所需的组件或程序及其功能和运行状态。

(2)这些组件或程序的故障模式,即可能导致一个组件故障的所有情形(例如阀门开启卡死、关闭卡死、部分开启等)。

(3)故障模式产生的原因,包括内部原因(如设备故障)和外部原因(如停电、操作人员失误)。

(4)检测和纠正故障模式的方法(如检查、维修)。

(5)故障事件对其他部件和系统性能的影响。

FMEA 是一种归纳法分析,因为该方法从可能的结果开始逆向推导所有可能的原因。因此,FMEA 必须尽可能地识别所有故障模式,但要做到这一点非常困难,特别是对于大型系统。所以,应使用通用准则或检查表来确保分析中考虑了所有的故障模式,如表 3-3 所示。FMEA 分析通常以表格形式表示,其方式与 PHA 相似,如表 3-4 所示。

表 3-3　通用故障模式

1	结构失效(断裂)	18	错误驱动(FALSE actuation)
2	物理黏结或堵塞	19	无法制动
3	振动	20	无法发动
4	保持位置失败	21	转换失败
5	开启故障	22	过早操作
6	关闭故障	23	操作延迟
7	故障出现时自动开启	24	错误输入(增长的)
8	故障出现时自动关闭	25	错误输入(减少的)
9	内部泄露	26	错误输出(增加的)
10	外部泄露	27	错误输出(减少的)
11	超差故障(高)	28	输入丢失
12	超差故障(低)	29	输出丢失
13	误操作	30	短路(电气)
14	间歇式操作	31	开路(电气)
15	运行不稳定	32	漏电
16	错误指示	33	其他与系统特征、要求和操作限制相符的故障
17	限制性流动		

表3-4　FMEA实例

组件识别（识别代码、名称、类别和位置）	功能、状态	故障、模式	可能的故障原因（内部和外部）	对系统的影响	检测手段	操作员应对措施	意见
识别代码：031 VD 名称：电动泵（MDP）021P生产的蒸汽发电机给水流量调节阀 类型：调节阀 位置：KA5024	功能：为MDP021P制造的SG1供水流量调节 状态：通常阀门开启	阀门全开卡死	内部机械缺陷 空压系统缺陷 发动机控制气体缺失（SAR） 控制电源缺失（125 V. Channel A）	控制室无法控制蒸汽发电机SG1的供水率； 蒸汽发电机SG1水管或蒸汽管破裂后，蒸汽发电机SG1无法被控制室隔离	限制开启蒸汽发电机SG1监测流量 高流量异常警报（101和102 MD） 可能的高流量警报（101和102 MD），界限值为120 t/h	操作员必须就地调整阀门 操作员必须停止电动泵MDP 021P或者就地关闭阀门051 VD	与MDP运行的调节阀由相同的渠道供电；与涡轮驱动水泵运行的调节阀分别由渠道A和渠道B供电

需要说明的是，FMEA方法每次只分析一个组件，并假定所有其他组件功能正常（Aven，1992）。因此，FMEA通常无法揭示导致系统故障的关键故障事件组合或过程组合。

FMEA必须考虑所有的故障事件（包括非危险故障事件），所以特别耗时（Leveson，1986）。但是，如果在分析开始时重点分析子系统，则与FMEA相关的时间工作可能会显著减少。原因为如果某个子系统的失效并不重要，则在FMEA运用过程中可以忽略该特定子系统中的所有组件（Villemeur，1991）。此外，在FMEA中采用系统分析方法可能有助于确定那些可能被遗漏、忽视或想象不到的危险。

当FMEA方法用于识别核电站运行中潜在的人为失误，被称为“任务驱动法”（Cacciabue，1988）。

3.3.3　故障模式、效应及临界分析（FMECA）

故障模式、效应及临界分析（FMECA）或简单的临界分析是对故障事件根据其产生影响的严重性进行分类，是FMEA的逻辑扩展。在FMECA中，对故障频率（概率）和故障效应（后果）进行主观评估，以确定每种故障模式的严重性。FMECA应对每个组件和每个子系统进行分析。故障频率根据主观可能性进行评级（如“非常低、低、中、高”）。严重性被评估为若干个主观严重性级别中的一个，例如（Leveson，1986）：

级别 1：轻微（额外维护）

级别 2：重大（延迟故障）

级别 3：危及（关机故障）

级别 4：灾难性（潜在的生命损失）

分析中所需的细化程度将决定分析类别的数量及其描述。临界故障模式是指故障率高且（或）严重性级别高的模式。这些发生在典型的 FMECA 矩阵的右下角，结果如表 3-5 所示。

表 3-5　FMECA 表

严重程度	概率			
	极低	低	中等	高
级别 1—轻微				
级别 2—重大				
级别 3—危及				
级别 4—灾难性				

另一种定量分析方法是评估每个组件或子系统的“临界数”（C_m），它表示每个参考时间段（如每年）的损失量，同时提供了对组件或子系统进行排序的方法，并对每个严重性级别（m）通过以下公式计算：

$$C_{\mathrm{m}} = \sum_{i=1}^{N} \beta_i \alpha_i \lambda_{\mathrm{p}} t \tag{3-1}$$

式中，N 为组件或子系统的故障模式个数；β_i 为在已经发生故障模式的情况下将发生的损失（后果或严重性）的条件概率（$\beta_i = 1.0$ 表示实际损失）；α_i 为故障模式比率（$\sum \alpha_i = 1$）；λ_p 为每小时或每个周期的组件故障率；t 为参考时间段内组件或子系统处于运行或“危险中”的时间（例如，ARP-926，1966；MIL-STD-1629）。

需要注意的是，FMECA 方法没有绝对的意义，因为它们没有将实际（或绝对）值附加到后果（例如，生命损失、金钱损失）上。相反，FMECA 方法采用比较（或敏感性）分析法，对故障模式进行排序，以识别对系统至关重要的故障模式。然后，将已确定为关键组件的故障模式进一步研究，或者替换为更可靠的组件，或者加强对系统或关键组件（或两者）的监控（例如，维护或更换），否则系统可能需要重新设计。同时需注意的是，FMECA 方法假定组件或子系统之间是独立的，否则要素之间的依赖性将大大增加分析的复杂性。

FMEA 和 FMECA 方法在许多标准中均有描述（例如，ARP-926，1966；MIL-STD-1629；IEEE 352，1975；BS 5760，1982），同时大量的文献资料中也有所介绍（例如，Villemeur，1991；Aven，1992；O'Connor，1991）。

3.3.4　危险性与可操作性研究（HAZOP）

危险性和可操作性研究（HAZOP）技术是由帝国化学工业（Imperial Chemical

Industries)(Lawley,1974)开发的,广泛用于化学和过程工业,目的是识别新建工厂或已建工厂中的危险或操作问题。HAZOP 是 FMEA 技术的改编,专门用于(管道)流程系统。

HAZOP 技术是采用过程流程图依次评估每个工厂项目(例如,管道、阀门、计算机软件),用以分析这些项目可能发生问题的一种系统过程。例如,组件中逆流的危险性、化学浓度变化以及设备维护对项目的影响。HAZOP 的结果通常以表格形式汇总,通常包含以下内容:

(1)项目:系统中的各个组件(例如,管道、容器、安全阀)。

(2)偏差:故障现象(例如,压力过大、传导故障、流量减少)。

(3)原因:故障起源(例如,设备故障、操作失误)。

(4)后果:确定对其他组件的影响,如可操作性以及与每个偏差相关的危害(例如,管线断裂、回流、泄漏、着火、爆炸、有毒物质释放、人员伤害)。

(5)措施:进一步减少偏差或降低后果严重程度所需的措施或行动(例如,过程设计变更、设备更换或修复)。

表 3-6 为典型的 HAZOP 实例工作表。引导词如"不/否""更多""更少""其他""部分"和"反向"等通常用于描述流量、温度、压力、黏度、放射性浓度和其他工艺参数的偏差。引导词需通过主观评估来使用。理想情况下,HAZOP 应在工厂设计过程中实施。有关 HAZOP 的更多详细信息,请参见 Lawley(1974)、Lees(1980),Kletz(1986)和 Montague(1990)。

表 3-6　HAZOP 实例工作表

引导词	偏差	可能原因	后果	应对措施
否	没有流量	(1)中间存储器没有碳氢化合物	反应工段供给缺失产出减少。在无流量的情况下,聚合物在热交换器形成。	(1)确保与反应段操作员良好的沟通 (2)在沉淀池 LIC 安装低水位报警器
		(2)K1 泵故障(电动机故障、动力缺失、泵轮被侵蚀等)	同(1)	同(2)
		(3)卡管、隔离阀关闭错误、液位控制阀(LCV)关闭失效	同(1) J1 泵过热	同(2) (3)在 J1 泵安装反冲装置 (4)校核 J1 泵的反滤器设计
		(4)管路破裂	同(1) 碳氢化合物流入公共高速管路附近区域	同(2) (5)对转换路线进行巡检
更多	流量过多	(5)LCV 开启失败或者其旁通开启错误	沉淀池溢出 沉淀池中水相分隔不完整,导致反应段出现问题	(6)安装 LIC 安装高水位报警器并检查反向溢流解压规模 (7)不在使用状态的 LCV 旁通进行分隔锁定 (8)延伸 J2 泵站管线

续表 3-6

引导词	偏差	可能原因	后果	应对措施
更多	压力过高	(6)隔离阀关闭错误或 LCV 关闭,而 J1 泵仍运行	转换线路受制于水泵全开输送或冲击压力	(9)反冲装置封锁或隔离。检查管线、FQ、法兰评级,减小 LCV 行程速度。在 LCV 上游和沉淀池安装 PG。其余同(3)
		(7)在隔离阀部分由于火灾和强烈阳光引起的热膨胀	管线破裂或法兰泄露	(10)在阀门段安装热膨胀解压装置(解压路线流量应通过研究确定)
	温度过高	(8)中储器温度过高	转换管线和沉淀池高压	(11)检查在中储器是否有足够的高温警告。如果没有,请安装相关装置
更少	流量较少	(9)法兰泄漏或阀门密封失效并泄漏	公共高速路径附近材料损失	参照(5)和(9)
	温度较低	(10)冬季条件	集水坑和排水管路冻结	(12)在排水阀、排气阀和排水管线下游铺设集水池
部分	蒸汽水浓度较高	(11)中储池水位过高	集水池积水过快 增加了水通过反应工段的概率	(13)对中储池排水常态化。在集水池安装高水位报警器

3.3.5　事件数据库

事故数据、"未遂事故"数据、可靠性数据和其他描述系统以往性能的统计数据可帮助识别系统中潜在的主要危险及其原因和后果。同时,此类数据可用于弥补 PHA、FMEA、FMECA 或 HAZOP 分析研究团队的综合知识和经验的不足。但是,因为统计数据可能容易被误解(甚至误用),并且由于统计数据是基于过去的事件,因此可能不适用于当前或将来的情况。

事故数据库中提供了事故和"未遂事故"数据。组件和系统可靠性数据库详见第 4 章内容。一些典型的事件数据库包括:

(1)FACT:故障和事故技术信息系统(The Failure and Accidents Technical Information System)在世界范围内收集有关化学品生产、储存、运输、使用和处置的工业事故(和未遂事故)的数据(Bockholts,1987)。

(2)SONATA:包含有关危险物质的存储、运输、提取、处理和使用过程的事故数据(Colombari,1987)。

(3)AORS:异常事件报告系统(The Abnormal Occurrences Reporting System)收集有关欧洲和美国核电厂事件的数据(Kalfsbeek,1987)。

(4)PLATFORM:包含钻井船和海上石油平台的事故数据(Bertrand 和 Escoffier,1989)。

(5)TANKER:包含造成至少 500 t 海上石油泄漏的船舶事故数据(Bertrand 和 Escoffier,1989)。

(6)AEPIC:建筑和工程性能信息中心(The Architecture and Engineering Performance Information Centre)收集有关工程结构和建筑物性能的数据(Loss 和 Kennett,1987)。

3.4　系统表示

3.4.1　通用方法

上述技术有助于识别系统中潜在各危险元素(组件和子系统)。然后,可采用系统逻辑图标识发生系统故障事件或过程的顺序或组合,有助于理解系统的运行方式。因此,系统逻辑图可当没有正式的风险分析时可用来降低系统故障的风险。当然,系统定量分析需对系统组件性能进行量化,有助于对系统以逻辑方式进行详细的理解,详见第 4 章论述。系统总体可靠性的量化分析在第 6 章中详述。

用于系统逻辑图("建模")的最基本最常见的技术是故障树法(fault trees)和事件树法(event trees),而决策树(decision trees)是事件树法的特殊情况。其他方法,例如因果图(cause-consequence diagrams)和可靠性框图(reliability block diagrams)则结合了事件树法和故障树法的重要特征(Lees,1980),将不在本书讨论范围。故障树法和事件树法有很多共同点,将根据给定分析的系统性质决定采用其中一种或两种方法的组合。此外,故障树法和事件树法是互补技术。故障树法使用演绎逻辑(后瞻性,自上而下);事件树法使用归纳逻辑(前瞻性,自下而上)。在一般应用中将故障树和事件树的组合用于系统表示。例如,核工业同时使用"小事件树/大故障树"和"大事件树/小故障树"方法。这些方法之间的界限取决于事件解决的程度和分析人员的选择(IAEA,1992)。两种方法都能够洞察系统的运行方式,否则这些运行就可能是不明显的。

例如,对于某海上平台,故障树法得出了以下故障事件序列(通过故障树的路径):

(1)一级分离器破裂。

(2)液体残留到一级压缩机。

(3)回气井的回流。

(4)燃气涡轮机中的液体。

(5)液体残留到 HP(临氢系统)火炬。

(6)通过 HP(临氢系统)火炬释放大量未点燃的气体。

(7)注水井的回流。

(8)主电源故障。

(9)气体检测失败。

(10)ESD 阀无法按要求关闭。

(11)消防雨淋系统故障。

(12)卤代烷系统(Halon system)无法按需运行。

(13)自落式救生艇下水系统失灵。

这些故障事件中的每一个都可能由设备故障或人为操作失误引起。毫无疑问,以上13个故障事件若发生将导致大量人员伤亡和甲板平台损坏。当然,两个或多个故障事件的特定组合发生的概率较低,但如果确实发生了,则还可能导致其他形式的系统故障。例如,故障事件1~9的发生可能会损坏设备或甲板,并导致生产损失(Slater 和 Cox,1985)。

故障树法和事件树法已广泛应用于核工业和化学工业过程中的定性和定量风险研究,而在其他地方应用较少。故障树法和事件树法的两个具有里程碑意义的风险分析应用是美国核安全研究(RSS,1975)和英国 Canvey 化学过程工业研究(HSE,1978)。这两种方法是美国核风险研究推荐使用的主要方法,部分原因是它们具有对非常复杂的事故序列建模的能力,包括系统故障事件之间的依赖性模型分析。此外,事件树方法还广泛应用于航空航天业中人类的可靠性分析(Swain 和 Guttman,1983)。

事件树法和故障树法表示最适合以下系统:①事件发生较为离散;②事件本质上是连续运行的组件(如在电路或水利管网中);③系统部分或全部组件的运行取决于其他组件的运行状态(例如结构工程系统或具有备用类型组件的系统,以及其他在运行中涉及切换和顺序组件的系统)。

事件树法和故障树法最好由专家组形成的研究团队开发,可以利用专家"头脑风暴"会议,拟定特定的风险、事件和场景及其管控手段,决定风险中包含的和可忽略的风险。也就是说,可以定义风险分析的范围。

构建故障树或事件树没有单一的方法或算法。从本质上来讲,采用这两种方法来分析系统是一个循序渐进的过程,利用每个分析步骤去完成故障树或事件树的组建,但在组建过程中需要格外小心。模型(故障树或事件树)的一个分支的过度开发而忽略其他分支,经过系统逐级分析后,可能导致系统理解错误、重要的故障机制遗漏、组件故障和人为失误平衡分析失真以及对事件间依赖性的认知错误(Aven,1992)等问题。以下各节将描述故障树和事件树的功能,更加深入清晰地理解它们的组成构造。同时,还将讨论系统元素与系统结果之间的依存关系及其表示(和分析)的重要性。

3.4.2 故障树

故障树揭示各种事件之间的因果关系,其采用的逻辑关系本质上是对事件树的补充。故障树从可能的系统故障模式(顶层事件或不良事件)开始入手,然后识别可能导致故障的事件(故障事件),通过逻辑连接(逻辑门)按逻辑顺序(事件语句)列举。按照这种模式,便形成了末端为基本事件的树状结构。基本事件是那些具有可用故障数据或无法进一步分解为更多基本事件的事件。基本事件有时分为启动或触发事件和必要事件。启动事件是事件序列中的第一个故障事件,而必要事件(如因维护禁用警告系统)为在发生较低级别故障(如启动事件)时导致较高级别的故障。

因此,故障树是一个布尔逻辑图(boolean logic diagram),主要由与(and)门和或(or)门组成。当输入事件同时发生,则与(and)门输出事件发生;而当任意一个输入事件发生,则或(or)门输出事件发生,参见图3-1。同样,也可以使用其他逻辑门,例如DELAY、MATRIX、QUANTIFICATION、COMPARISON等(例如,Villemeur,1991)。事件语句由许多符号表示,如矩形代表顶层事件或中间事件,圆形代表基本事件,菱形表示由于信息缺失或信息无效而无法细分为基本事件的未开发事件。铁路桥梁结构安全故障树示例如图 3-2 所示，工业供电故障树简单示例如图 3-3 所示。

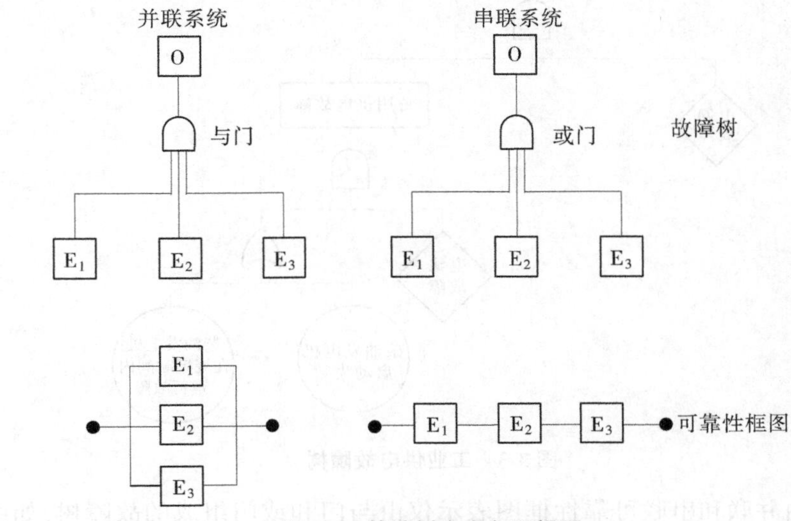

图 3-1　故障树主布尔逻辑图

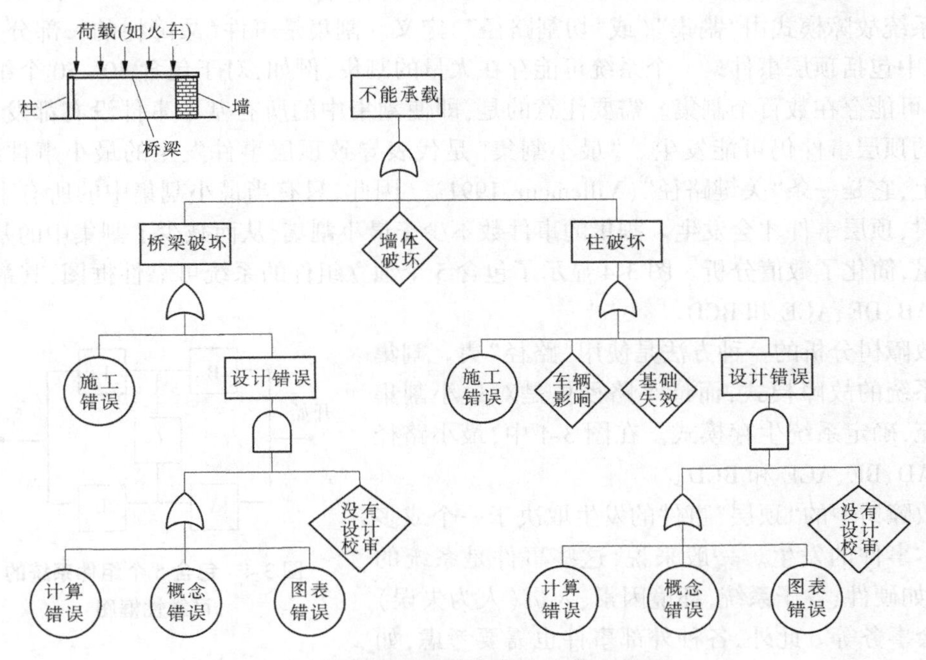

图 3-2　铁路桥故障树(假定火车未超载)

由此可见，包含与门的故障树为“并联系统”，也就是说，必须当所有组件都发生故障时才会发生系统故障。系统具有一定程度的冗余，因为当一个组件发生故障时，系统仍将运行。相反，或门表示“串联系统”，其中所有组件必须都起作用才能使系统成功运行。换句话说，串联系统为强度与最弱元素相当的链条。大多数工程系统是串联和并联系统

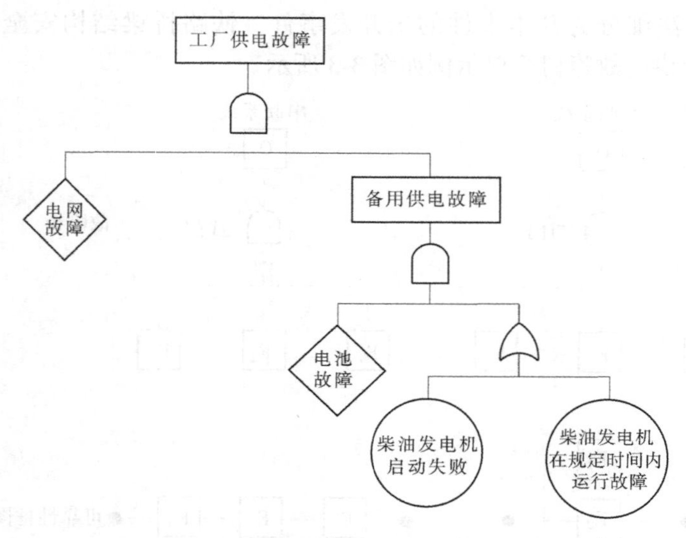

图 3-3　工业供电故障树

的组合,可以由并联和串联可靠性框图表示仅由与门和或门组成的故障树,如图 3-1 所示。串联和并联系统是系统表示中经常使用的术语(Aggarwal,1993;Melchers,1987)。

系统故障模式由"割集"(或"切割路径")定义。割集是事件(故障树的一部分)的组合,其中包括顶层事件。一个系统可能存在大量的割集,例如,对于包含 40~50 个组件的系统,可能存在数百个割集。需要注意的是,即使割集中的所有基本事件没有都发生,割集中的顶层事件仍可能发生。"最小割集"是代表导致顶层事件发生的最小事件组合。本质上,它是一条"关键路径"(Villemeur,1991)。因此,只有当最小割集中的所有事件都发生时,顶层事件才会发生。割集的事件数不少于最小割集,从而减少了割集中的基本事件数量,简化了数值分析。图 3-4 显示了包含 5 个独立组件的系统可靠性框图,其最小割集是 AB、DE、ACE 和 BCD。

故障树分析的一种方法是使用"路径"集。割集确定系统的故障模式,而最小路径集是对最小割集的补充,确定系统生存模式。在图 3-4 中,最小路径集是 AD、BE、ACE 和 BCD。

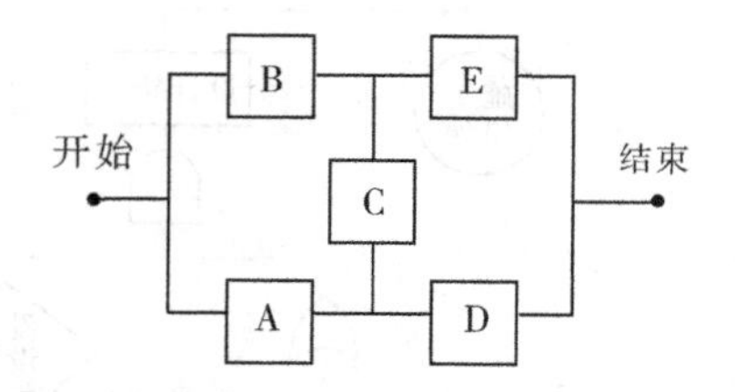

图 3-4　包含 5 个组件系统的可靠性框图

故障树中的"顶层"事件的发生取决于一个或多个基本事件的发生。一般来说,这些事件是系统的组件,如硬件、各子系统、环境因素、人员(人为失误)和社会事务等。此外,各种外部事件也需要考虑,如自然灾害或人为危害。在系统的运行、测试或维护期间,这些组件都可能会发生故障。因此,有必要对它们的运行或状态进行检查。当组件本身发生故障并需要更换时,组件故障被分类为"主要";当因对组件提出过多要求(超出其设计要求)而导致组件发生故障时,则将其分类为"次要";当组件无法服从正确的指令、命令或环境以允许其以预定的方式执行时,则将其分类为"命令"。子系统可以在具备更详尽系统知识的情况下进行单独的故障树分析。

如果系统拥有充足的信息并能够加以表述,就有可能使用基于知识的专家系统来帮助识别顶层事件和主要触发事件(Hauptmanns,1988)。另外,基于计算机的例程可以在给定所考虑的流程或系统的连通性,以及每个事件的输入输出关系的情况下帮助开发故障树(例如 Lee,Grosh,Tillman 和 Lie,1985)。其中一些例程同时生成最小割集。

对于某些系统,一个或多个基本事件可能是互斥的,也就是说,系统可能至少存在两个状态,在任何时候都只能发生一个状态(例如,水泵正常运行和停止)。这类事件使故障树的构造、割集和路径集难以确定。此外,与故障树相关的布尔逻辑仅考虑事件的两个结果(例如,失败和成功)。故障树逻辑的另一个缺点是在故障树构造之前必须预见危险的可能性及其后果(Lees,1980)。因此,在故障树开发之前,需使用 FMEA、FMECA、HAZOP 或其他方法进行初步研究。

Henley、Kumamoto(1981),Lee 等(1985)、Hadipriono 和 Toh(1989)则进一步描述了故障树方法的特征。故障树也被称为"原因树"。

3.4.3　事件树

事件树以图形方式表示系统中事件发生的逻辑顺序。事件树从一个初始(或基本)事件开始,考虑所有可能的后续事件,随着时间轴向前推移,直到出现最终结果——系统自行纠正或发生某种程度的系统故障。需要注意的是,事件树可能会产生许多可能的结果,包括不同程度或等级的损坏、人身伤害或经济损失。事件树由事件定义和逻辑顶点(事件的结果)来构建,事件的结果又可能会产生两个以上的逻辑顶点。初始事件或基本事件可以从故障树、FMEA、FMECA、HAZOP 或其他风险源识别方法中获取。事件树的一般特征如图 3-5 所示,工业工厂供电的简单事件树如图 3-6 所示。

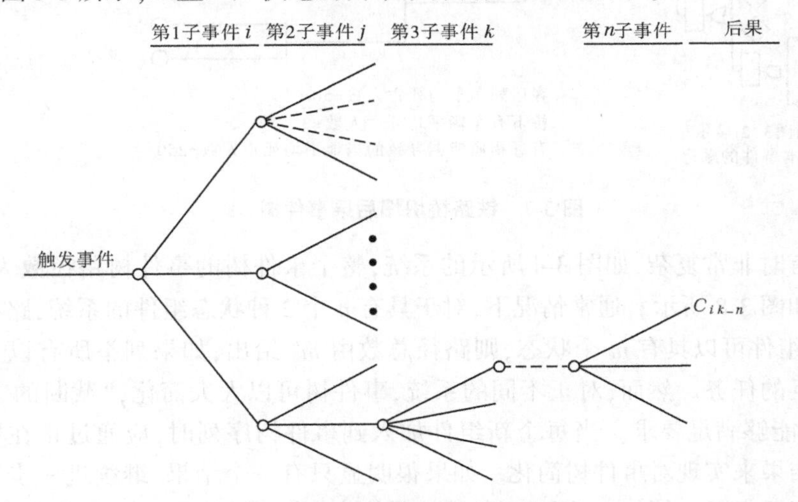

图 3-5　事件树模型(源自 Ang 和 Tang,1984)

如 3.4 节所述,系统可以用故障树和事件树的组合来表示。因此,故障树中的顶层事件可能会成为事件树中的基本事件,或事件树的结果可能会成为故障树中的基本事件

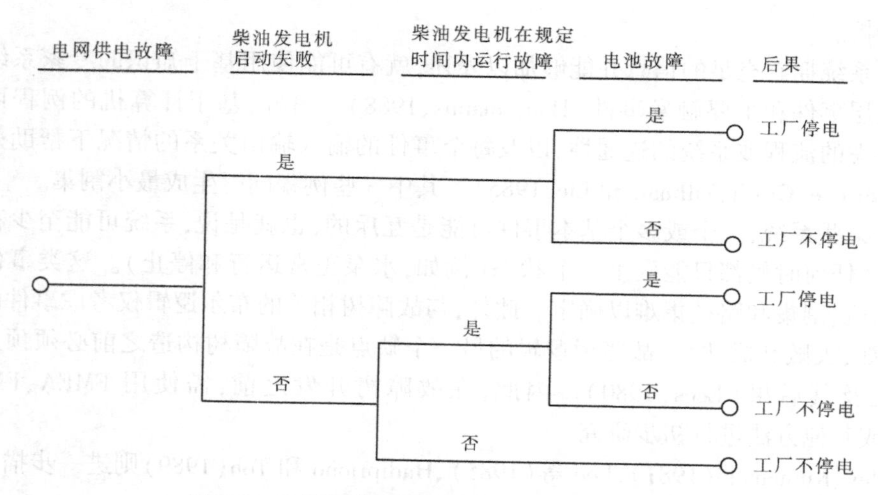

图 3-6　工厂供电损失事件树（修正自 Lees，1980）

（对于整个系统或子系统）。例如，如果将事故前序列建模为故障树而将事故后序列建模为事件树，则可能发生上述第一种情况。如图 3-7 所示，事故（桥梁倒塌）的后果表示为事件树，而故障树用于描述导致桥梁倒塌的原因，如图 3-2 中所示。

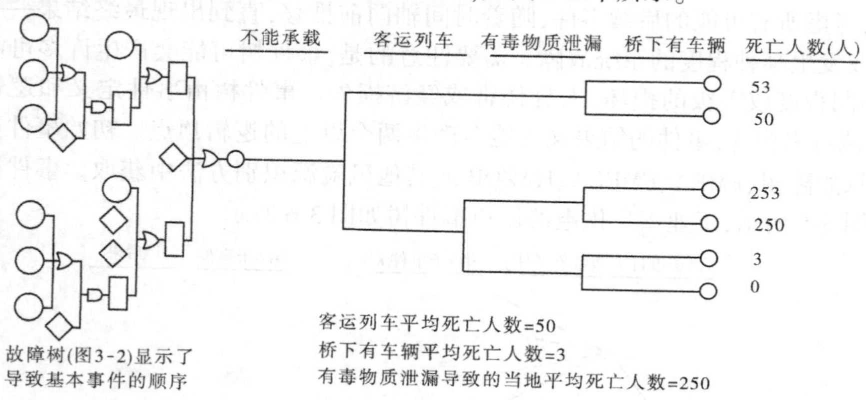

图 3-7　铁路桥坍塌后果事件树

事件树有时非常复杂，如图 3-4 所示的系统，整个事件树的事件树路径数为 $2^5=32$，系统事件树如图 3-8 所示。通常情况下，对于具有 n 个 2 种状态组件的系统，路径总数为 2^n，如果每个组件可以具有 m 个状态，则路径总数由 m^n 给出，如果列举所有以上路径将会是一项艰巨的任务。然而，对于不同的系统，事件树可以大大简化，“截断的”或“减少的”事件树也能够满足要求。当每个新组件加入到事件树序列时，应通过正在处理事件序列的可能结果来实现对事件树简化。如果很明显只有一个结果，继续进一步开发特定事件路径则毫无意义。例如，在图 3-4 所示的系统中，若 A 组件和 B 组件发生了故障，则系统故障肯定会发生。因此，事件树可以简化，如图 3-9 所示。幸运的是，在许多情况下，根据计算目的，只有当系统出现故障时才有意义。此时，“截断”或“减少”的事件树就足够了。在这种情况下，只要能证明该路径能够使得系统成功运行时，其他路径都可以终止。如果系统评估与事件树的构建同时进行,则有可能根据估计的事件发生概率来终止事件序列(参见第 6 章)。

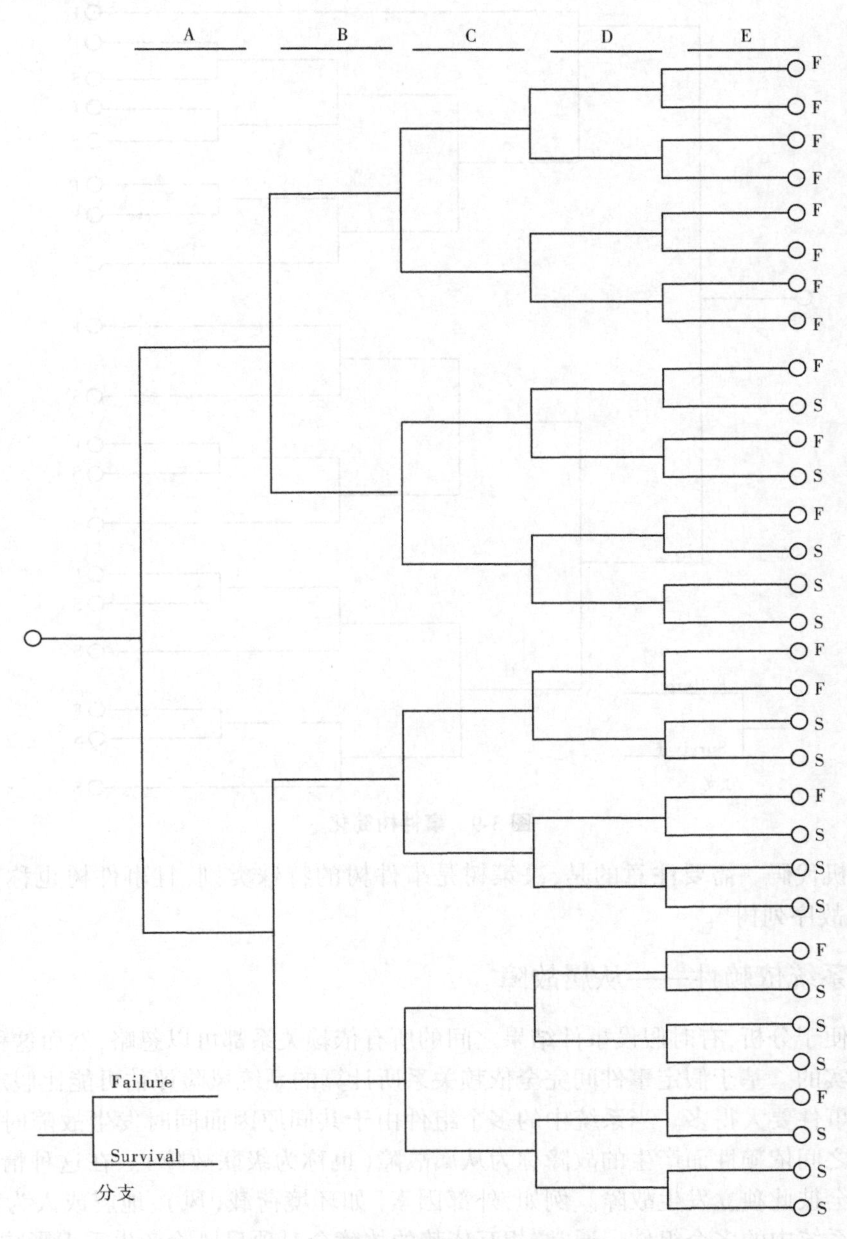

图 3-8　图 3-4 示意的系统事件树 (S=成功,F=失败)

与故障树一样,割集和最小割集也适用于事件树。对于大型而复杂的系统,最小割集很难通过检查确定。目前,已经开发了几种事件树网络最小割集的识别方法(例如,Allan、Rondiris 和 Fryer,1981),但这些方法不一定适用于故障树。关于事件树的更多详细信息可参考 Ang 和 Tang(1984)和 Villemeur(1991)相关文章,后者还提出了许多可商

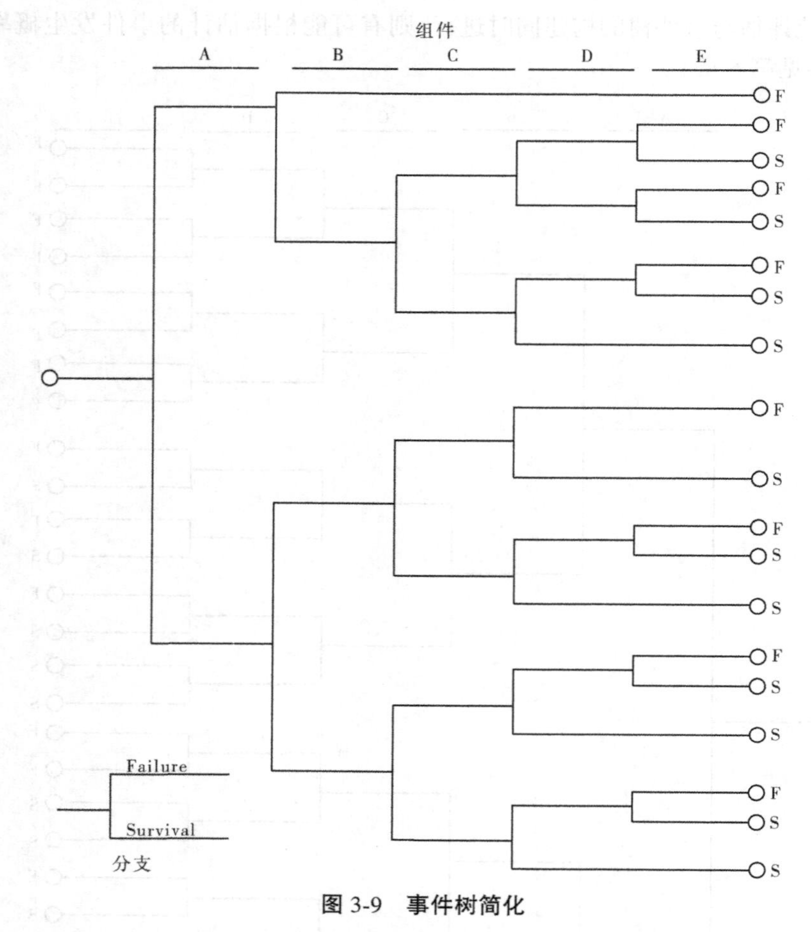

图 3-9　事件树简化

购的计算机代码。需要注意的是，决策树是事件树的特殊类别，且事件树也称为“后果树”和“事故序列树”。

3.4.4　系统依赖性——从属故障

为了便于分析，有时假设事件结果之间的所有依赖关系都可以忽略，然而这种假设通常是不现实的。基于假定事件间完全依赖关系所计算的系统风险评估可能比假定完全独立的相同事件要大得多。当系统中的多个组件由于共同原因而同时发生故障时，这种因事故组件之间依赖性而产生的故障称为从属故障（也称为级联故障）。在这种情况下，系统组件不会彼此独立发生故障。例如，外部因素［如环境荷载（风）、地震或人为因素］可能会影响系统中的多个组件。通常，相互依赖的故障会对项目风险产生重大影响，必须正确识别处理。因此，事件之间的依存性处理对于风险分析师而言至关重要。

通常情况下，事件之间依赖性建模比较困难，原因如下：

（1）对依赖事件定义不一致。

（2）缺乏可用的依赖事件数据。

（3）对事件的重要性和发生频率缺乏认识。

(4)错误地认为只需将依赖事件精准建模到组件级别的工作做好,便可以解决依赖性问题。

另外,对组件故障原因建模以及处理组件响应输入间的依赖性也可能会出现问题(Fleming 等,1986)。

对于多个类似组件,依赖性尤其容易发生。这是因为:①物理依赖性,例如,物理故障过程与某种方式相关(如在多个故障中与组件故障的时间相关);②统计的依赖性,即统计属性以某种方式相关(如 Virolainen,1984)。由于(通常)缺乏对影响一个以上组件或子系统的知识,也可能存在所谓的"认识状态"依赖性的问题,并通过系统或系统内部故障行为的类似统计来显示(Apostolikas 和 Kaplan,1981)。通过建模假设或简化,也可能会产生某种相似的依赖性。

当用于核工业时,从属故障被称为"共因故障",或较少出现的"共模故障"。在随后的讨论中,尽管有时认为后者是前者的子集,但在这两个术语之间没有区别。

一种从属故障的情况是一个事件会触发多个后续事件,而分析没有对这种可能性做出特定的考虑。如上所述,典型的从属故障事件可能是外部因素,如自然环境因素,或某件设备、供电系统故障(例如电源故障)导致多种相关设备的故障。如主泵系统和备用泵系统由于电力故障而均发生故障,意味着故障以某种方式相互依赖。表 3-7 中列出了从属故障的来源分类。

表 3-7　从属故障的来源分类

设计		施工		进程		环境	
功能缺陷	设计实现	制造	安装和试运行	维护和检测	运行	正常极限	事件
逻辑错误	渠道依赖性	质量控制不当	施工错误	不完全修复	操作人员失误	温度	火灾
措施不足	正常运行和保护组件	标准不当	质量控制不当	不完善的测试	过程不当	压力	洪灾
控制不当		检查不当	标准不当	不完善的校准	监护不当	湿度	大风
响应不当	操作缺陷	测试不当	检查不当	不完善的过程	交流失误	振动	地震
	设计错误		测试和试运行不当		监护不当	加速度	爆炸
	设计限制					应力	导弹袭击
						腐蚀	电力
						污染	放射物
						干扰	化工资源
						辐射	

注:表格内容改编自 Edwards 和 Watson(1979)。

从属故障的原因也可以通过最小割集来确定。对每个最小割集进行评估,来确定事件的性能是否受到共同起因的影响。但是,这种方法仅适用于相对简单的系统;反之,评估所需的最小割集数量将非常庞大。

尽管原则上可以通过对系统进行适当的建模来处理系统中的依赖关系,但并不总是行得通的。由于无法充分理解系统所涉及的依赖关系,或由于涉及大量的工作而不希望进行过于详细地建模,所以无法实现非常详细的系统表示。因此,只有当明显知道简化处理对系统结果的影响时,对依赖性进行简化才适用。但在现实情况中,通常会因为缺乏数据和其他因素而寻求使用简化方法。然而,系统依赖性的风险计算所采用的捷径方法通常不准确。

故障树原则上可以包括从属故障的影响。但在实践中,由于从属故障、其他与顺序或时间相关事件、控制(或反馈)回路的存在,故障树的构建非常困难。因此,事件的顺序很重要(只有当一个组件必须先发生故障,另一个组件才会发生故障)。此时,系统的内部状态决定系统故障的发生,且故障发生是控制回路状态的函数。而对于稳态状态的系统,该问题并不严重。

另外,事件树更有助于处理事件依赖关系,能够跟踪事件的影响。例如对于组件故障,事件数能够跟踪从属故障的传播影响。因此,采用事件树技术处理组件之间的依赖关系(如共因关系)和其他顺序类型的依存关系时特别有用。显然,在这种情况下,必须仔细考虑系统中事件的顺序或时间,并在事件树构造中进行适当的反映。然而在独立组件组成的较为简单的系统中则无须考虑以上问题,因为事件顺序较为随意。

在核工业中采用的处理共因故障的一种方法是假设所有系统事件都是独立的,并引入新的虚拟事件来专门处理依赖的影响。例如,当外部事件将导致并行组件同时发生故障时,则可以将外部事件模拟为与组件串联的虚拟事件,如图 3-10 所示。更多内容详见第 6 章。

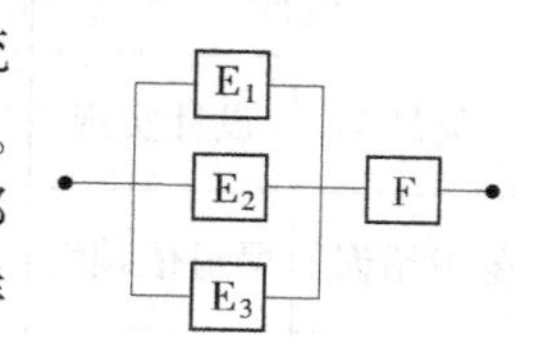

图 3-10 共因故障事件的并联系统

最后,定义依赖事件对逻辑模型的影响该是分析人员关注的最重要领域之一。但是,相较于系统整体分析和独立事件的数据分析,分配给依赖事件分析的资源往往较少,这可能会忽略重要的系统故障模式,并且无法较好地估计系统故障的概率。

3.5 系统元件性能

3.5.1 定量描述

系统风险评估需要对直接影响系统风险的系统元素频率和性能进行定量描述。这意味着必须了解系统组件的性能、荷载、抵抗力及人为操作等来评估故障后果。通常将每个系统组件性能的定量描述作为一个变量,点估计(确定性)变量(如平均故障率)或随机变量(如故障率的概率分布)。广义上讲,变量可以归类为:

(1)子系统、组件或其他设备(如泵、阀门、计算机)的可靠性(故障率、平均故障时间)。

(2)机械、结构、岩土、电子或液压系统的抗力、强度或容量。

(3)施加在这些系统上的荷载和应力等(如机械应力、电压、温度变化引起的内应力、风荷载和静载荷引起的结构响应等)。

(4)管理、设计、组装/建造、操作、检查和维修人员的可靠性(错误率、错误检测率)。

(5)故障事件的后果,如对其他事件性能的影响、生命财产损失等。

如前所述,第4章将定量描述讨论组件可靠性、抗力、载荷和后果的模型,第5章将阐述人为可靠性的量化问题。在两种情况下,应认识到变量可能会受到多种不确定因素的影响。具体而言,这些因素如下:

(1)现象本身的固有变异性(如风力)。

(2)参数。

(3)预期结果。

(4)建模误差。

以上因素的点估计和随机变量以及它们合并的可变性和不确定性将在以下各节中简要描述。

3.5.2　点估计变量

点估计是用于描述变量值最佳估计的单个数值。例如,阀门的故障率估计为每年 2.4×10^{-6},则该值就是点估计。对于系统分析,通常假定所有相似或相同阀门的可靠性在系统使用期内的任何时候故障率都为每年 2.4×10^{-6}。但实际上,组件的可靠性很可能会受到运行环境(湿度、压力、灰尘等)、运行压力和维护习惯的影响。因此,即使对于名义上相同的组件,故障率也会因组件而异。此外,用于计算故障率的数据(如实验室测试、现场数据、专家意见)本身也具有一定程度的不确定性。但在点估计中,所有诸如此类的可变性和不确定性都被忽略。

点估计值的另一个示例是因有毒物质泄漏而致死的人数 N。N 可能会受到风速和风向、日期和时间、疏散程序的有效性以及其他因素的影响。由于点估计变量忽略了可变性和不确定性,因此不可能轻易获得系统中不确定性因素的估计(除非通过敏感性分析进行某些扩展获得,请参见第6章)。因此,将组件的故障率以及如抗力、负载、后果等其他变量的故障率表示为随机变量将更为现实和有用。

3.5.3　随机变量

变量值的可变性和不确定性是由多种原因引起的,包括以下几点:

(1)本身存在的可变性。

(2)缺乏对系统足够的理解。

(3)缺乏足够的数据。

(4)工艺。

例如,由于材料特性、生产工艺、几何尺寸、环境条件、维护等方面的变化,名义上相同组件的强度通常会因组件的不同而有所差异。虽然材料的特性在许多情况下被认为是不变的，但仍需考虑磨损、疲劳和腐蚀等方面的因素。荷载或应力也受到环境、温度和地理位置等因素的影响。许多荷载变量还往往是随时间变化的，例如风荷载（风速随时间变化），在这种情况下，任何"时间点"上的荷载在不同时间点之间差异可能很大。由于在许多情况下无法准确预测变量的值，因此应该将变量视为随机变量并以概率方式进行处理。这意味着随机变量将由概率模型表示，通常为由一个或多个统计参数（如均值和方差）组成的概率分布。

在开发和使用概率模型时，显然必须考虑模型中每个随机变量的不确定性。需要考虑的不确定性可分为以下几类：

（1）概率现象本身的变异性。

（2）建模的不确定性。

（3）统计参数的不确定性。

接下来将阐述每个不确定性的内容。

某种现象的固有变异性为天然的（或固有的、基本的、本身存在的）不确定性。例如，故障率的估计存在一些本身固有的不确定性，因为即使在相同的组件之间，故障率也存在差异。在大多数情况下，可用概率分布来表示这种形式的不确定性。因此，在大多数情况下，收集和分析更多数据只会略微降低本身固有不确定性的程度。当对未来事件（如旋风、地震、洪水、设备故障）的预测感兴趣时，固有不确定性便会引起一些其他问题。这是因为未来事件并不总是与历史数据（过去的经验）直接相关。这意味着在尝试预测超出历史数据范围的事件的发生时，固有不确定性可能尤其重要。例如，即使概率模型及其参数是精确已知的（与实验数据完美契合），也可能永远无法准确预测最大洪水的确切时间或规模。

一般来说，自然现象（如洪水、旋风、土壤特性）的发生和程度的不确定性通常大于人造材料或程序相关的不确定性（如结构钢、设备可靠性）。

模型不确定性可采用概率模型描述系统元素相关特征。Vesely 和 Rasmuson（1984）将模型不确定性归类为：是否包括影响模型所有因素的不确定性，模型如何描述这些因素之间关系的不确定性。例如，通常假定将事件的发生模拟为随机过程，但也可能需要考虑长期影响或其他因素（例如"厄尔尼诺现象"或"南方涛动"现象）的影响。当拟用概率模型的尾部与试验数据中获得的罕见事件不吻合时，这种类型的不确定性就可能非常明显。在某些情况下，特别当数据稀缺且对系统缺乏理解时，可能需对模型进行改进完善。因此，随着收集和分析的数据越来越多，建模的不确定性便会降低。

用于描述概率模型的统计参数（如均值、方差）本身会受到一些不确定性的影响，因为它们是从有限的实验数据中估算得出的。特别是当收集罕见故障事件的数据或取得权威专家意见时存在困难。此外，统计参数也常常从通用数据源或其他地理位置、系统或操作环境收集的数据中推断获得。显然，分配给概率模型中使用的统计参数值只是参数真实值的估计。一般情况下，收集和分析其他（也许更合适的）数据会减少统计参数的不确定性。

需要注意的是，在描述随机变量时，随机变量（及其概率模型））可能是离散的，也可能是连续的。离散型随机变量为拥有有限（离散）结果的变量，一个明显的例子是天数。

连续型随机变量是指该变量在可能的结果范围内可以任意取值的变量,一个简单的例子便是温度值,例如 56.45 ℃。

从统计中可知,用于描述概率模型的统计参数是所谓的第一、第二和更高的“矩”。第一“矩”和第二“矩”分别指均值(μ_x)和方差(σ_x^2)。离散型随机变量(x)的均值和方差计算如下:

$$\mu_x = \sum x_i p_x(x_i) \quad \sigma_x^2 = \sum (x_i - \mu_x)^2 p_x(x_i) \tag{3-2}$$

对于连续型随机变量,均值和方差计算如下:

$$\mu_x = \int_{-\infty}^{\infty} x f_x(x)\,\mathrm{d}x \quad \sigma_x^2 = \int_{-\infty}^{\infty} (x - \mu_x)^2 f_x(x)\,\mathrm{d}x \tag{3-3}$$

式中,$p_x(x_i)$ 是每个离散值 x_i 出现的概率;$f_x(x)$ 是连续变量 x 的概率密度函数(如 Benjamin 和 Cornell,1970; Ang 和 Tang,1984)。显然,均值为随机变量的最佳估计值,也就是说,它是实际中最有可能出现的值。方差是衡量随机变量离散程度的度量,其他度量方法也包括标准差(s_x)和变异系数($V_x = \sigma_x/\mu_x$)。第三“矩”是分布“偏态”,它提供了衡量概率分布不对称性的有效方法。目前,已开发出多种离散和连续概率分布,如二项式分布、指数分布、泊松分布、正态分布、对数正态分布、伽马分布、指数分布、极值(Ⅰ、Ⅱ或Ⅲ型)分布和 β 分布等。在每种情况下,“矩”都是分布的参数,尽管描述不同类型的分布所需的参数各不相同。图 3-11 显示了一些典型的连续概率分布,每个分布都有相同的统计参数。概率分布的选择取决于随机变量的特性,以及分析人员在进行风险分析时希望描述变量的接近程度。例如,采用对数正态分布对错误率进行建模,因为技术人员的表现往往会趋向于低错误率(Swain 和 Guttman,1983)。而年最大风速已由极值类型Ⅰ(或 Gumbel)分布描述,当然其他分布也能够合理拟合数据(Simiu, Bietry 和 Filliben, 1978)。图 3-11 为概率分布的选择对随机变量特性的影响。

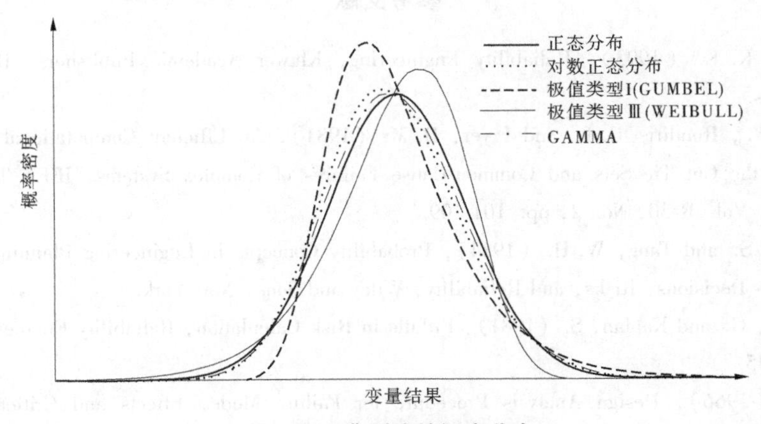

图 3-11　典型连续概率分布

在大多数情况下,只需增加方差,不确定性便可直接纳入概率模型。通过将概率模型的统计参数(如均值、方差)视为随机变量,也可以将不确定性纳入概率模型;然后,概率模型就呈现复合分布(如 Benjamin 和 Cornell,1970)。

最后,在许多情况下,不可能在概率模型中包含所有不确定性来源。这些不确定性的来源基本上是不可量化的,通常与系统分析员的习惯、研究团队的知识、可能排除的某些故障事件等事项相关。质量保证措施和专家评审能够提高分析的可信度和准确性,包括改善这些不确定性和其他不确定性来源。这方面内容在第 7 章中有更详细的讨论。

3.6 分析结果的不确定性

综上所述,未来事件的预测、随时间变化的变化、试验数据和人为错误均存在可变性和不确定性。随机变量为不确定性进行了适当概率描述,由于风险分析还应考虑分析所预测结果的不确定性和可变性,因此应在风险分析中采用随机变量。此时,分析结果(如系统风险)就变成可由概率分布表示的因变量,概率分布的范围可直接衡量分析结果中的不确定性。而在分析中使用点估计变量将产生点估计结果,并不能表明结果的可变性或不确定性。

3.7 总　结

使用事件树或故障树逻辑图的系统表示法定义了系统(和研究)的范围,并确定了导致系统故障的系统元素。从属和其他相关的故障是导致系统风险的重要因素,因此在将这些故障事件合并到系统表示中时必须非常小心。这些信息与系统元素性能数据结合使用时,用于建立系统评估模型来计算系统风险。当然,如果要准确表示系统,则需要定义系统故障并确定风险来源。由于系统元素性能具有变异性,且其预测也具有不确定性,因此通常将系统元素性能模拟为随机变量(概率模型)将更有意义。

参考文献

[1] Aggarwal, K. K. (1993), Reliability Engineering, Kluwer Academic Publishers, Dordrecht, The Netherlands.

[2] Allan, R. N., Rondiris, I. L. and Fryer, D. M. (1981), An Efficient Computational Technique for Evaluating the Cut/Tie Sets and Common-Cause Failures of Complex Systems, IEEE Transactions on Reliability, Vol. R-30, No. 2, pp. 101-109.

[3] Ang, A. H-S. and Tang, W. H. (1984), Probability Concepts in Engineering Planning and Design: Volume Ⅱ - Decisions, Risks, and Reliability, Wiley and Sons, New York.

[4] Apostolikas, G. and Kaplan, S. (1981), Pitfalls in Risk Calculation, Reliability Engineering, Vol. 2, pp. 135-145.

[5] ARP-926 (1966), Design Analysis Procedure for Failure Mode, Effects and Criticality Analysis, Recommended Practice ARP-926, SAE Aerospace.

[6] Aven, T. (1992), Reliability and Risk Analysis, Elsevier Applied Science, London.

[7] Benjamin, J. R. and Cornell, C. A. (1970), Probability, Statistics, and Decision for Civil Engineers, McGraw-Hill, New York.

[8] Bertrand, A. and Escoffier, L. (1989), IFP Databanks on Offshore Accidents, Reliability Data Collection and Use in Risk and Availability Assessment, V. Colombari (Ed.), Springer-Verlag, Berlin,

pp. 115-128.

[9] BS 5760 (1982), Reliability of Systems, Equipment and Components, British Standards Institute, London.

[10] Bockholts, P. (1987), Collection and Applications of Incident Data, Reliability Data Bases, A. Amendola and A. Z. Keller (Eds.), D. Reidel Publishing Company, Holland, pp. 217-231.

[11] Cacciabue, P. C. (1988), Evaluation of Human Factors and Man-Machine Problems in the Safety of Nuclear Power Plants, Nuclear Engineering and Design, Vol. 109, pp. 417-431.

[12] CIMAH (1984), The Control of Industrial Accident Hazard Regulations (CIMAH), Statutory Instrument 1984/1902.

[13] Colombari, V. (1987), The ENI Databanks and Their Uses, Reliability Data Bases: Pproceedings of the ISPRA Course held at the Joint Research Centre, Ispra, Italy, A. Amendola and A. Z. Keller (Eds.), D. Rdeidel Publishing Co., Holland, pp. 243-258.

[14] DOE (1991), Interpretation of Major Accident to the Environment for the Purposes of the CIMAH Regulations, A Guidance Note by the Department of the Environment, Toxic Substances Division, Department of the Environment, London.

[15] Edwards, G. T. and Watson, D. W. (1979), A Study of Common-Mode Failures, United Kingdom Atomic Energy Authority, SRD R 146.

[16] Evans, J. S. et. al. (1985), Health Effects Model for Nuclear Power Plant Consequence Analysis, Harvard University, NUREG/CR-4214, SAND85-7185.

[17] Fleming, K. N., Mosleh, A. and Deremer, R. K. (1986), A Systematic Procedure for the Incorporation of Common Cause Events into Risk Reliability Models, Nuclear Engineering and Design, Vol. 93, pp. 245-273.

[18] Hadipriono, F. C. and H-S Toh (1989) Modified Fault Tree Analysis for Structural Safety, Civil Engineering Systems, Vol. 6, No. 4, pp 190-199.

[19] Hauptmanns U. (1988) Fault Tree Analysis for Process Plants, (in) Kandel, A. and Avni, E., Engineering Risk and Hazard Assessment, Vol. 1, CRC Press, Florida, pp 21-60.

[20] Henley, E. J. and Kumamoto, H. (1981), Reliability Engineering and Risk Assessment, Prentice-Hall, Englewood Cliffs, New Jersey.

[21] HSE (1978), Canvey: An Investigation of Potential Hazards from Operations in the Canvey Island/Thurrock Area, Health and Safety Executive, HMSO, London.

[22] HSE (1990), A Guide to the Control of Industrial Accident Hazard Regulations 1984, HS(R) 21 (Rev), Health and Safety Executive, HMSO, London.

[23] IAEA (1992), Procedures for Conducting Probabilistic Safety Assessments of Nuclear Power Plants (Level 1), Safety Series No. 50-P-4, International Atomic Energy Agency, Vienna.

[24] IEEE 352, IEEE Guide for General Principles of Reliability Analysis of Nuclear Power Generating Station Protection Systems., IEEE Std. 352-1975, Institute of Electrical and Electronic Engineers, New York.

[25] Kalfsbeek, H. W. (1987), The OARS Data Bank: A Tool for the Assessment of Safety Related Operating Experience, Reliability Data Bases, A. Amendola and A. Z. Keller (Eds.), D. Reidel Publishing Company, Holland, pp. 317-342.

[26] Kletz, T. (1986), HAZOP and HAZAN-Notes on the Identification and Assessments of Hazards, Institution of Chemical Engineers, England.

[27] Lawley, H. G. (1974), Operability Studies and Hazard Analysis, Chemical Engineering Progress, Vol.

70, No. 4, pp. 45-56.

[28] Lee, W. S., Grosh, D. L., Tillman, E. A. and Lie, C. H. (1985) Fault Tree Analysis, Methods and Applications-A Review, IEEE Transactions on Reliabity, Vol R-34, No. 3, pp. 194-203.

[29] Lees, F. P. (1980), Loss Prevention in the Process Industries, Volumes 1 and 2, Butterworths, London.

[30] Leveson, N. G. (1986), Software Safety: Why, What, and How, ACM Computing Surveys, Vol. 18, No. 2, pp. 125-163.

[31] Loss, J. and Kennett, E. (1987), Identification of Performance Failures in Large Structures and Buildings, School of Architecture and Architecture and Engineering Performance Information Center, University of Maryland.

[32] Melchers, R. E. (1987), Structural Reliability: Analysis and Prediction, Ellis Horwood, Chichester, UK.

[33] MIL-STD-1629, Procedures for Performing a Failure Modes and Effects Analysis, Military Standard MIL-STD-1629, Department of Defense, Washington, D. C.

[34] Montague, D. F. (1990), Process Risk Evaluation-What Method to Use?, Reliability Engineering and System Safety, Vol. 29, No. 1, pp. 27-53.

[35] O'Connor, P. D. T. (1991), Practical Reliability Engineering, John Wiley & Sons, Chichester, UK.

[36] Recht, J. L. (1966), Failure Modes and Effects Analysis, National Safety Council.

[37] RSS (1975), Reactor Safety Study: An Assessment of Accident Risks in U. S. Commercial Nuclear Power Plants, WASH-1400 (NUREG-75/014), US Nuclear Regulatory Commission, Washington, D. C.

[38] Simiu, E., Bietry, J. and Filliben, J. J. (1978), Sampling Errors in Estimation of Extreme Winds, Journal of the Structural Division, ASCE, Vol. 104, No. ST3, pp. 491-501.

[39] Slater, D. H. and Cox, R. A. (1985), Methodologies for the Analysis of Safety and Reliability Problems in the Offshore and Gas Industry, Application of Risk Analysis to Offshore Oil and Gas Operations-Proceedings of an International Workshop, F. Y. Yokel and E. Simiu (Eds.), National Bureau of Standards Special Publication 695, U. S., pp. 99-129.

[40] Swain, A. D. and Guttman, H. E. (1983), Handbook of Human Reliability Analysis with Emphasis on Nuclear Power Plant Applications, NUREG/CR-1278, US Nuclear Regulatory Commission, Washington, D. C.

[41] Vesely, W. E. and Rasmuson, D. M. (1984), Uncertainties in Nuclear Probabilistic Risk Analysis, Risk Analysis, Vol. 4, No. 4, pp. 313-322.

[42] Villemeur, A. (1991), Reliability, Availability, Maintainability and Safety Assessment, John Wiley and Sons, Chichester, UK.

[43] Virolainen, R. (1984), On Common Cause Failures, Statistical Dependence and Calculation of Uncertainty; Disagreement in Interpretation of Data, Nuclear Engineering and Design, Vol. 77, pp. 103-108.

第4章　系统要素性能

4.1　概　述

系统模型建成之后,可以将该模型作为计算框架系统进行风险分析。此类计算应采用定量方法进行风险分析,这就需要对系统各要素的性能进行定量描述(数据)。如第3.5节所述,这些要素的性能可以运用随机变量和概率论来表示。一般情况下,主要变量包括以下几个方面:

(1)设备(如泵、阀门、计算机)组件和项目的可靠性。

(2)抗力、强度或承载力(如结构、水力、岩土、机械、电气)。

(3)荷载,要求或应力(如洪水、波浪、地震)。

(4)故障的不良后果。

如第3章所述,随机变量的概率模型通常是由数据的统计分析而来的。本章将阐述这些统计数据的来源。当然,数据的来源和基于该数据的概率模型将受到多种不确定性的影响,同时不确定性也和系统元件性能模型有关。与概率模型相关的不确定性已在第3章中进行了描述,可以概括为:①概率现象本身的自然不确定性;②建模的不确定性;③参数的不确定性。

本章将回顾用于描述元件或子系统性能的概率模型(将会影响整个系统的性能)。此外,对于某些子系统,其性能应主要利用模型来估计,而不是直接从数据来估计,特别是用于如风、波浪和地震等外部荷载影响的系统,这方面内容将在第4.3节中重点阐述。本章还讨论了对概率模型中不确定性的处理,并对故障后果合理的表示方式给出了一些建议。

4.2　可靠性和故障数据

4.2.1　数据描述

可靠性数据,一般是指对组件和设备可靠性的观测结果的收集。更恰当地说,应该将这些数据称为"故障数据",因为它通常描述的是故障事件,而不是非故障事件(可靠性事件),理解这一点非常重要。即使故障数据本身很可能是早期实验的综合结果,但它是用于风险分析的数据。通常,此类数据有:①故障(或危险)率(例如,每年0.01次故障);②平均故障时间。

故障率是在给定时间段(通常是元件实际运行或使用的时间段)内预期发生的故障数。它是风险分析中最常使用的组件(或子系统)可靠性的度量。故障之间的平均时间或距离第一次故障的平均时间的详细内容参见第6章。

定义“故障”的方式取决于元件、组件及其功能。通常，组件性能是根据可能的离散结果来考虑的，如成功或失败。对于连续运行的组件，故障可以简单地定义为运行期间的故障。另外，对于处于备用状态或间歇性运行的组件，故障可以定义为按需运行产生的故障、按需运行前产生的故障，或按需运行停止后产生的故障。

接下来只讨论处理可靠性数据，因为它涉及由内部事件（组件的正常磨损）或某些外部事件（地震、火灾）引起的设备故障。应该单独收集和分析人为错误（如维护人员或测试人员错误）造成的故障，以便能够评估该项任务的人员可靠性（参见第5章）。

4.2.2　可靠性和故障数据的类型

用于风险分析的数据在一定程度上取决于系统的性质。所有风险分析都至少需要以下一项或多项可靠性数据：

（1）总故障率；

（2）个别故障模式下的故障率；

（3）故障率随时间的变化；

（4）无法随时满足需求；

（5）维修时间。

4.2.3　总故障率

一般来说，最便捷、精确获得组件可靠性的估计方法是收集并系统分析合理的故障数据。例如，如果在恰当的时间段内记录了故障的时间、类型和原因，便可以从操作经验中获取故障数据，然后便可以计算出可靠性数据。可靠性数据通常以“可靠性数据库”的形式呈现，以便供其他用户参考。故障数据和可靠性数据的收集、分析和使用将在第4.3节中进行描述。

或者，可靠性数据可以从故障条件下对组件或子系统行为的物理理解中获得，此时，故障概率是直接从处理“荷载—抗力”（或“需求—承载力”）子系统的可靠性理论计算。该方法假定如果需求或负载超过承载力或强度，组件或子系统将发生故障。利用简单的观察得出的故障率更为复杂，且尚未在电气或机械系统中有较多应用。该方法主要用于预测独特或昂贵组件或设备的可靠性，或者当涉及环境或外部负载时组件的可靠性。该方法的理论主要是在结构工程中发展起来的，但是其基础已经很早地被综合概述了，包括在处理整个系统可靠性的电气工程教科书中均有描述（Shooman，1968），其基本的理论思想将在第4.4节中介绍。当然，该理论需要有关描述抗力（承载力、强度）和负载（需求、应力）的概率分布的信息，这将在第4.3节中予以阐述。

4.2.4　个别故障模式下的故障率

组件的可靠性可能受到以下一个或多个因素的影响：

（1）故障的定义；

（2）制造过程的复杂性和成熟度；

(3)工艺或运行环境(湿度、压力、温度、粉尘);
(4)工作应力(施加在组件上的负载—电源、电压、电流);
(5)维护惯例。

组件和子系统的可靠性通常是工厂或站点所特有的,与系统特定的故障模式有关。因此,即使组件类似,其故障率也可能因系统而异。特别是对于化学和石油化工设施或工厂,由于其运行条件相差较大,故障率差异尤为突出。因此,从故障或可靠性数据库中获取的通用数据可能会产生误导。为提高风险分析质量,相关数据应更加具体明确,需对工厂或特别关心的组件进行试验。

4.2.5　故障率的变化

故障率随着时间而发生变化,但是关于这种现象的定量信息有限。经常有人提出,故障率和时间之间的关系可以用"浴缸"曲线(如 Daniels,1982)表示,如图 4-1 所示。它表明,在典型组件的寿命早期,故障率随时间的推移而急剧下降,称为机械和电气组件的"老化"阶段。在其他情况下,例如公路桥梁,也存在类似情况,即许多施工故障和施工后立即发生故障,随后是一段极少出现故障的时期。当然,这种结果是基于许多组件或系统的统计数据——"浴缸"曲线仅仅是一个平均趋势。随着组件或系统的老化、疲劳、腐蚀和其他过程会导致故障率增加,正如电气工程风险中的所谓"烧毁"阶段,或其他工程分支中的"磨损失效"阶段。

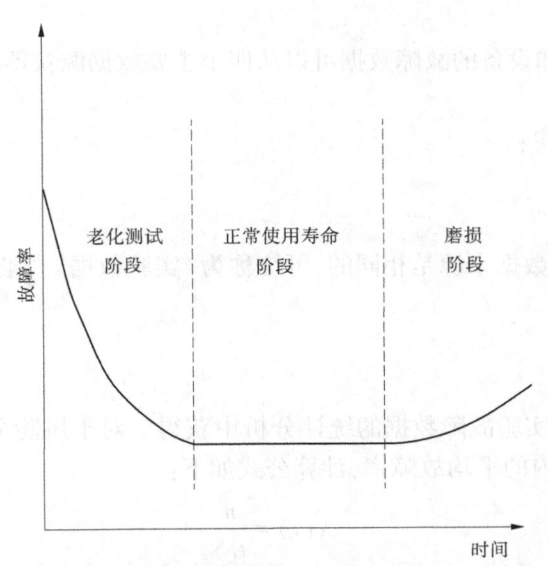

图 4-1　典型"浴缸"曲线(源自 Daniels,1982)

"浴缸"曲线对所有类型组件的有效性一直受到广泛质疑,即并非始终有效(Lees,1980)。例如,在航空工业中,只有 4%的部件符合"浴缸"曲线。相反,研究发现,最有可能的模式是早期故障率高,然后发生没有磨损区域的随机故障(Kannegieter, 1993)。通常假定通过测试程序和监控手段,新设备在"老化"阶段发生的大多数故障将会提前被发现,并通过适当的维护程序可以减少"磨损"故障。基于以上原因,同时为了方便计算(参见第6章),通常假设在风险分析中,故障率在组件的整个生命周期中是恒定的。但需要注意的是,对于软件而言,更多的错误或漏洞将被检测和纠正,故障率随着时间的推移更有可能下降(如 Hecht 和 Hecht,1986)。时间对故障率(和系统评估)的影响详见第6.7节的描述。

4.2.6　无效性

组件的无效性是衡量备用系统可靠性的重要指标[备用(子)系统是在原系统发生故障时可以运行的系统]。无效性是指备用组件或系统不起作用或由于其他原因无法接管(常用或主要)系统。通常,将备用期间某个组件的故障时间模拟为指数分布的随机变量,与用于正常组件的建模方式相同(例如,IAEA, 1992)。与时间相关的无效性可模拟为均值或常数,例如基于测试频率或与无法满足需求相关的其他影响。在此情况下,失效性可方便地视为恒定的故障率。

4.2.7　修复时间

修复时间可能影响系统从一个或多个组件故障中恢复的能力。例如,当关键组件处于"故障"状态时,系统可能会恶化。

4.3　故障数据来源

在实践中,部件和设备的故障数据可以从四个主要数据源获得(如 Bello,1987):

(1)实验室测试;

(2)现场数据收集;

(3)事件数据库;

(4)专家意见。

上述前三项故障数据来源是相同的,可统称为"实验数据"。唯一的区别在于分析人员可使用的方式。

4.3.1　实验数据

可靠性数据可从实验故障数据的统计分析中获得。对于风险分析师而言,可靠性度量是时间间隔(0~t)内的平均故障率,计算公式如下:

$$\lambda(t) = \frac{n}{t_L S} \tag{4-1}$$

式中:n 为给定的时间间隔内观察到的组件故障数;t_L 为操作时间;S 为在给定时间间隔开始时的组件数。

因此,需要收集参数 n、t_L 和 S 的实验数据。该数据可以从实验室测试、现场数据或事故数据库中获得。

在实验室测试中,可能会记录故障事件和时间间隔(n 和 t_L),以测试被破坏的类似组件($S=1$),但必须确保在实验室测试中正确模拟组件的使用环境和操作条件。电气和电子组件由于制造规模大,单位成本较低,其故障数据通常可从实验室测试进行大量测试(如,Colombo,1987;Verwoerd,1991)。而机械部件测试通常非常昂贵,因此不宜采用实验室测试。

现场数据包括从系统运行和维护记录中获得的故障事件和时间间隔数据,如单个工厂或站点(工厂或具体站点的故障数据)或许多工厂(一组工厂的常规或通用故障数据)收集的故障数据。现场数据收集应具有一致性和系统性,以便其可靠性计算更为真实。但如果故障事件很少发生,则计算得出的可靠性数据的不确定性可能导致结果无法接受。

或者,用于风险分析的故障数据也可以从事件数据库中获取,这些数据通常包含故障事件起因、结果和发生时间的信息,具体内容请参阅第3.3.5部分。根据数据库信息,可以估计通用可靠性数据。然而,在收集和记录数据库信息时所使用的技术和所做的假设并非总是非常清晰的,所以分析师无法对其进行评估。因此,分析人员必须对所分析的特定组件信息的适当性或有效性进行主观判断。大多数事故数据库都是为单个行业或工程系统开发的,故障数据是从多个站点或工厂收集的。因此,根据事故数据库故障数据计算出的可靠性数据通常是通用的,并不是特定于个别工厂的[有关多个数据库的概述,另请参见 Henley 和 Kumamoto(1981)和 Daniels(1982)]。

从实验室测试,现场数据和事故数据库中获取故障数据时,故障数据的收集和分析存在一些不确定性。这可能是由故障数据中的以下一项或多项缺陷(Duphily 和 Long,1977)所造成的:

(1)非标准化数据报告;

(2)有关项目的描述不佳;

(3)耗时的数据反馈;

(4)许多零件所需的维修时间不够准确;

(5)报告表格中术语的定义不一致且含糊;

(6)难以查明失败的原因;

(7)政府安全或公司专有的数据分类;

(8)缺少有关零件故障与其操作环境之间关系的数据。

由于不确定性的重要性,接下来将详细描述。故障数据记录倾向于描述在系统运行或维护期间确定的“故障”事件。因此,不确定性的主要来源是从所有故障事件中选择哪些事件构成“故障”。Mosleh(1986)将故障定义为“设备无法执行系统模型要求的功能”。例如,如果系统模型为“核电站的运行”,则“泵无法按需运行”事件应被视为组件故障,但是如果该事件在不同的系统中发生,这可能就不那么重要了。因此,故障的严重性倾向于对“故障”定义的影响。显然,这通常需要进行主观判断。例如,故障事件可能由维护人员识别(并维修)的“泵轴振动”。如果当时泵没有修理,分析人员必须确定振动是否严重到足以引起轴立即卡死的程度。当然,如果记录不清楚或不完整,这个决定将更加困难。对于故障率相对较高的组件,故障定义中的不确定性可能不是特别重要的。但是,如果仅识别出少数故障,则计算出的故障率的不确定性可能会很高。因此,Mosleh(1986)提出分析人员应保守些。换句话说,如果分析人员不确定其分类,则视为该组件“发生故障”。

暴光数据的收集(如组件的累计运行时间)也存在一些不确定性,但不确定性的范围通常小于故障事件估计数量的范围(Mosleh,1986)。对于某些组件,可以直接从设备上安装的操作时间表中获取准确的暴光数据。但是,对于大多数组件,暴光数据则根据工厂记录来进行估算。工厂记录文件描述了测试程序、组件功能、运行时间和停机故障等。显然,使用该数据进行可靠性评估需要主观判断,甚至一些假设。例如,必须推断出测试期间的运行时间来获取正常运行条件下的暴光数据,甚至进一步推断出极端条件下的估计值。这两种推断都不是特别准确的,因为许多组件不是连续运行,而是间歇运行或按需运行。Mosleh(1986)列举了一个案例,其从设备操作时间表中获得的暴光时间比从测试程序估算的时间长300%(请注意,暴光数据也可以根据周期数或需求量来衡量)。

故障率的计算见式(4-1),它只有当组件在测试时间间隔开始时是新组件,且故障在测试时间间隔结束(或"观察窗口")时发生才是准确的。在操作系统中,通常无法满足这些条件(除实验室测试外),如图4-2所示。显然,简单地假设每个组件在测试时间间隔结束时即将发生故障是保守的,但在测试期间根本没有观察到故障的情况下,此假设也较为方便。在此前提下,几种计算故障率的替代方法,包括独立事件的假设和使用二项分布来估计失效率。然而,Lees(1980)得出结论:"没有完全令人满意的方法来处理这种情况……"

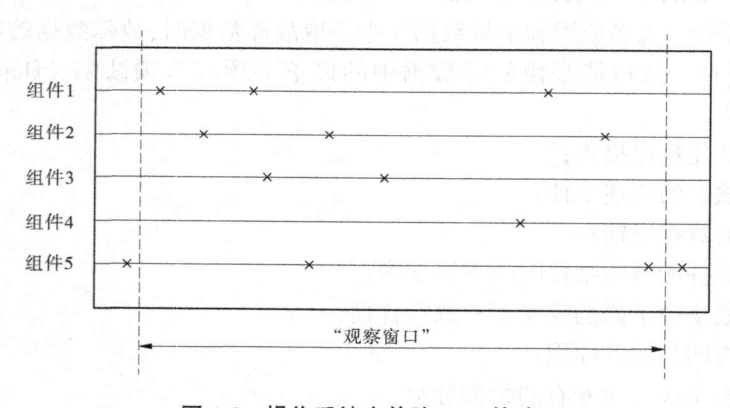

图4-2　操作系统中故障(×=故障)

看似相同组件的固有可变性以及故障和可靠性数据的不确定性表明,应将相同组件的故障率视为随机变量,详见第3.5节。当采用概率描述随机变量时,通常假定单个组件的故障率为对数正态分布,也可以使用其他分布形式(例如,Mosleh,1986;Colombari,1987)。单个故障率的概率分布范围可以表示为误差范围、评估范围、不确定性范围或置信区间。例如,RSS(1975)和IEEE(1984)提供了"最佳估计"的故障率,以及低/最小值和高/最大值(通常分别为第5个百分点和第95个百分点)。通常认为"最佳估计值"是组件故障率对数正态分布的中位数,因为中位数比平均值更为保守(例如,Apostolakis等,1980)。需要注意的是,单个故障率的概率分布不能仅从实验故障数据中获得,因为这些数据往往主要反映了概率分布的"尾部"。此外,平均故障率的置信区间仅代表平均故障率不确定性,并不代表相同组件中固有的(天然)可变性。

4.3.2 专家意见

从操作员、维护人员和管理人员(或其他人员)获得的定性和定量信息如果质量足够,可能会提供有用的故障可靠性数据。当然,这些数据在很大程度上取决于被咨询人的经验和知识,以及他们做出判断和表达意见的能力。通常,可能会要求他们估计平均故障率和/或故障率的范围。根据该信息,可能会针对单个故障率进行点估计或概率分布。Krinitzsky(1993)在处理地震风险评估时断言,某些专家可能是"渴望收费的骗子、时间服务器、老糊涂……然而,这些角色和其他所有类型的角色都可以通过检查,尤其是当他们最严重的缺陷被淹没在不温不火的平庸之流中时"。显然,在选择专家时必须格外小心,至少应根据已知组件(或其他)的可靠性数据对专家的某些估计值进行校准。在将定性信息和定量信息转换为可靠性数据的过程中,有几种技术可以提供帮助,包括绝对概率判断(使用 Delphi 技术)、配对比较或专家信息方法(如 Daniels,1982;Kaplan,1992)。这些方法实质上汇集了专家的意见,可以在专家之间获得相对较高的"共识"或一致性。

Green(1983)总结了几项研究的结果,在这些研究中,把专家意见获得的电气和机械部件的故障率和从现有可靠性数据(从广泛的现场数据计算得出)的故障率进行了比较,发现至少 1/3 的专家意见在现场数据或公认可靠性数据的 1/3 以内。同时还观察到,没有专家能够一直持续提供较好的估计。尽管如此,最后得出的结论是,估计的故障率与现场数据或公认的故障率之间通常存在良好的一致性。

然而,Apostolakis(1986)、Martz(1984)等断言,直接分析和使用从专家那里得出的可靠性数据时存在很大的不确定性。例如,在 RSS(1975)的研究报告中,获得了 12 个专家对管道平均故障(破裂)率的估计,参见表 4-1。可以看出,表 4-1 给出的专家估计值显示出不同专家建议的显著变异。可靠性数据建议,平均估计值为每条管道每小时 1×10^{-10} 次故障,第 5 个百分点和第 95 个百分点(评估范围)分别为 3×10^{-12} 和 3×10^{-9}(RSS,1975)。但表 4-1 中有 8 个专家的估计值超出上限。这就产生了一个问题:"为什么这些专家的估计被忽略了?"根据 Apostolakis(1986)的研究,RSS(1975)工作组本可以解决此问题,但建议"本案例表明 RSS(1975)组的判断在确定故障率分布方面是多么重要"。鉴于这些观察结果,有人认为通用故障率分布太窄,应将其扩大,以表示对专家估计缺乏信心。其中一种方法为通过重新定义评估范围的端点来扩大故障率分布,使其代表第 20 个百分位和第 80 个百分位(Apostolakis 等,1980, Apostolakis,1982)。但是,这可能是一个略微保守的方法(Martz,1984)。

不确定性的更多来源是专家意见,因为"当每个需求的故障率小于 10^{-5} 而没有任何统计证据支持时,人们似乎就会非常怀疑"(Apostolakis,1986)。因此,当事件的发生概率非常低时,评估范围通常最大(Vesely 和 Rasmuson,1984)。尽管存在这样和那样的问题,Paté-Cornell(1986)得出结论,"鉴于缺乏绝对准确的数据集,专家的意见是必不可少的"。

表 4-1　管道故障率的专家估计

专家	专家估计	专家	专家估计
1	5×10^{-6}	7	2×10^{-10}
2	2×10^{-9}	8	3×10^{-9}
3	1×10^{-10}	9	1×10^{-8}
4	1×10^{-6}	10	1×10^{-8}
5	7×10^{-8}	11	6×10^{-9}
6	1×10^{-8}	12	1×10^{-8}

注:本表内容改编自 RSS(1975)。

4.3.3　贝叶斯定理—组合不同的数据

在某些情况下,可能只收集了有限的实验故障数据(例如,由于操作经验不足),或者所收集的故障数据可能未包含关于罕见故障事件的足够信息,也可以用概率分布来表示单个故障率。在这些情况下,可使用贝叶斯定理将已有数据和其他相关数据(如通用数据或专家意见)进行组合。这些数据通常包括:

(1)针对特定工厂或情况获得的实验性故障数据。

(2)从(通用)可靠性数据库或专家意见获得的可靠性数据。

在使用贝叶斯定理时,方法是从所谓的“先验”分布开始。在当前情况下,先验分布是代表一般可靠性数据(2)的分布。故障数据信息现在被认为代表“新证据”,并用于“更新”先验分布,以产生包含新证据或知识的“后验”分布。通常,新证据是实验数据,如果故障数据根据 S 次试验中的失败次数给出,则故障率可以用二项分布表示;如果故障数据以特定操作时间内的故障次数给出,则可以采用泊松分布表示。在每种情况下,这些分布代表“似然函数”。后验分布如下:

$$f''(\lambda)=\frac{f'(\lambda)L(E|\lambda)}{\int_0^\infty f'(\lambda)L(E|\lambda)\mathrm{d}\lambda}\tag{4-2}$$

式中,$f'(\lambda)$是先验分布,当实验结果为 E,参数值为 λ,λ 为故障率(如 Ang 和 Tang, 1975),则 $L(E|\lambda)$为相应的似然函数或条件概率。如果实验数据是在特定操作时间(t_L)内的故障次数(n),则似然函数为泊松分布,计算式如下:

$$L(E|\lambda)=\frac{\exp(-\lambda T_L)(-\lambda T_L)^n}{n!}\tag{4-3}$$

以柴油发电机运行时故障为例,典型的先验、似然和后验分布如图 4-3 所示。在此示例中,先验分布被假定为对数正态分布,其中第 5 个百分点和第 95 个百分点对应数据由普通可靠性数据库(RSS, 1975)获得,分别为 3×10^{-4} 和 3×10^{-2}(每小时)。在运行 398.03 h 内,该工厂的观测数据(新证据)显示为 9 次故障(n),即提供了 t_L。然后,由式(4-2)和式(4-3)估算后验分布。请注意,新证据使得后验分布具有更高的故障率。

在许多情况下,后验分布高度依赖于先验分布的选择,在选择先验分布时需要特别慎重。因此,使用贝叶斯方法不能成为减少试验测试的评判依据(如 O'Connor,1991)。对组件进行直接测试仍然是获取可靠数据的最佳方法。

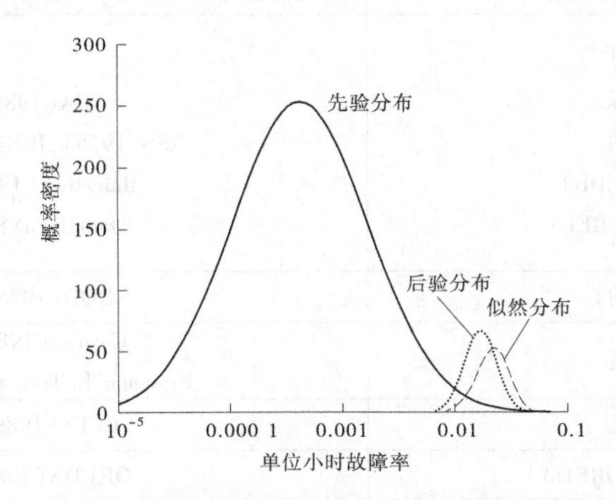

图 4-3　柴油电机运行故障的先验、似然和后验分布(数据源自 Apostolakis 等,1980)

以上关于贝叶斯定理的讨论都是用于可靠性数据的,但是,它也适用于用新证据更新现有概率知识的任何情况。对于风险分析,这还可以包括强度、负载、结果,以及其他系统要素更新的概率信息。

4.3.4　可靠性数据库

可靠性数据库包含从以下方面获得的可靠性数据:

(1)故障数据的统计分析;

(2)审查现有文献中(如期刊、会议记录、研究报告)的可靠性数据。

这些可靠性数据库可以由印刷或计算机化格式产生。如果对感兴趣的特定工厂或系统尚未收集故障数据或如果系统尚未运行,则通常将由可靠性数据库(见表 4-2)中获取的可靠性数据直接用于风险分析中;如果使用实验性故障数据,则将其作为先验分布使用贝叶斯定理产生后验分布。另外,如果对感兴趣的系统已经收集了大量故障数据,则可以直接从故障数据的统计分析中获得可靠性数据。在这种情况下,除将计算的可靠性数据和从其他研究中获得的可靠性数据进行比较验证外,可能不需要参考可靠性数据库。

表 4-2 中列出了一些典型组件的可靠性数据库,其中很大一部分数据库为用于核电站运行风险分析而进行了开发。但最近已为其他方面应用进行了开发,如化学加工厂、电信系统和海上平台。幸运的是,某些工程系统采用的如开关、泵和电动机等组件及其他设备部件是相通的,因此某些可靠性数据库可直接应用于多个工程系统。需要注意的是,许多可靠性数据库正在用新的故障数据不断地进行更新。如 1982 年,SYSREL 可靠性数据库已包含了 11 000 条汇总的可靠性数据(总运行经验时间为 12×10^{12} h),且在当年增加了约 1 500 条新数据(Daniels,1982)。因此,一些可靠性数据库包含的数据是以大量的操作经验为基础的,并结合了多个工厂的故障数据。

表 4-2　组件可靠性数据库

组件或系统	来源
核电厂	
国际	IAEA(1988)
美国	RSS(1975),IEEE(1984)
欧洲(CEDB)	Balestreri(1987)
英国(SYSREL)	Daniels(1982)
电(的)	DOD(1986)
电讯	Garnier(1987) Pirovano 和 Turconi(1988)
化工	CCPS(1989)
海上平台(OREDA)	OREDA(1984)
LNG 设施	Johnson 和 Welker(1981)
油、气管道	Anderson 和 Misund(1983)

可靠性数据库的审核可用于:

(1)海上平台(Verwoerd,1991);

(2)核电厂(Apostolakis 等,1980);

(3)化学和石油加工和存储厂(Lees,1980);

(4)工业厂房(McFadden,1990);

(5)一般工程系统(Henley 和 Kumamoto,1981; Dhillon,1988)。

表 4-3~表 4-6 列出了从几个可靠性数据库获取的可靠性数据。对于每个组件,可靠性由以下统计参数进行描述:平均(或"最佳估计")故障率,和/或低/最小值和高/最大值(误差范围)。一些数据库还提供有关制造过程、操作环境和压力影响的信息(如,IEEE,1984;DOD,1986),如表 4-4 所示。

表 4-3　温度仪表、控制和传感器的可靠性数据

故障(失效)模式	故障(失效)/10^6 h			故障(失效)/10^6 周期			修复时间(h)		
	低	平均	高	低	平均	高	低	平均	高
所有模式	0.31	1.71	21.94	0.11	0.75	1.51	0.30	0.74	1.30
灾难性的	0.13	0.70	9.00						
无或最大输出	0.06	0.31	4.05						
输出不随出入变化	0.01	0.04	0.45						
功能运行无信号	0.03	0.18	2.34						
无功能运行有信号	0.03	0.17	2.16						

续表 4-3

故障(失效)模式	故障(失效)/10^6 h			故障(失效)/10^6 周期			修复时间(h)		
	低	平均	高	低	平均	高	低	平均	高
降级的	0.14	0.75	9.65						
不稳定输出	0.03	0.17	2.22						
高输出	0.03	0.15	1.93						
低输出	0.01	0.06	0.77						
运行不当	0.05	0.29	3.67						
间歇运行	0.02	0.08	1.06						
初期的	0.04	0.26	3.29						

注:“平均”参照“最佳估计”;低、高参照最佳数据点和最差数据点;本表改编自 IEEE,(1984)。

表 4-4　温度仪表、控制和传感器的环境系数及可靠性数据

环境	故障(失效)率的修正
高温	×1.75
高辐射	×1.25
高湿度	×1.5
高振动	×2.0

表 4-5　机械和电子组件的可靠性数据

组件和故障(失效)模式	“最佳估计”	上、下限
电动机:		
无法发动	3×10^{-4}/D	1×10^{-4}—1×10^{-3}
无法运行(常规的)	1×10^{-5}/hr	3×10^{-6}—3×10^{-5}
无法运行(特殊环境下)	1×10^{-3}/hr	1×10^{-4}—1×10^{-2}
由电池驱动的系统:		
无法提供正常输出	3×10^{-6}/hr	1×10^{-6}—1×10^{-5}
开关:		
限制—无法操作	3×10^{-4}/D	1×10^{-4}—1×10^{-3}
扭矩—无法操作	1×10^{-4}/D	3×10^{-5}—3×10^{-4}
压力—无法操作	1×10^{-4}/D	3×10^{-5}—3×10^{-4}
手动—无法转接	1×10^{-5}/D	3×10^{-6}—3×10^{-5}
短路	1×10^{-7}/hr	1×10^{-8}—1×10^{-6}

续表 4-5

组件和故障(失效)模式	“最佳估计”	上、下限
泵:		
无法发动(常规的)	1×10^{-3}/D	3×10^{-4}—3×10^{-3}
无法运行(常规的)	3×10^{-5}/hr	3×10^{-6}—3×10^{-4}
无法运行(特殊环境下)	1×10^{-3}/hr	1×10^{-4}—1×10^{-2}
阀门(由发动机操作的):		
无法操作	1×10^{-3}/D	3×10^{-4}—3×10^{-3}
无法持续开启	1×10^{-4}/D	3×10^{-5}—3×10^{-4}
额外泄漏或断裂	1×10^{-8}/hr	1×10^{-9}—1×10^{-7}
断路器:		
无法操作	1×10^{-3}/D	3×10^{-4}—3×10^{-3}
过早转接	1×10^{-6}/hr	3×10^{-7}—3×10^{-6}
保险丝:		
过早开启	1×10^{-6}/hr	3×10^{-7}—3×10^{-6}
无法开启	1×10^{-5}/D	3×10^{-6}—3×10^{-5}
管道:		
<75 mm,断裂	1×10^{-9}/hr	3×10^{-11}—3×10^{-8}
>75 mm,断裂	1×10^{-10}/hr	3×10^{-12}—3×10^{-9}
焊接:		
泄漏,容器质量	3×10^{-9}/hr	1×10^{-10}—1×10^{-7}

注:本表内容改编自 RSS(1975)。

现有的大多数可靠性数据库都包含用于通用可靠性的统计参数,这是指从许多不同来源获得的故障数据。因此,从单个可靠性数据库获得的可靠性数据可以应用于不同的工厂,甚至不同的系统,如核能工业、化学工业和海上工业。因此,特定组件的通用可靠性数据中包括由于不同制造商、型号、操作和维护程序、系统及相同组件中固有(自然)可变性而引起的可变性。此外,建议的概率分布是指平均故障率的分布还是各个故障率的总体分布会比较模糊。因此,通用数据通常不是来自完全相同的总体,同时由于样本量大,该数据的统计汇总(或合并)可能会导致不切实际的低误差范围。这种可变性通常与平均故障率相关,因此不能代表单个工厂或站点中预期的可变性。

因此,在使用包含通用可靠性数据的可靠性数据库时,显然存在不确定性。Mosleh(1986)指出,这种不确定性主要是由于某些可靠性数据库没有明确规定以下未确定因素:

(1)组件的确切性质;

(2)故障的定义;

(3)故障数据的来源;

(4)“最佳估计”的定义(均值或中位数);

(5)误差范围是否与工厂之间的变异性或工厂内部的变异性有关;

(6)采用概率分布的类型。

表 4-6　海上平台消防泵的可靠性数据

总体 17	样本 10	累计使用时间(×10⁶ h) 总有效时间 0.382 6		作业时间 0.000 2		命令数 1135		
故障模式		故障次数	故障率(每 10⁶小时) 低	中	高	修复(工时) 低	中	高
危险的:		80*	120	210	310	—	86	—
		13+	26 000	47 000	78 000			
无法发动		75*	100	190	90	24	86	120
		9+	6 200	32 000	69 000			
运行时出现故障		5*	2.0	23	51	3	93	130
		4+	4 600	15 000	36 000			
降级的:		24*	30	71	120	—	180	—
		3+	0	14 000	45 000			
高温		22*	22	66	120	6	190	400
		3+	0	14 000	44 000			
低产出		1*	0.14	2.6	12	—	—	—
未知		1*	0.14	2.6	12		96	—
初期的……								
未知的……								
所有模式		303*	680	840	1 000	—	81	—
		45+	87 000	180 000	280 000			

注:* 表示总有效时间;+表示作业时间;本表内容改编自 OREDA(1984)。

如果可靠性数据库包含任何一个以上未确定因素,分析人员可能无法确定通用可靠性数据的有效性,即使数据有效,也涉及应如何使用该数据的问题。

毫不奇怪,与故障数据和可靠性数据的收集、分析和使用相关的不确定性产生了如下建议:“可靠性分析工程师习惯于使用故障数据来预测行为,其预测范围是十分之一”(Henley 和 Kumamoto,1981)。另有人则观察到,在核电厂风险研究中使用的各种可靠性数据来源之间,组件的故障率存在数量级的差异(Tomic 和 Lederman,1989)。

4.3.5　外部因素的影响

从某种意义上说,前几节描述的可靠性数据主要涉及由内部因素(如金属疲劳、腐蚀、磨损、老化)引起的组件故障。但是,外部因素对设备性能的影响也是一个重要的考虑因素。地震引起的震动可能会损坏管道、电机或敏感的电子安全系统。与设备性能相关的其他外部因素包括火灾、飞机失事、洪水和雷击等(例如,美国核管会,1989)。对所有这些外部因素的影响进行建模是一项专门的学科问题,超出了本章的范围。下面简要讨论地震对设备可靠性的影响,提供一些可能与外部因素或事件相关的不确定性的示例。

所谓的"易损性"曲线,从本质上讲是一种累积分布函数,它表示某行为、力或其他影响或需求的条件概率(如一个组件、一件设备或一个结构)。典型的易损性曲线如图 4-4 所示。如地震情况,易损性曲线通常表示为峰值地面加速度(PGA),用于估算组件响应或故障率等。通常采用对数正态分布进行描述,如图 4-4 所示。

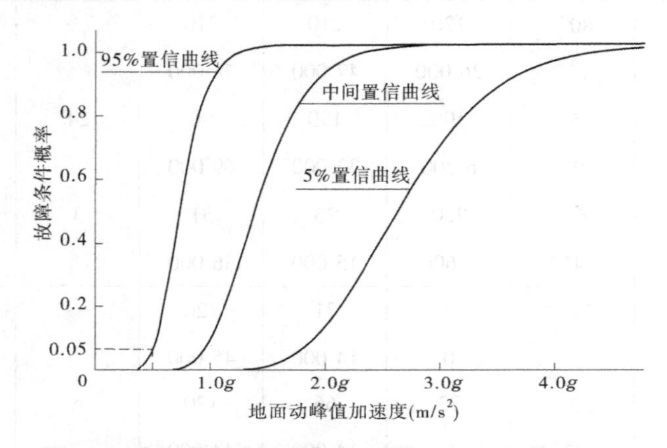

图 4-4　典型地震易损性曲线 (源自 Ravindra 等,1990)

组件对峰值地面加速度 PGA 的承载力或抗力由设计峰值地面加速度 PGA(从结构设计规范或过去的经验中选择)与安全系数决定。安全系数通常为代表许多变量和不确定性的参数,具体如下:①强度;②非弹性能量吸收;③光谱形状;④土壤结构相互作用;⑤建模;⑥分析/测试方法;⑦破坏模式的组合;⑧地震分量的组合(Ravindra 等,1990)。

对于每个变量,中位数和对数标准差代表了中位数的不确定性和变异的随机性,可以通过实验数据和/或专家意见进行估计。然后可以计算出三个统计参数来描述组件地震加速度 PGA 的承载力等,这三个参数分别为:①地面加速度承载力中位数(A_m);②代表地面加速度峰值能力随机性的标准偏差(β_R);③代表 A_m 不确定性的标准差(β_U)。因此,中值地震易损性曲线可用 A_m 和 β_R 描述。典型地震易损性曲线统计参数如表 4-7 所示,适用于核电厂的设备和结构。

表 4-7　地震脆性曲线的统计参数

组件/设备/结构	A_m	β_R	β_U
给水箱	0.82g	0.17	0.42
柴油原燃料 DT	1.50g	0.30	0.50
通风排气扇	1.30g	0.30	0.40
陶瓷绝缘失效(故障)	0.20g	0.20	0.25

续表 4-7

组件/设备/结构	A_m	β_R	β_U
油冷却器锚栓失效(故障)	$0.91g$	0.24	0.43
控制建筑物倒塌	$1.00g$	0.24	0.33
电缆槽	$2.70g$	0.48	0.42

注:本表内容改编自 Ravindra(1990)、Ravindra 等(1990)。

4.4　荷载抗力子系统的可靠性

结构、岩土、机械、水利、电气和电子等系统通常表示为“荷载抗力”或“容许承载力”系统元素。在许多情况下,这些元素代表了大量而昂贵的子系统,例如密闭壳、大坝和其他独特的或“一次性”元素。当然,它们的可靠性不能直接从故障观察或其他实验研究中推断出来,而是需要根据预测模型和概率方法进行可靠性预测。值得注意的是,土木工程系统中存在许多负载抗力系统,因此建模工作在该学科进行了极大的发展。但是,正如 Shooman(1968)的预测,为土木工程系统推到派生的计算和概率方法也适用于其他系统,本节将详细讨论此内容。

负载可指由温度变化或结构受力(如风荷载和静荷载)引起的施加应力、电压以及内部应力。相反,系统的设计使系统(或子系统)能够抵抗诸如此类的负载。这种抗力通常是一种物理性质,如强度、承载力、附着力、硬度或熔点。例如:

(1)当施加的电压引起局部电流密度时,集成电路中的晶体管门将失效,因此温度升高到半导体材料的熔点以上(O'Connor,1991)。

(2)如果由于加热和高压熔体喷射而产生的容器压力超过容器允许强度,就会导致容器破裂(IAEA,1992)。

(3)如果由于静载和活载引起的弯曲作用超过梁的弯曲能力,则梁结构失效。

(4)如果重力坝的滑动阻力(在其基础上)小于洪水和地震的侧向荷载,则大坝将失稳(Bury 和 Kreuzer,1985)。

因此,当需求或负载(Q)超过承载力或抗力(R)时,就认为发生了故障。这种方法被称为“荷载抵抗系统”“应力强度”“荷载承载力”“R—Q”“荷载强度干扰”“整体法”或“交互图”关系(Klaassen 和 Peppen,1989; Melchers,1987; O'Connor,1991; Davidson,1988; IAEA,1992)。故障概率计算式如下:

$$L(E\mid\lambda)=\frac{\exp(-\lambda T_L)(-\lambda T_L)^n}{n!} \tag{4-4}$$

因此,故障的概率为超过极限状态函数的概率。此时,R 和 Q 必须使用相同的单位。通常,极限状态函数可以包含两个以上变量,如船体梁弯曲的极限状态可以表示为

$$G(R,Q)=F_y Z-M_{sw}-M_w \tag{4-5}$$

式中,$G(R,Q)$ 被称为“极限状态函数”,在本式中为 R—Q;$F_y Z$ 为船体梁的抗力;M_{sw} 和 M_w 分别为静水和波浪引起的荷载效应(弯矩)(White 等,1995)。

相同部件的强度或承载力会因材料性能、生产工艺、几何尺寸、环境条件、维修等方面的变化而有所不同，因此应将强度或承载力表示为随机变量（见第 3.5 节）。同样，负荷或需求也会受到各种因素的影响，如环境、温度、地理位置（如风荷载），其中有些还与时间相关，如风速。因此，负荷或承载力也应模拟为随机变量。如在式（4-4）情况下，荷载（Q）和抗力（R）其关系如图 4-5 所示。此时，故障概率计算式如下：

$$P_f = \int_{-\infty}^{\infty} F_R(x) f_Q(x) \mathrm{d}x \tag{4-6}$$

式中，$f_Q(x)$ 是荷载 Q 的概率密度函数；$F_R(x)$ 是抗力的累积概率密度函数（$F_R(x)$ 是 $R \leqslant x$ 的概率）。为了估计 $R—Q$ 系统的故障概率，需要知道 R 和 Q 的概率性质，这会在下面几节中讨论。但需要注意的是，故障概率可以按年、寿命或任何其他时间段计算，因此为负载和抗力选择的概率模型必须与此时间段相关。例如，通信塔的寿命可靠性估计要求在结构的整个寿命期间经历的最大风速概率模型是已知的。对于这些问题的进一步讨论详见第 6 章。

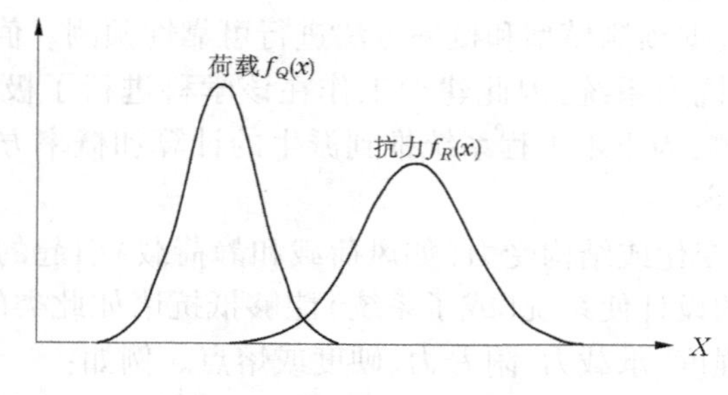

图 4-5 荷载和抗力随机变量

4.4.1 抗力建模

结构、岩土、机械、水利、电气/电子和其他元素的抗力、强度或承载力受以下因素影响：

（1）材料特性（例如钢材屈服应力）。

（2）几何尺寸（例如容器的厚度）。

（3）根据预测模型得出的计算值。

对于描述材料的变异性和几何变量的概率模型，有时可以直接从统计数据分析推导得出。而在其他情况下，模型可能需要从本构部分的概率模型发展而来。例如，可以直接从钢材特性和横截面的几何变量的概率模型中推导得出钢结构构件抗力的概率模型。对于受拉钢构件的结构强度，各变量的关系（模型）由式 $N_t = A_g \times F_y$ 给出。其中，A_g 为钢构件的横截面面积（几何变量）；F_y 为钢材屈服强度（材料变量）。

概率论中的简单关系可以从 A_g 和 F_y 的概率分布中获得 N_t 的均值、方差和高阶矩，或 N_t 的完整概率密度函数。后文介绍了一些典型材料和几何变量的概率模型，同时还描述了如何从构成模型推导概率模型的过程。

4.4.2 材料和几何变量模型

钢结构构件的材料性能通常包括屈服强度、极限抗拉强度、弹性模量、剪切模量和泊松比。这些变量的统计数据主要来自钢厂生产的钢坯试验,如表 4-8 所示。极值 I 型分布、对数正态分布以及较小范围的截断正态分布都可以用来表示钢的屈服强度(Melchers,1987)(见图 4-6)。Mirza 和 MacGregor (1979a)对钢筋屈服强度的研究进行了总结。几何或尺寸变量的可用数据相对较少,表 4-9 中给出了一些建议的统计参数。对于机械部件,尺寸、位置和空隙均为重要的几何特性。Haugen(1980)提出,在缺乏实验数据的情况下,(非常粗略的)概率模型可以从规格或公差极限中推导得出。

表 4-8　钢材属性统计参数汇总

材料属性	均值/指定数目	变异系数	来源
弹性模量	1.00	0.06	Galambos 和 Ravindra(1978)
剪切模量	1.00	0.06	Galambos 和 Ravindra(1978)
泊松比	1.00	0.03	Galambos 和 Ravindra(1978)
屈服强度	1.05	0.10	Galambos 和 Ravindra(1978)
抗拉强度	1.10	0.11	AISI(1978)

注:本表内容改编自 Ellingwood 等(1980)。

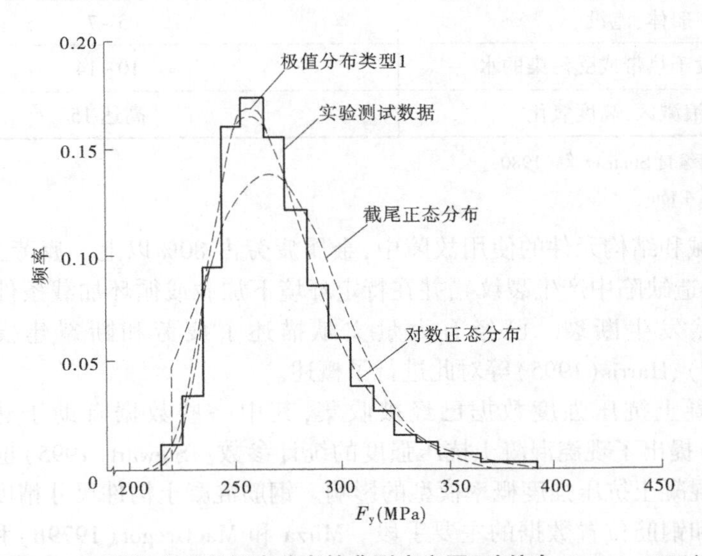

图 4-6　屈服强度三种概率分布的典型直方图(改编自 Alpsten,1972)

对于某些工程系统,可能需要考虑腐蚀或损耗的影响。如钢构件(如用于船舶、海上平台或工业厂房)暴露于海水或工业化学环境中可能会导致腐蚀。钢构件的腐蚀是一个复杂的现象。然而,一种简单且在数学上方便的方法是假定裸露的钢构件每年由于腐蚀而减少相同的厚度。Stiansen 等(1980)总结了有关钢板平均腐蚀速率的数据,如表 4-10

所示。但这无法表示腐蚀速率的不确定性,因为腐蚀速率的不确定性是相当大的(Melchers,1995)。

表 4-9　尺寸属性统计参数汇总

尺寸属性	均值/指定数目	变异系数	来源
法兰厚度	0.97	0.028	O'Meara(1978)
腹板厚度	1.00	0.032	O'Meara(1978)
板厚			
6.4 mm	1.00	0.036	Baker(1970)
50 mm	1.00	0.000 7	Baker(1970)
I 型			
截面面积	1.00	0.006	Pham 和 Bridge(1985)
弹性模量	0.97	0.05	Pham 和 Bridge(1985)
板的初始变形	1.00	0.048	White 等(1995)
钢筋面积	0.99	0.024	Mirza 和 McGregor(1979a)[a]

注:[a] 分布截断于 0.94。

表 4-10　钢筋在海水中的平均腐蚀率

暴露于海水的程度	腐蚀率(in/年)
深度淹没	2~4
船体,淹没	5~7
船体,淹没于热带或受污染的水	10~14
船体浪溅区,高度氧化	高达 15

注:1. 本表内容改编自 Stiansen 等(1980)。
2. 1 in=0.025 4 mm。

在所有机械和结构元件的使用故障中,金属疲劳占 80%以上。疲劳会引发裂纹(例如,从最初的制造缺陷中产生裂纹),并在特定环境下加载或循环加载条件下裂纹进一步扩展,然后突然发生断裂。已经有大量文献描述了疲劳和断裂建模的概率方法。Wirsching(1995)、Harris(1995)等对此进行了概述。

大量的混凝土抗压强度数据已经被收集,其中一些数据有助于建立概率模型。Melchers(1987)提出了现浇混凝土抗压强度的统计参数。Stewart(1995)也提出了混凝土质量和工艺对混凝土抗压强度概率模型的影响。钢筋混凝土构件尺寸精度的测量是获取构件截面变化和钢筋位置数据的主要手段。Mirza 和 MacGregor(1979b)和 Ellingwood 等(1980)提供了钢筋混凝土梁、板和柱的统计参数总结。然而 Reid(1987)提出,由于用于确定单元尺寸变化性的统计方法不足,可能会高估某些建议的方差(如混凝土板厚度)。

岩土系统中的抗力可以用来衡量天然或开挖边坡的抗滑性、大坝抗滑性或其他破坏机制的抵抗力。就土壤而言,抗力取决于材料和几何变量,如滑动面积、土壤内摩擦角、黏聚力、孔隙水压力和土壤容重。这些变量的不确定性可能是由土壤特性在空间上的变化以及对土壤剖面的信息或认识不足造成的。最大的不确定性通常与土壤性质有关。通常,这些性质(土壤内摩擦角、黏聚力)是从现场取样的实验室实验中得到的。但是,众所周知,实验室实验不一定代表原位土壤特性。因此,需将修正系数用于实验室测量值,这些系数被视为随机变量(Yucemen 和 Al-Homoud,1990)。

描述其他人造和天然材料(如金属合金、纤维复合材料、陶瓷、木材和玻璃)物理特性的概率模型可从大量资源中获得。例如,航空航天工业中使用的许多金属合金性能可从《军事标准化手册:航空航天器的金属材料和元件》(USAF,1992)中获得。对于每种金属合金,该手册列出了两个特性值,手册分别列出了90%百分位数和95%百分位数对应的两个属性值。只要对可能适用的概率分布做出合理的假设,就可以使用标准统计技术来推断平均数和方差等统计参数。

对于水利系统,典型的水力抗力是指涵洞的过流能力。抗力取决于许多材料和几何变量,如上下游流速和由于管壁摩擦、管道长度及管径而引起的水头损失。在某些情况下,可能难以确定临界故障机制。例如,通过涵洞的水流可以被模拟为明流或有压流,关键的水流位置可以是涵洞的上游或下游(Yen,1987)。统计参数可从现场调查、现有文献或过去的经验估计中获得。

现有文献中几乎没有相关电气/电子组件强度或容量的概率分布的信息。这在意料之中,因为单位成本较小的组件可靠性可以直接从实验故障数据中估计出来,而成本较高的组件可靠性,尽管产量很大,却可以从现场数据收集或事件数据库中获得。然而,如果要预测新部件的可靠性,则需要材料及其几何特性的概率模型(Shooman,1968)。

值得注意的是,许多几何和材料变量的统计参数是通过对有限数量的样本进行测量获得的。这表明,从统计学上讲,有限的样本不太可能包含粗差的影响。

4.4.3 抗力的推导模型

某些结构、岩土、水力和其他元件的阻力或承载力必须通过已知的物理模型或其他模型进行计算来获得。即使输入值不一定是名义值,这种模型的结果也可以称为"名义"抗力 R_{nom}。这是因为这些模型通常是用于设计目的的模型,并且从设计模型获得的结果趋于保守。然而,工程风险分析中人们关心的是构件或系统的实际抗力(R)。实际抗力可以通过以下表达式与名义抗力相联系起来:

$$R = \mathrm{ME} \times R_{nom} \tag{4-7}$$

式中,ME 为"建模误差",用于修正在计算 R_{nom} 时所做的近似估计。对于结构组件,通过对真实构件进行负载测试(如在实验室中进行的破坏性测试)得到实际或测试承载力与"名义"承载力之比的统计参数进而获得建模误差。通常,必须在各种"现实的"加载条件和组件尺寸上进行测试,然后汇总这些结果,以便推断出 ME 的统计参数。图4-7显示了钢梁屈曲测试的结果。

被测载荷的不确定性(如读数误差和测量装置的准确性)、组件几何性质和材料性质的变化也必须予以考虑(如 Ellingwood 等,1980)。实际抗力可表示为

$$R = f(X_1, X_2, X_3, \cdots, X_N) \tag{4-8}$$

式中,X_1 为建模误差的随机变量,而 $X_2, X_3, \cdots, X_N$ 为计算 ME 和计算 R_{nom} 所需的材料和

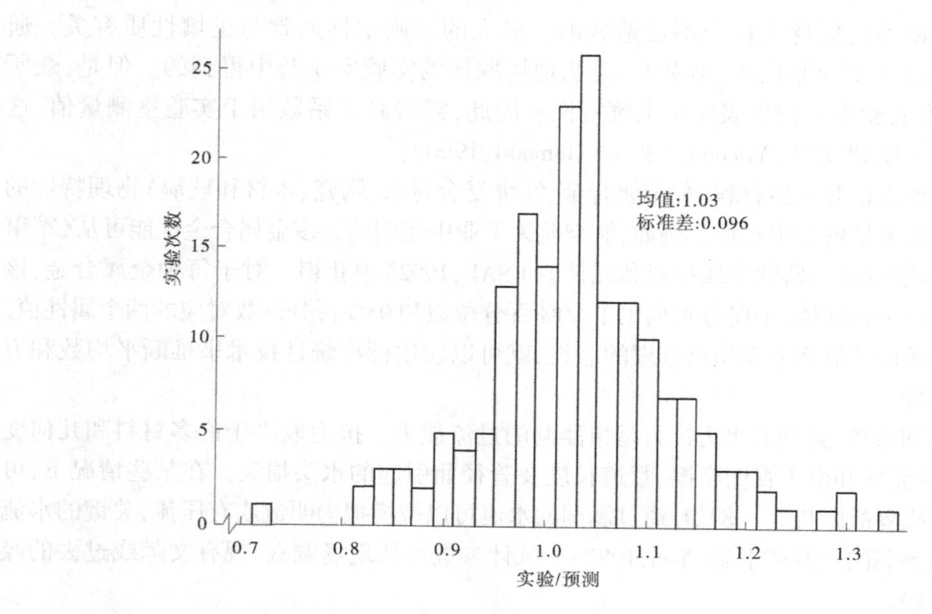

图 4-7　梁纵向弯曲实验直方图（源自 Yura 等，1978）

几何特性。为了简化问题（同时由于缺乏更好的数据），材料和几何特性随机变量通常仅由它们的一阶矩和二阶矩（均值和方差）来表示。然后通过均值法或蒙特卡罗法模拟得到 R 的概率模型。当函数 $f(\ )$ 为线性时，均值方法最为精确。如果建模误差、材料或几何概率模型是非正态分布的，且函数 $f(\ )$ 是复杂的或高度非线性的，或函数 $f(\ )$ 无法得到闭合形式的解，则通常使用蒙特卡罗计算机仿真模拟。这些方法在系统评估中得到了广泛使用，并将在第 6 章中进行描述。

实际抗力的概率模型通常采用平均实际抗力与名义抗力之比（$\bar{R}/R_{nom}$）和变异系数（$V_R\ \sigma_R \times\ R\ /\ R_{nom}$）来表示。表 4-11 给出了典型钢结构、钢筋混凝土、岩土和水力构件的一些统计参数值。在大多数情况下，抗力的分布将受到负载条件、构件尺寸和故障模式的影响。因此，通常不可能简单地采用抗力的一般分布。例如，钢筋混凝土梁的参数 $R/\ R_{nom}$ 和 V_R 受混凝土抗压强度、钢筋等级、构件尺寸、含钢量以及计算 R_{nom} 的预测模型的显著影响。

表 4-11　结构抗力分布的统计参数汇总

构件	构件类型	详情	$\bar{R}/\ R_{nom}$	V_R
钢筋混凝土：				
抗弯	双向板	深度 = 125 mm	1.16	0.15
	梁		1.01	0.12
轴向荷载/抗弯	短柱		1.05	0.15
	长柱	抗压破坏	1.10	0.17
		拉伸破坏	0.95	0.12
抗剪	梁	最小箍筋	1.00	0.19

续表 4-11

构件	构件类型	详情	$\overline{R}/R_{nom}$	V_R
结构用钢:				
抗拉	板梁		1.10	0.11
抗弯			1.08	0.12
水力学的:				
流量	涵洞		1.00	0.08
抗滑力	土坝		1.00	0.10
地质技术的:				
边坡稳定	路堤		—	0.194

注:表格内容改编自 Ellingwood 等(1980)、Yen(1987)、Bury 和 Kreuzer(1985)、Yucemen 和 Al-Homoud(1990)。

4.4.4　荷载建模

一个(子)系统上的负载或需求可能会受到人为或自然现象的影响,因此应以能够与系统的抗力或承载力进行直接比较的方式给出。同时,由自然现象产生的负载往往具有高度的可变性。就记录的数据而言,这是通过测量和记录变异性来增加的。许多自然现象(如风、地震)可以用随机过程来表示。然而,将随机过程表示为时不变随机变量,用最大值或峰值而不是所有观测值来表示随机变量,往往更便于可靠性的研究。几种重要荷载的有:①地震荷载;②洪水荷载;③风荷载;④活荷载和;⑤恒荷载。

两个或多个负载可能同时作用在系统上(例如,屋顶上的恒荷载和风荷载),这表现出相当大的复杂性(Melchers,1987)。但是,这是分析人员必须了解的情况,因此有必要引入一种典型的荷载组合技术。

4.4.4.1　地震荷载

本质上,结构或系统上的地震荷载是动态的,它取决于以下变量:

(1)地面峰值加速度。

(2)地震持续时间。

(3)结构或系统质量。

(4)材料、构件和结构系统的延展性。

(5)反应谱放大效应。

(6)建筑物支撑或土壤特性。

(7)建模误差。

在大多数实际情况下,地面峰值加速度的不确定性“压倒性地主导了”荷载效应的不确定性,这不仅适用于动态荷载,也适用于“静态等效”荷载,同时也是设计简单系统(包括相对较小建筑物)的通用手段。

由于历史地震记录有限,对地震力学、地震波传播路径、地质和场地土壤条件的认识不够,地面峰值加速度的变异性和不确定性相对较高。对于一些地震风险分析(如核电站),地面峰值加速度的变化用“地震危险曲线”来表示(Ravindra,1990; USNRC,1989; Hwang 等,1987)。该曲线是年度地面峰值加速度的累积分布,代表超过给定地面峰值加速度值的年度概率。由于缺乏数据，特别是在相对静止的地区，通常需通过专家判断得出概率模型及其统计参数，进而推断参数值和模型中的不确定性（USNRC，1989）。图 4-8 表示了典型的超越概率 15%、50%和 85%的地震危险性曲线。

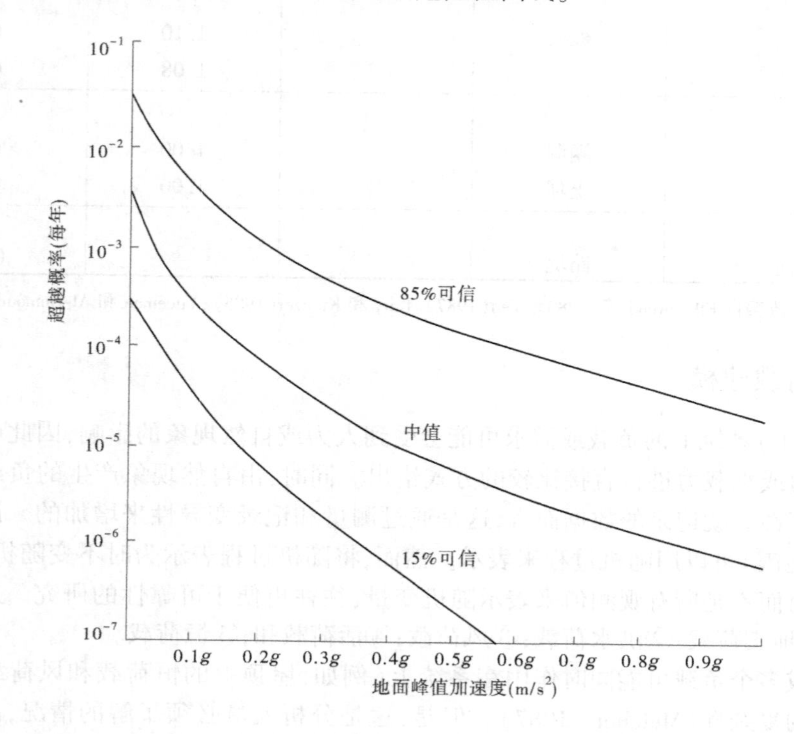

图 4-8　Vermont Yankee 核电站地震危害曲线（源自 Ravindra 等，1990）

由图 4-8 可以看出，在估计地面峰值加速度时有很大的不确定性。这并不意外，因为在第 4.3.2 部分中已经表明，专家意见对组件可靠性有很大差异，对于地震也是如此。

表 4-12 显示了由 18 位专家得出的地面峰值加速度范围，每个专家都提供了 7 个假设地点的修正麦卡利地震烈度（M_s）。在这项研究的回顾中，我们注意到一些专家给出的值低于 0.05g，但众所周知，地震中有震感的临界值约为 0.05g；0.03g 实际上超出了修正麦卡利烈度的范围。于是，Krinitzsky（1993）提到“让我们面对现实：专家可能会犯非常严重的错误”。这并非孤立的案例，它对人们使用多个专家的意见来进行地震灾害概率评估提出了质疑。

由于大多数结构都表现出非弹性行为，能量吸收通常是一种更现实的结构荷载测量方法。评估结构吸收的能量是一个极其复杂的分析过程。Kuwamura 和 Galambos（1989）发现，与最大地震烈度的不确定性相比，动态响应特性统计特征的不确定性并不显著。

表4-12 18位专家给出的水平地面加速度峰值的范围

位置	加速度(m/s^2)	速度(cm/s)	位移(cm)	持续时间(s)
圣安德烈亚斯断层($M_s=8.3$)	$(0.35\sim3.0)g$	46~550	40~300	20~90
距离圣安德烈亚斯断层5 km ($M_s=8.3$)	$(0.35-3.0)g$	46~550	20~300	20~90
距离圣安德烈亚斯断层50 km ($M_s=8.3$)	$(0.18\sim0.4)g$	20~100	10~40	20~50
距离新马德里源头150 km ($M_s=7.5$)	$(0.03\sim0.5)g$	5~100	1~50	20~120
水库诱发地震 ($M_s=6.5$)	$(0.35\sim2.0)g$	40~300	20~190	10~30

注:本表改编自Krinitzsky(1993)。

4.4.4.2 洪水荷载

对于大多数水文系统,如大坝、堤防、涵洞和桥墩的设计,都需要估算洪水荷载的发生概率。洪水荷载的计算包括以下步骤:

(1)估计降雨强度;

(2)估算相对洪峰(流量);

(3)将流量转换为荷载或需求,直接与系统的抗力或过流能力进行比较。

将降雨强度转换为每年或50年的洪峰的一些变量,如表4-13所示,其中涉及的每个因素都可以进行更详细的分析。例如,与降雨强度估算相关的随机变量有:①流域大小;②设计周期;③降雨持续时间;④建模误差。

以上每个变量都应由适当的概率模型来表示,该模型来自过去的经验和观察所得到的统计参数。同样,由于流域内坡度、植被、土地利用和先行条件的变化,径流系数也会发生变化。遗憾的是,在获取高质量的水文数据方面存在一些困难。原因非常多,其中之一便是通常只记录洪水级别或阶段的每日数据,而不是每小时或连续读取记录(Plate,1984)。

在一些应用中,有必要将实际的洪水转换为荷载,以便直接将荷载与水文系统的抗力进行比较。这是通过荷载模型来实现的,例如将大坝中的泄洪转换为净水头,然后将净水头转换为坝基滑动面上的水平荷载。这些关系本质上是经验性的,因此它们具有一定程度的不确定性,在某些情况下,这种不确定性相当大。同时,荷载建模中的不确定性(建模误差)比降雨强度不确定性的影响要大(Bury和Kreuzer,1985)。

有学者强烈支持在设计和风险分析中使用所谓的可能最大降水量(PMP)和可能最大洪水(PMF)值,因为这些值代表了极端事件(如USBR,1986)。然而,发生的频率无法以任何程度的确定性附加到这些“极大值”上(Wellington,1988),因此风险分析师需要非常谨慎地使用这些值。某涵洞设计50年洪峰流量预测的变化率见表4-13。

表 4-13 某涵洞设计 50 年洪峰流量预测的变化率

因素	变异系数
降雨强度	0.149
径流系数	0.253
流域面积(1 104 英亩)	0.05
模型误差	0.10
50 年洪峰流量	0.314

注:1. 本表改编自 Yen(1987)。

2. 1 英亩=4 046.86 m^2。

4.4.4.3 风荷载

通常,作用在结构上的(等效)静态风压荷载为下列参数的函数:

(1)风荷载体形系数(取决于建筑物结构的大小和几何形状及其相对于主要风向的方向等)。

(2)地形暴露系数。

(3)阵风系数(如湍流)。

(4)距离空旷地面 10 m 高度的风速。

在风险分析时,可能需要每日、每周、每年或 50 年(或更高)一遇的最大风压荷载(50 年一遇即平均每 50 年发生一次,也就是所谓的"重现期",见第 6 章)。

风速是从气象数据中得出的,该数据以"3 秒钟阵风"风速(阵风的平均风速,以 3 s 为持续时间)进行收集,或者在美国以"最大英里"风速(一英里的平均风速)。显然,这两个测量值并不相等,但尽管如此,各数据均提供了类似的平均每小时风速估计。对于日风速和年风速,推荐使用极值 I 型分布(Ellingwood 等,1980; Simiu 和 Filliben,1980; Pham 等,1983)。然后,由此产生的每日最大风速可用于计算"任意时间点"的风荷载。

在结构的使用寿命期间所经历的最大风速也很重要,被称为"寿命"最大风速(寿命 L 通常取 50 年)。寿命最大风速$[F_{VL}(v)]$的累积分布函数可按以下公式估算:

$$F_{VL}(v)=[F_V(v)]^L \tag{4-9}$$

式中,$F_V(v)$为年最大风速的累积分布函数;L 为寿命,年。该分布函数假设年最大风速值之间是相互独立的(例如,Melchers,1987)。

虽然对风速及其强度的研究较多,但关于风压体形系数、地形暴露系数和阵风系数变异性的统计资料相对较少。有研究认为,有些变量是相关的,但其相关程度并不确定。Ellingwood(1981)提出风压体形系数、地形暴露系数和阵风系数的变异系数为 0.10~0.15,并且是正态分布。

根据风速可以确定风压,风压(W)与风速(v)值的平方成正比。由于极值 I 型分布的平方没有闭合解,因此只能通过蒙特卡罗仿真模拟获得适当的概率分布。Ellingwood(1981)发现,极值 I 型分布最适合概率大于 90%荷载(见表 4-14)。

表 4-14　风荷载综合统计参数

	W/W_{nom}	v_w
50 年最大值	0.78	0.37
年最大值	0.33	0.58
天最大值	0.01	7.00

注：本表内容改编自 Ellingwood(1981)。

对于细长的结构以及敏感的机械设备，等效静荷载将不再适用，需要考虑动力效应。在这种情况下，风荷载效应由上述变量以及与结构特性和对结构的流体相互作用效应有关的其他变量来描述。这些附加变量包括风谱密度、结构刚度、质量、结构阻尼系数、雷诺数和斯特罗哈数。Schueller 等(1983)描述了与这些变量有关的不确定性。

值得注意的是，与旋风和飓风有关的气象现象和与雷暴有关的气象现象是不同的。此外，气旋风速更难预测，因为这些极端事件的可用数据相对有限(Simpson 和 Riehl, 1981; Pham 等, 1983)。厄尔尼诺现象等长期效应的影响也相当不清楚。

4.4.4.4　活荷载

由于人及其财产、家具、存储材料和其他瞬态负荷如车辆等引起的荷载，被称为活荷载。最常见的活荷载是作用于结构系统的楼面荷载。现在将对此进行详细描述以做说明。活荷载可分为两类：

(1)持续荷载：与正常使用相关的长期负载。

(2)异常荷载：由异常事件引起的短期瞬态负载。

总活荷载是以上两个活荷载的总和，每个可以由离散的随机过程表示，如图 4-9 所示。

为了得到持续和异常活荷载的概率模型，需要进行活荷载调查。但由于所涉及的费用高昂，即使是对于办公室重要的空间(如 Culver, 1976; Choi, 1991)，也只进行了少许负载调查。这些调查提供了“任意时间点”楼面荷载的直接信息。

在系统的寿命周期中，居住和/或房间使用的变化在很大程度上影响寿命周期中最大持续活荷载。如果假设每个使用者的荷载是独立的，并且占用率的变化由泊松计数过程表示，则寿命期最大持续活荷载的累积分布为

$$F_{Lm}(x) \approx \exp\{-v_0 t[1 - F_L(x)]\} \tag{4-10}$$

式中，$F_L(x)$为任意时刻持续活荷载的累积分布；v_0 为平均占用率变化；t 为时间段。

通过主观估计(例如，调查问卷)获得了“非常规”活荷载的数据，该数据包括荷载大小、发生频率和荷载作用点。因此，这些荷载数据存在很大的不确定性。若假定个别异常活荷载的发生遵循泊松计数过程，则最大异常活荷载的累积分布可以近似地采用与式(4-10)类似的方法进行模拟。表 4-15 给出了办公室楼面荷载的概率模型。

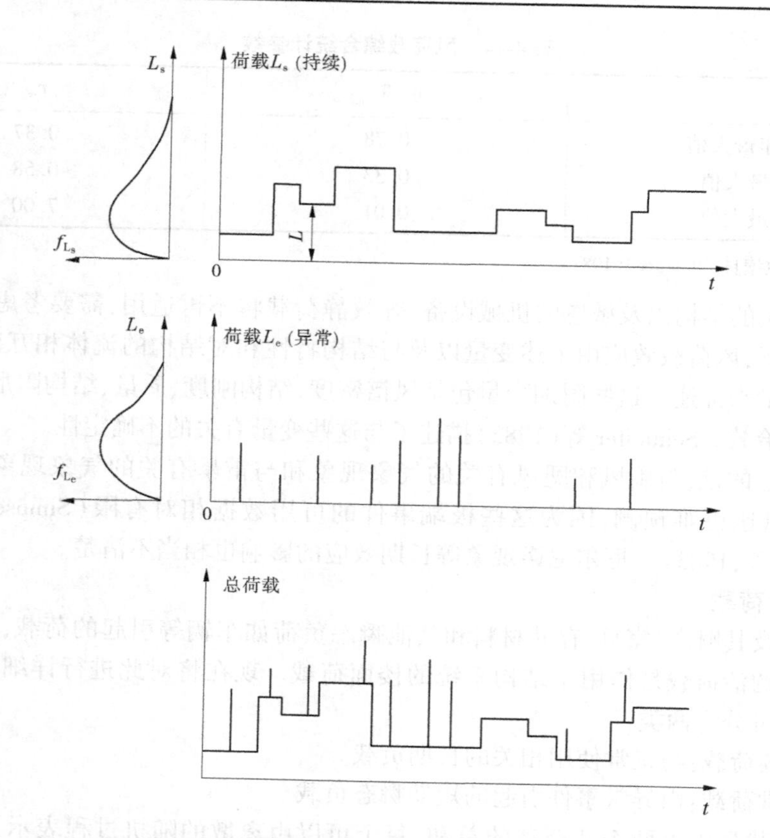

图 4-9　典型活荷载的时间历史（源自 Melchers,1987）

表 4-15　某办公室楼面荷载的统计参数

活荷载	均值(kPa)	变异系数
可持续活荷载:		
任意时间点	0.53	0.70
寿命最大值(50 年)	1.21	0.27
特殊活荷载:		
单独发生	0.39	1.03
任意时间点(8 年)	1.20	0.31
寿命最大值(50 年)	1.79	0.23

注:表格内容改编自 Chalk 和 Corotis(1980);Harris 等(1981)。

活荷载对其他结构系统(例如,桥梁、核电站、看台和竞技场)的概率模型详见相关文献(如 Nowak 和 Hong,1991; Hwang 等,1987;Saul 和 Tuan,1986)。

4.4.4.5　恒荷载

恒荷载通常指系统或其子系统和组件的自重。对于结构构件,恒荷载可以用正态分布来模拟,其平均值通常等于名义设计载荷,变异系数为 0.06～0.15（如 Ellingwood 等,1980; Melchers,1987)。这种变化大部分是由于非结构载荷的不确定性所致。

4.4.4.6　其他荷载

工程系统也可能承受其他负载。相关概率模型的描述已在文献中讨论过，其概述如下：

(1)核电站因冷却剂损失事故而造成的安全壳压力(Hwang 等，1987)。

(2)化工厂爆炸产生的冲击波(Lees，1980)。

(3)热负荷(Stiansen 等，1980)。

(4)波浪荷载(Stiansen 等，1980；White 等，1995)。

(5)雪荷载(Ellingwood 和 O'Rourke，1983；Bennett，1988)。

(6)飞机、船舶或车辆的冲击载荷(Lees，1980)。

(7)生态系统中的污染物负荷(Burges 和 Lettenmaier，1975)。

(8)机械设备超载(O'Connor，1991)。

(9)流星体对月球结构的载荷(Steinberg 和 Bulleit，1994)。

4.4.4.7　荷载过程组合

当系统承受多个同时作用的荷载时，有必要考虑如何将这些荷载组合起来用于风险分析。通常情况下，这种分析非常复杂。但对于大多数情况，可以采用简单直观的假设。例如，对于结构系统，人们普遍认为 Turkstra 规则(Turkstra，1970)适用于从荷载组合中估算最大荷载。Turkstra 规则指出，每个荷载组合效应都包含一个在荷载寿命周期的最大荷载值，以及其他任意时间点(瞬时)或永久值的荷载值。Turkstra 规则是基于一个并非不现实的假设，即在同一时间的任何一个时间点极不可能发生一个以上最大荷载值事件。

对于其他工程系统，假设在任一时间点只发生一个最大荷载值事件也是合理的。例如，对于核电厂，人们认识到将安全停堆地震(SSE)荷载与冷却剂损失事故(LOCA)相关的荷载相组合是过于保守的(Mattu，1980)。再如在大坝工程中，大坝的破坏风险通常不同时考虑洪水和地震荷载。

4.5　结果建模

本章集中讨论可能用来描述单个组件(或子系统，甚至整个系统)行为和性能的概率模型。在某些情况下，这些模型必须从其他模型中衍生出来，如第 4.4 节所述。概率模型是风险分析中的重要组成部分，因为它们可以用于估计事件故障的频率并据此估计系统故障的频率(如结构坍塌、飞机坠毁或危险物质释放的概率)。但是，对于大多数风险分析而言，系统风险估计还需要对故障后果进行估算。

故障事件的后果通常可根据直接影响人类及其环境的风险来衡量，并且可能受到以下一个或多个变量的影响：

(1)危害的性质(如有毒物质释放、火灾、爆炸、结构倒塌)；

(2)危险物质(如有毒蒸汽云、放射性物质)的运输和扩散；

(3)气象条件(如可能会影响海运事故的存活率)；

(4)人类摄入受污染的水、空气和土壤的比率(如，LaGoy，1987)；

(5)暴露在危害中的人数；

(6)应急措施(如紧急疏散的有效性);

(7)危害对健康和环境的影响(如早期或潜伏的癌症)。

最为关注的后果往往是那些灾难性事件,或低概率/高危险的后果事件,例如与核电厂相关的事件。此时,主要关注的后果是安全壳释放的规模和场外的社会后果。例如,图4-10显示了碘释放与早期死亡人数之间的典型关系。在核工业的概率安全评估中,这些后果分析阶段被称为2级(安全壳释放)和3级(场外社会后果)(IAEA,1992)。

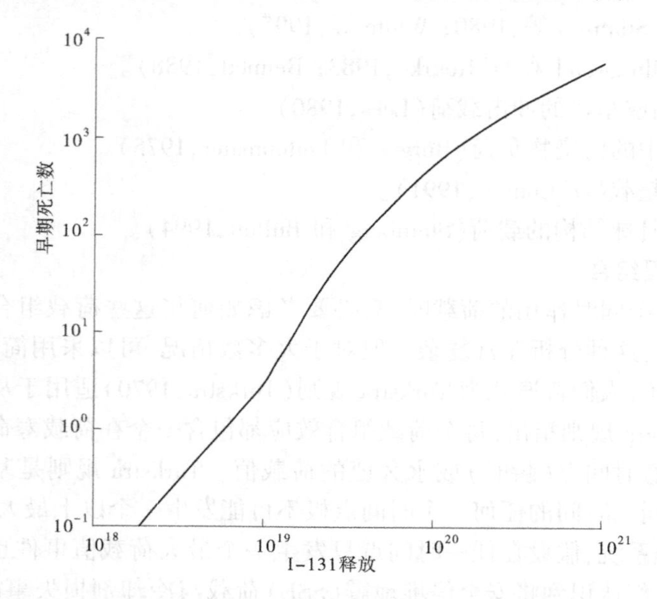

图 4-10　Ⅰ-131释放和平均早期死亡人数之间的关系(源自 USNRC,1989)

诸如核电厂或化学加工厂的放射性或蒸汽云释放等灾难性故障的数量极少。由此可见,危险行业的系统故障后果不能仅由直接观察得出。鉴于缺乏原始数据,需要从实验研究中建立预测模型。例如,毒理学研究主要基于动物和实验室实验。人类暴露于毒素后果的预测模型本质上是这些实验研究的推论,因此存在很大的不确定性。在所有已知的潜在有毒化学物质(总共10万种)中,只有大约6%被检测出致癌(主要是在动物身上);其中只有一小部分被发现对人类具有致癌性。由于每年大约要引入500种新化学药品,因此要知道这些化学药品的真实毒性(如果有的话)水平还需要一段时间(Whittmore,1983)。

毫不奇怪,故障的后果在很大程度上取决于工程系统及其故障模式。因此,结果分析不构成本书的一部分。相关内容应参考行业或学科的特定文本或文献。一些典型的故障后果及其定量表示的详细内容在其他地方也有所描述(如,Lees,1980;Kaiser,1982;USNRC,1989)。

4.6 小　结

设备组件和构件的性能度量是可靠性,可靠性数据通常表示为故障率或平均故障时间。故障可能是由内部(金属疲劳、磨损、老化等)或外部(地震、洪水、火灾等)因素引起的。通过实验室测试、现场数据、事故数据库和专家意见获得的故障数据用于评估可靠性数据。这些数据可能是通用的、特定行业的或特定站点的,通常包含或存储在可靠性数据库中,以方便参考。故障数据的不确定性还包括故障的定义和非标准化的数据报告,且构成了“专家库”和有限的样本量。同时,故障率可能因组件而异。基于以上原因,可靠性数据最好以概率的形式表示,因为这有助于反映参数的不确定性及组件的固有可变性。

对于某些组件或子系统,可靠性数据无法通过组件测试获得。然而可以通过使用“负载抗力”或“需求承载力”方法进行计算来获得故障概率的估计值,其中构件故障定义为在负载超过抗力时发生。这种技术要求抗力、强度或承载力和负载、需求或应力的概率模型是已知的。由于某些变量是随机过程,对这些变量进行概率建模会变得复杂,如风、地震和洪水等自然现象。将随机过程模拟为静态模型通常更为方便,其中目标变量可能是变量周期的峰值。当一个系统上有多个荷载作用时,需要使用适当的荷载组合方法。

参考文献

[1] AISI (1978), Proposed Criteria for Load and Resistance Factor Design of Steel Building Structures, American Iron and Steel Institute, AISI Bulletin, 27.

[2] Alpsten, G. A. (1972), Variations in Mechanical and Cross-Sectional Properties of Steel, Tall Building Criteria and Loading, Vol. Ib, Proceedings of the International Conference on Planning and Design of Tall Buildings, Lehigh University, Pennsylvania.

[3] Anderson, T. and Misund, A. (1983), Pipeline Reliability: An Investigation of Pipeline Failure Characteristics and Analysis of Pipeline Failure Rates for Submarine and Cross-Country Pipelines, Journal of Petroleum Technology, 35(4), pp. 709-717.

[4] Ang, A. H. S and Tang, W. H. (1975), Probability Concepts in Engineering Planning and Design, Volume 1-Basic Principles, Wiley, New York.

[5] Apostolakis, G. (1982), Data Analysis in Risk Assessments, Nuclear Engineering and Design, 71, pp. 375-381.

[6] Apostolakis, G. (1986), On the Use of Judgement in Probabilistic Risk Analysis, Nuclear Engineering and Design, 93, pp. 161-166.

[7] Baker, M. J. (1970), Variations in the Strengths of Structural Materials and Their Effect on Structural Safety, Imperial College, London.

[8] Balestreri, S. (1987), The Component Event Data Bank and its Uses, in A. Amendola and A. Z. Keller (Eds.), Reliability Data Bases: Proceedings of the ISPRA Course held at the Joint Research Centre, Ispra, Italy, D. Rdeidel Publishing Co., Holland, pp. 287-316.

[9] Bello, G. C. (1987), Data Validation Procedures, in A. Amendola and A. Z. Keller (Eds.), Reliability Data Bases: Proceedings of the ISPRA Course held at the Joint Research Centre, Ispra, Italy, D. Rdeidel Publishing Co., Holland, pp. 125-132.

[10] Bennett, R. M. (1988), Snow Load Factors for LRFD, Journal of Structural Engineering, ASCE, 104 (10), pp. 2371-2383.

[11] Burges, S. J. and Lettenmaier, D. P. (1975), Probabilistic Methods in Stream Quality Management, Water Resources Bulletin, 11(1), pp. 115-130.

[12] Bury, K. V. and Kreuzer, H. (1985), Assessing the Failure Probability of Gravity Dams, Water Power and Dam Construction, 37(11), pp. 46-50.

[13] Carter, A. D. S., Martin, P. and Kinkead, A. N. (1984), Design for Reliability, in Mechanical Reliability in the Process Industries, Institution of Mechanical Engineers, London, pp. 1-10.

[14] CCPS (1989), Guidelines for Process Equipment Reliability Data, Center for Chemical Process Safety, American Institute of Chemical Engineers, New York.

[15] Chalk, P. L. and Corotis, R. B. (1980), Probability Models for Design Live Loads, Journal of the Structural Division, ASCE, 106(ST10), pp. 2017-2033.

[16] Choi, E. C. C. (1991), Extraordinary Live Load in Office Buildings, Journal of Structural Engineering, ASCE, 117(11), pp. 3216-3227.

[17] Colombo, A. G. (1987), Data Treatment in Reliability Data Banks, in A. Amendola and A. Z. Keller (Eds.), Reliability Data Bases: Proceedings of the ISPRA Course held at the Joint Research Centre, Ispra, Italy, D. Rdeidel Publishing Co., Holland, pp. 43-54.

[18] Culver, C. G. (1976), Survey Results for Fire Loads and Live Loads in Office Buildings, National Bureau of Standards, NBS Building Science Series 85, Washington, D. C.

[19] Daniels, B. K. (1982), Data Banks for Events, Incidents, and Reliability, in A. E. Green(ed.), High Risk Safety Technology, Wiley, Chichester, pp. 259-291.

[20] Davidson, J. (1988), The Reliability of Mechanical Systems, Mechanical Engineering Publications Limited, London.

[21] Dhillon, B. S. (1988)-Mechanical Reliability: Theory, Models and Applications, American Institute of Aeronautics and Astronautics Inc., Washington, D. C.

[22] DOD (1986), Reliability Prediction of Electronic Equipment, MIL-HDBK-217E, Department of Defense, Washington, D. C.

[23] Dowrick, D. J. (1987),Earthquake Resistant Design (Second Edition), Wiley-Interscience, Chicester.

[24] Duphily, R. J. and Long, R. L. (1977), Enhancement of Electric Power Plant Reliability Data Systems, Fourth Annual Reliability Engineering Conference for the Electric Power Industry.

[25] Ellingwood, B., Galambos, T. V., MacGregor, J. G. and Cornell, C. A. (1980), Development of a Probability Based Load Criterion for American National Standard A58, National Bureau of Standards Special Publication 577, U. S. Government Printing Office, Washington D. C.

[26] Ellingwood, B. (1981), Wind and Snow Load Statistics for Probabilistic Design, Journal of the Structural Division, ASCE, 107(ST7), pp. 1345-1350.

[27] Ellingwood, B. and O'Rourke, M. (1983), Probabilistic Models of Snow Loads on Structures, Structural Safety, 2, pp. 291-299.

[28] Galambos, T. V. and Ravindra, M. K. (1978), Properties of Steel for Use in LRFD, Journal of the Structural Division, ASCE, 104(ST9), pp. 1459-1468.

[29] Garnier, N. (1987), Electronics Data Acquisition, in A. Amendola and A. Z. Keller (Eds.), Reliability Data Bases: Proceedings of the ISPRA Course held at the Joint Research Centre, Ispra, Italy, D. Rdeidel Publishing Co., Holland, pp. 267-285.

[30] Green, A. E. (1983), Safety Systems Reliability, Wiley, Chichester.

[31] Harris, M. E., Corotis, R. B. and Bova, C. J. (1981), Area Dependent Processes for Structural Live Loads, Journal of the Structural Division, ASCE, 107(ST5), pp. 857-872.

[32] Harris, D. O. (1995), Probabilistic Fracture Mechanics, in C. Sundararajan (Ed.), Probabilistic

Structural Mechanics Handbook: Theory and Industrial Applications, Chapman and Hall, New York, pp. 106-145.

[33] Haugen, E. B. (1980), Probabilistic Mechanical Design, John Wiley and Sons, New York.

[34] Hecht, H. and Hecht, M. (1986), Software Reliability in the System Context, IEEE Transactions on Software Engineering, SE-12(1), pp. 51-58.

[35] Henley, E. J. and Kumamoto, H. (1981), Reliability Engineering and Risk Assessment, Prentice Hall, New Jersey.

[36] Hwang, H., Ellingwood, B. and Shinozuka, M. (1987), Probability-Based Design Criteria for Nuclear Plant Structures, Journal of Structural Engineering, ASCE, 113(5), pp. 925-942.

[37] IAEA (1988), Component Reliability Data for Use in Probabilistic Safety Assessment, IAEA TECDOC 487, International Atomic Energy Agency, Vienna.

[38] IAEA (1992), Procedures for Conducting Probabilistic Safety Assessment of Nuclear Power Plants (Levels 1,2,3) -A Safety Practice, Safety Series No. 50-P-4, International Atomic Energy Agency, Vienna.

[39] IEEE (1984), IEEE Guide to the Collection and Presentation of Electrical, Electronic, Sensing Component, and Mechanical Equipment Reliability Data for Nuclear-Power Generating Stations, IEEE Std. 500-1984, Institute of Electrical and Electronic Engineers, New York.

[40] Johnson, D. W. and Welker, J. R. (1981), Development of an Improved LNG Plant Failure Rate Data Base, Gas Research Institute, Chicago, Illinois.

[41] Kaiser, G. D. (1982), Consequence Assessment, in A. E. Green (Ed.), High Risk Safety Technology, Wiley, Chichester, pp. 93-100.

[42] Kannegieter, T. (1993), In Most Case it is a Fallacy that Equipment Fails due to Component Wear, Civil Engineers Australia, July, pp. 54.

[43] Kaplan, S. (1992), 'Expert Information' Versus 'Expert Opinions'. Another Approach to the Problem of Eliciting/Combining/Using Expert Knowledge in PRA, Reliability Engineering and System Safety, 35, pp. 61-72.

[44] Klaassen, K. B. and Peppen, J. C. L. (1989), System Reliability: Concepts and Applications, Edward Arnold, London.

[45] Krinitzsky, E. L. (1993), Earthquake Probability in Engineering – Part 1: The Use and Misuse of Expert Opinion, Engineering Geology, 33, pp. 257-288.

[46] Kuwamura, H. and Galambos, T. V. (1989), Earthquake Load for Structural Reliability, Journal of Structural Engineering, ASCE, 115(6), pp. 1446-1462.

[47] LaGoy, P. K. (1987), Estimated Soil Ingestion Rates for Use in Risk Assessment, Risk Analysis, 7 (3), pp. 355-359.

[48] Lees, F. P. (1980), Loss Prevention in the Process Industries, Volumes 1 and 2, Butterworths, London.

[49] Martz, H. F. (1984), On Broadening Failure Rate Distributions in PRA Uncertainty Analyses, Risk Analysis 4(1), pp. 15-23.

[50] Mattu, R. K. (1980), Methodology for Combining Dynamic Responses, Report No. NUREG-0484, Rev. 1, US Nuclear Regulatory Commission, Washington, D. C.

[51] McFadden, R. H. (1990), Developing a Database for a Reliability, Availability, and Maintainability Improvement Program for an Industrial Plant or Commercial Building, IEEE Transactions on Industry Applications, 26(4), pp. 735-740.

[52] Melchers, R. E. (1995) Probabilistic modelling of marine corrosion of steel specimens, Proc. 5th International Offshore and Polar Engineering Conference, the Hague, the Netherlands, ISOPE, pp. 205-210.

[53] Melchers, R. E. (1987), Structural Reliability: Analysis and Prediction, Ellis Horwood, Chichester, England.

[54] Mirza, S. A. and MacGregor, J. G. (1979a), Variability of Mechanical Properties of Reinforcing Bars, Journal of the Structural Division, ASCE, 105(ST5), pp. 921-937.

[55] Mirza, S. A. and MacGregor, J. G. (1979b), Variations in Dimensions of Reinforced Concrete Members, Journal of the Structural Division, ASCE, 105(ST4), pp. 751-766.

[56] Mosleh, A. (1986), Hidden Sources of Uncertainty: Judgement in the Collection and Analysis of Data, Nuclear Engineering and Design, 93, pp. 187-198.

[57] Nowak, A. S. and Hong, Y-K. (1991), Bridge Live-Load Models, Journal of Structural Engineering, ASCE, 117(9), pp. 2757-2767.

[58] O'Connor, P. D. T. (1991), Practical Reliability Engineering, John Wiley & Sons, Chichester, UK.

[59] O'Meara, G. (1978), Quality Control of Structural Steel, Project Report, Dept. of Civil and Aeronautical Engineering, Royal Melbourne Institute of Technology, Melbourne, Australia.

[60] OREDA (1984), Offshore Reliability Data Handbook, OREDA, Veritec/PennWell Books, Hovik, Norway.

[61] Paté-Cornell, M. E. (1986), Probability and Uncertainty in Nuclear Safety Decisions, Nuclear Engineering and Design, 93, pp. 319-327.

[62] Pham, L., Holmes, J. D. and Leicester, R. H. (1983), Safety Indices for Wind Loading in Australia, Journal of Wind Engineering and Industrial Aerodynamics, 14, pp. 3-14.

[63] Pham, L. and Bridge, R. Q. (1985), Safety Indices for Steel Beams and Columns Designed to AS 1250-1981, Civil Engineering Transactions, Institution of Engineers Australia, CE27(1), pp. 105-110.

[64] Pirovano, G. and Turconi, G. (1988), Telecommunications Reliability Databank: From Components to Systems, IEEE Journal on Selected Areas in Communications, 6(8), pp. 1364-1370.

[65] Plate, E. J. (1984), Reliability Analysis of Dam Safety, in W. H. C. Maxwell and L. R. Beard (Eds.), Frontiers in Hydrology, Water Resources Publications, Littleton, Colorado, pp. 288-304.

[66] Ravindra, M. K. (1990), System Reliability Considerations in Probabilistic Risk Assessment of Nuclear Power Plants, Structural Safety, 7, pp. 269-280.

[67] Ravindra, M. K., Bohn, M. P., Moore, D. L. and Murray, R. C. (1990), Recent PRA Applications, Nuclear Engineering and Design, 123, pp. 155-166.

[68] Reid, S. G. (1987), Variations from the Design Thickness of Reinforced Floor Slabs, First National Structural Engineering Conference, Institution of Engineers Australia, Melbourne, pp. 412-417.

[69] RSS (1975). An Assessment of Accident Risks in U. S. Nuclear Power Plants, United States Nuclear Regulatory Commission, WASH-1400, NUREG-75/014, Appendix III.

[70] Saul, W. E. and Tuan, C. Y. (1986), Review of Live Loads Due to Human Movements, Journal of Structural Engineering, ASCE, 112(5), pp. 995-1004.

[71] Schueller, G. I., Hirtz, H. and Booz, G. (1983), The Effect of Uncertainties in Wind Load Estimation on Reliability Assessments, Journal of Wind Engineering and Industrial Aerodynamics, 14, pp. 15-26.

[72] Shooman, M. L. (1968) Probabilistic Reliability-An Engineering Approach, McGraw-Hill Book Co.

[73] Simiu, E. and Filliben, J. J. (1980), Weibull Distributions and Extreme Wind Speeds, Journal of the Structural Division, ASCE, 106(ST12), pp. 2374-2365.

[74] Simpson, R. H. and Riehl, H. (1981), The Hurricane and its Impact, Louisiania State University Press.

[75] Steinberg, E. P. and Bulleit, W. (1994), Reliability Analyses of Meteorite Loading on Lunar Structures, Structural Safety, 54, pp. 51-66.

[76] Stewart, M. G. (1995), Workmanship and its Influence on Probabilistic Models of Concrete Compressive Strength, ACI Materials Journal, American Concrete Institute, 92(4), pp. 361-372.

[77] Stiansen, S. G., Mansour, A., Jan, H. W. and Thayamballi, A. (1980), Reliability Methods in Ship Structures, Transactions of the Royal Institution of Naval Architects, 122, July, pp. 381-397.

[78] Tomic, B. and Lederman, L. (1989), Data Selection for Probabilistic Safety Assessment, in V. Colombari (Ed.), Reliability Data Collection and Use in Risk and Availability Assessment:, Proceedings of the Sixth EuroData Conference, Springer-Verlag, Berlin, pp. 80-89.

[79] Turkstra, C. J. (1970), Theory of Structural Design Decisions Study No. 2, Soli d Mechanics Division, University of Waterloo, Waterloo, Ontario.

[80] USAF (1992), Military Standardization Handbook: Metallic Materials and Elements for Aerospace Vehicles, MIL-HDBK-5F, U. S. Air Force, Wright Patterson Air Force Base, Ohio.

[81] USBR (1986), Guidelines to Decision Analysis, ACER Technical Memorandum No. Ê7, United States Bureau of Reclamation, Denver, Colorado.

[82] USNRC (1989), Severe Accident Risks: An Assessment for Five Nuclear Power Plants, NUREG-1150, US Nuclear Regulatory Commission, Washington, D. C.

[83] Verwoerd, M. (1991), Reliability Data for Use in Offshore Formal Safety Assessment Studies, in R. F. Cox and M. H. Walter (Eds.), Offshore Safety and Reliability, Elsevier Applied Science, London, pp. 90-104.

[84] Vesely, W. E. and Rasmuson, D. M. (1984), Uncertainties in Nuclear Probabilistic Risk Analysis, Risk Analysis, 4(4), pp. 313-322.

[85] Wellington, N. B. (1988), Dam Safety and Risk Assessment Procedures for Hydrologic Adequacy Reviews, Civil Engineering Transactions, Institution of Engineers Australia, CE30(5), pp. 318-326.

[86] White, G. J., Ayyub, B. M., Nikolaidis, E. and Hughes, O. F. (1995), Applications in Ship Structures, in C. Sundararajan (Ed.), Probabilistic Structural Mechanics Handbook: Theory and Industrial Applications, Chapman and Hall, New York, pp. 575-607.

[87] Whittmore, A. S. (1983), Facts and Values in Risk Analysis for Environmental Toxicants, Risk Analysis, 3(1), pp. 23-33.

[88] Wirsching, P. H. (1995), Probabilistic Fatigue Analysis, in C. Sundararajan (Ed.), Probabilistic Structural Mechanics Handbook: Theory and Industrial Applications, Chapman and Hall, New York, pp. 146-165.

[89] Yen, B. C. (1987), Engineering Approaches to Risk and Reliability Analysis, in Y. Y. Haimes and E. Z. Stakhiv (Eds.), Risk Analysis and Management of Natural and Man-Made Hazards, ASCE, New York, pp. 22-49.

[90] Yucemen, M. S. and Al-Homoud, A. S. (1990), Probabilistic Three-Dimensional Stability Analysis of Slopes, Structural Safety, 9(1), pp. 1-20.

[91] Yura, J. A., Galambos, T. V. and Ravindra, M. K. (1978), The Bending Resistance of Steel Beams, Journal of the Structural Division, ASCE, 104(ST9), pp. 1355-1370.

第 5 章　人为错误和人员可靠性数据

5.1　概　述

工程系统涉及从事各种单独任务的个体,这些个体使用着他人编制的文件,并参与各种类型的集体活动。这个过程从整体上看是很复杂的,因为人与人之间、人与环境之间存在着相互作用。参与这一过程的人员可能包括规划者、管理人员、工程师、起草人、建筑工人、经营者、检查员、监管检查员和其他人员。人为错误可能发生在这些参与者中的一个或多个,或者发生在他们之间的相互作用中。有人认为,所有的工程系统都是社会技术系统,因此人类无疑是这些系统中的“最薄弱环节”(Turner,1978)。例如,人为错误导致了20%~90%的主要系统故障或事故,见表 5-1。如第 2 章所述,在下列任务中都可能会发生人为错误:①行政/管理;②设计;③装配/安装/施工;④操作/使用;⑤检查;⑥维护、维修。

表 5-1　由于人为错误引起的系统故障占比

系统	故障/事故百分比	数据来源
航空	60%~70%	Christensen 和 Howard(1981)
空中交通管制	90%	Kinney
建筑桥梁	75%	Matousek 和 Schneider (1977)
大坝	75%	Loss 和 Kennett(1987)
导弹	20%~53%	Christensen 和 Howard(1981)
海上钻井平台	80%	Bea(1989)
电站:火电站	20%	Finnegan 等(1980)
核电站	46%	Scott 和 Gallaher(1979)
航运	80%	Gardenier (1981)

人为错误的发生率是不能忽视的。例如,美国商业沸水反应堆(US Commercial Boiling Water Reactor)(核电站)一年之内就汇报发生了 1 345 起“异常事件”(Ujita,1985)。此外,据估计,由人为错误导致的危险系统故障比例已从 20 世纪 60 年代的 20%上升到 20 世纪 90 年代的 80%以上(Hollnagel,1993)。基于以上这些原因,如果要进行“现实的、与实际情况相接近的”系统风险估计,就必须在系统可靠性的计算中考虑人为错误。

本章重点讨论人为错误及人为错误的量化。首先,提出了人为错误的工作定义。接下来描述了几种人为错误的分类、导致这些错误发生的原因,以及如何应对这些错误发生的措施。本章也解释了错误和故意出错之间的区别,结合第 3 章中讨论的危险案例分析,为特定系统中可能发生的潜在错误提供指导。

这里所讲的人员可靠性分析(HRA)主要指在计算系统风险方面由人为错误(操作者、设计者等)所造成的影响(如,Dougherty 和 Fragola,1988; Kirwan,1994)。对人员可靠性分析的需求最初是从对核电站的风险分析(在20世纪60年代)发展而来的,当时人们意识到大多数事故都是人为干预造成的(例如操作员的错误),而不仅由于传统风险分析中假定的设备故障所导致。因此,人员可靠性分析的目标是:①评估人为错误对系统可靠性的影响程度;②将这些信息纳入总体风险分析(总体风险分析包括设备故障和其他潜在故障的影响)。当然,人类的影响可以直接包含在传统的事件树和故障树中。对于某些分析来讲,这可能比进行单独的人员可靠性分析更合适。

人员可靠性分析使用事件树逻辑(参见第3章)来表现单个事件(任务),例如成功完成系统任务所必需的步骤或操作方法。典型事件一般包括开启阀门、计算、启动泵或监督操作员。这些行为和其他人员行为过程中的人员可靠性数据,包括错误率、误差大小和/或错误校正等,都需要在人员可靠性分析中作为输入信息。本章描述了人员可靠性数据的几个来源,包括人员可靠性数据库和专家意见的使用。最后,本章讨论了这些数据来源的准确性和有效性。

5.2 人为错误和人类行为

由于人类行为和人为错误的性质,没有任何单一的分类方案可适用于所有人为错误及其产生的原因或人为错误的控制方法。因此,错误分类方法通常只针对特定的任务进行。尽管如此,后文将描述若干与工程系统相关的分类,这些分类往往是互补的。Reason(1990,1995)、Rasmussen 等(1987)、Senders 和 Moray(1991)更详细地阐述了人为错误、人为错误产生的原因及人为错误的控制方法。

5.2.1 人为错误的定义

某种程度来讲,人为错误的真正构成是主观性的。Rigby(1970)提出合理的工作定义,将人为错误定义为一种超出了可接受限度(或某些允许的容忍范围)的人类行为。对于工程专业人员来说,这一定义可被解释为偏离公认专业实践的事件或过程(Melchers,1984)。人为错误是由"可能出错"的情况引起的,如缺乏动力、时间压力大、缺乏经验等(Rouse,1985)。换言之,人为错误并不仅仅是由于主观疏忽,更可能是由于人为行为的不可预知性而产生。

然而,我们必须认识到人为错误不一定对系统安全有害,一些错误的认识实际上提高了系统的可靠性。例如,Perrow(1984)指出,核电站某操作人员的失误导致反应堆自动关闭,技术人员随后发现45万L水泄漏到了安全壳室。这次泄漏则是由于设备和传感器发生故障而未被发现。另一个例子是,过高估计梁的应力(如计算误差引起)将导致实际选用的梁截面大于实际需求的梁截面。

5.2.2　人为错误分类

5.2.2.1　过失和错误

人的错误可以被广泛地归类为过失(或失误)或错误(Norman,1981)。过失是指行为未能达到设定的目标(例如,计算误差,忘记打开阀门,或者无意间错误地关闭阀门)和错误地设定不符合实际的目标(例如,使用不正确的操作流程、选择不符合实际的设计荷载组合)。换言之,过失是无意识的错误,而错误是故意或有意识的行为而产生的错误。

5.2.2.2　生理、心理和哲学因素

假定人为错误与人类行为之间存在的相关性是合理的。由于这个原因,Rasmussen(1979)将复杂系统中操作人员的行为分类为:

(1)基于技能的行为。

(2)基于规则的行为。

(3)基于知识的行为。

这三种类别为操作者的心理活动提供了指示,并将这些指示应用到心理运动和认知任务中。

基于技能的行为本质上是一种"自动化的"行为,主要与心理活动或简单认知任务的执行相关,如操作起重机或简单的算术任务。这种行为一般不涉及任何有意识的努力。基于规则的行为需要有意识的参与,例如某任务必须遵循记忆或书面程序(如复杂的算术任务、设计代码的使用、操作过程)。这种行为需要较长的反应时间,比基于技能的行为更容易出错,其所导致的错误可能是由于缺乏记忆或相关人员缺乏采取行动的意愿所致。基于知识的行为涉及一个更复杂的认知过程,与处于陌生情况下有意识地解决问题有关(如在紧急情况下对问题的诊断、对新结构的分析或对设计变更的评估)。这类行为所处理问题的复杂性越高,需要反应的时间会越长,继而出错的可能性也越大。

Reason(1990)建议将 Norman 的两种错误类型与 Rasmussen 的三类行为结合起来。由此产生了通用错误建模系统(GEMS),包括具有以下三种基本错误类型(见图 5-1):

(1)基于技能的过失或失误。

(2)基于规则的错误。

(3)基于知识的错误。

在该方案中,基于技能的失误倾向于发生在问题出现之前,即失误可能导致问题的发展。另外,在随后尝试解决问题过程中更有可能出现基于规则和知识的错误(意识到问题的存在)。基于技能的失误和基于规则的错误所产生的错误通常是可预测的。例如,选择一个相邻的按钮,或采用其他(部分或完全)满足当前的情况规则。然而,基于知识错误产生的结果则往往更难预测,因为该结果很可能会受到人类以往经验以及对系统的了解的影响。所以,我们有理由认为基于知识的错误有时会导致"不可预见的"后果。

人们普遍认为,错误比失误更难发现(例如,Reason,1990)。因此,为了防止和控制这些错误,需要不同的错误控制策略。例如,Wood(1984)指出,在核电站发生的所有操作失误中,近 2/3 失误在模拟的核电站故障中未被发现,而大约 50%的技能失误是由操作人员自己发现的。然而,操作人员没有发现任何基于规则或知识的错误,这些错误只有其他人

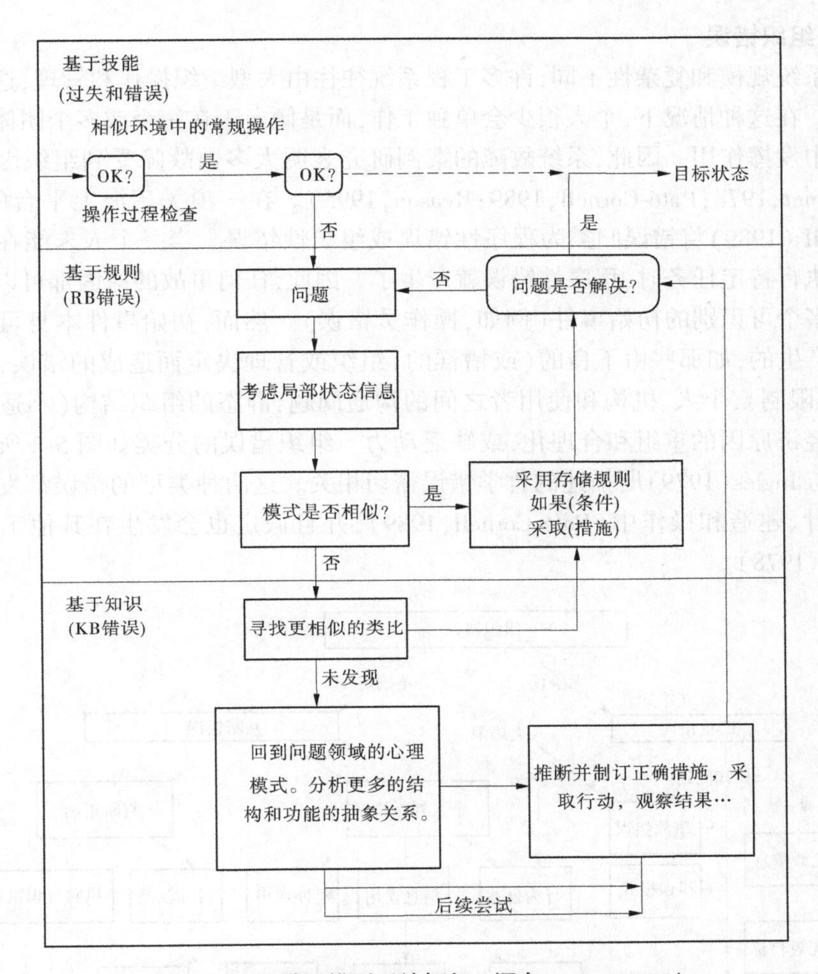

图 5-1　通用错误模型系统框架（源自 Reason,1990）

员(如监管人员)才能发现。

在土木工程任务中,导致人为错误的三个因素可以归纳为:

(1)生理因素;

(2)心理因素;

(3)哲学因素。

根据 Ingles(1979)的研究,生理因素往往会导致感知错误(例如,无法探测到信号)。这是由于身体或环境的影响,如个人健康、工作超负荷(或负荷不足)、极端温度、噪声或其他干扰、任务复杂性或"用户非友好"的人机界面所产生的错误。识别和解析错误(例如,程序选择错误)通常是由缺乏经验或知识、个人态度和性格等心理因素造成的。此外,因为执行标准不明确或相互矛盾,遇到需要主观判断的任务或问题也很常见。典型的例子包括两种不同土壤类型之间的精确划分或"适当的"安全系数的选择。Ingles (1979)将这些任务或问题执行过程中的错误称为哲学错误。

5.2.2.3 组织错误

由于系统规模和复杂性不同,许多工程系统往往由大型组织操作和管理,这些组织有许多雇员。在这种情况下,个人很少会单独工作,而是倾向于在一个或多个团体或组织控制的环境中发挥作用。因此,系统故障的案例研究表明大多数故障受到组织因素的影响(例如,Turner,1978;Paté-Cornell,1989;Reason,1995)。在一项关于海上平台的研究中,Paté-Cornell (1989)将错误归类为程序性错误或组织性错误。当一个人未能在适当的操作过程中执行特定任务时,程序性错误就产生了。因此,任何事故的原因都可以直接追溯到一个或多个可识别的初始事件(例如,操作员错误)。然而,初始事件本身可能是由组织性错误产生的,如那些由不良的(或糟糕的)组织或管理决定而造成的错误,过度冒险(由于财政限制),个人、机构和使用者之间的沟通问题,静态的组织结构(不适用于新技术),基于经济原因的重组和合理化,或缺乏动力。组织错误的分类如图 5-2 所示。这些组织错误与 Ingles(1979)所描述的哲学错误密切相关。这两种类型的错误都发生在海上平台的设计、建造和操作中(Paté-Cornell,1989),并且假定也会发生在其他工程系统中(如 Turner,1978)。

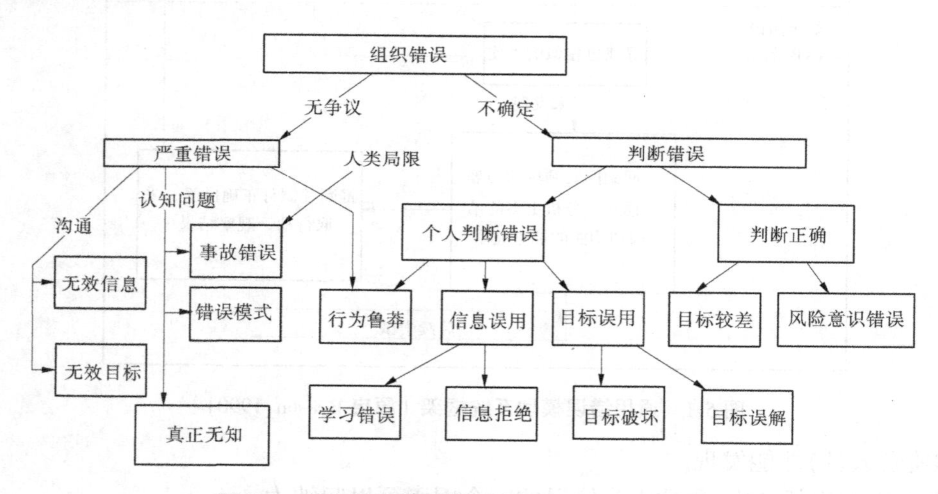

图 5-2 组织错误的分类(源自 Paté-Cornell,1989)

Sheppard(1992)提供了一个关于危险废弃物处置行政程序管理的组织错误的例子。现行法规要求使用六份碳化表格来记录危险废弃物的运输和处置过程。表格须逐项填写,并由每名废弃物产生人、运载人及处置人各保留一份复本。废弃物处置场地复本由承运商填写,并由废弃物处置商永久保存。然而,Sheppard(1992)认为:"这(表格)是最下面的一张纸,因此也是最难辨认的。再加上这些东西往往是在雨中填写的,脏卡车的发动机盖上放着一支钝铅笔,难怪 90%的粉红色单据(表格)是读不懂的!"这显然是一个组织错误,导致最终文件质量低下,存在严重的安全隐患,尤其是考虑到现有处置场地未来的规划发展时。

5.2.2.4 主动错误和潜在错误

最后,区分当即产生后果的错误和在很长一段时间后才显现的错误是十分有用的(错误处于隐匿状态,但其实在事故发生之前就已经发生了)。这两种错误类型在 Reason

(1990)的研究中分别被称为主动错误和潜在错误。主动错误通常是由直接控制系统的个人引起的,例如飞行员、船舶驾驶员、控制室操作人员和空中交通管理员。然而,潜在错误则是由那些对系统物理和环境特性负责的人员引起的。这些人包括高级决策者、经理、工程师、建筑工人和维修人员。显然,许多潜在的错误可以归类为组织错误。还有可能存在的情况是,未被发现的潜在错误导致了主动错误的发生,因为潜在错误的出现往往会使运算符处于"超差"的系统状态(意外的紧急情况或他们不熟悉的情况)。经过对最近发生的事故(例如三里岛、切尔诺贝利、博帕尔和挑战者)的详细分析,Reason(1990)认为这些系统故障主要是由系统中潜在错误造成的。潜在错误似乎是造成系统风险的主要因素。

5.2.3　绩效形成因子

绩效形成因子(PSFs)用于描述影响个人或组织绩效的因素。Miller 和 Swain(1987)将绩效形成因子分为两大类:外部因子和内部因子。外部绩效形成因子与物理环境或任务情况的特性有关,通常不受个人控制(例如,人机界面),而内部绩效形成因子则涉及个人的特性、技能和能力。不难发现,Ingles(1979)所描述的生理因素和心理因素分别与外部绩效形成因子和内部绩效形成因子相似。表5-2列举了一些外部绩效形成因子和内部绩效形成因子的典型案例。

表5-2　绩效形成因子的典型案例

外部绩效形成因子	内部绩效形成因子
工作布置不足	经验/技术等级
环境条件差	压力级别
人机界面不足	智力
培训不够	动力/态度
工作任务不够明确	情绪状态
监管不足	认知能力
任务复杂性	身体状况
时间压力	社会因素

注:本表内容修改自 Miller 和 Swain(1987)。

在一项对化工操作过程的人为错误研究中发现,大约87%的人为错误是由人体工程学设计、管理、操作和环境因素造成的(见表5-3);其余错误归因于操作员自身特性(Hayashi,1985)。也就是说,人为错误更有可能是由外部绩效形成因子引起的。外部绩效形成因子的另一个案例是三里岛核电站事故期间的控制室环境:"发出警报,无法获得关键指标,修理订单标签覆盖了附近控制器的警示灯,计算机上打印出来的数据滞后了(最终慢了1.5 h),关键指标出现故障,房间里挤满了专家,有些设备停止运行或突然无法使用"(Perrow,1982)。不难想象,这样的环境会导致错误也完全在意料之中。

表 5-3　人为错误产生因素

人为错误产生因素	比例(%)
人体工程学设计	39. 3
操作和环境	24. 7
管理	23. 3
操作员	12. 7

注:本表数据来源于 Hayashi(1985)。

5. 2. 4　违规行为

造成许多建筑物结构破坏的一个因素是违反规范、条例、图纸、手册和建议(Matousek 和 Schneider,1977)。违规行为也是导致切尔诺贝利事故的原因之一(Reason,1990)。在其他工程系统的设计、施工和运行中都可能会发生违规行为。显然,区分错误和违规是很重要的。与通常由个人认知过程引起的错误不同,当行为受到操作程序、行为守则和规则的影响时,违规行为就会发生(Reason,1990)。描述错误和违规行为分类的流程如图 5-3 所示。

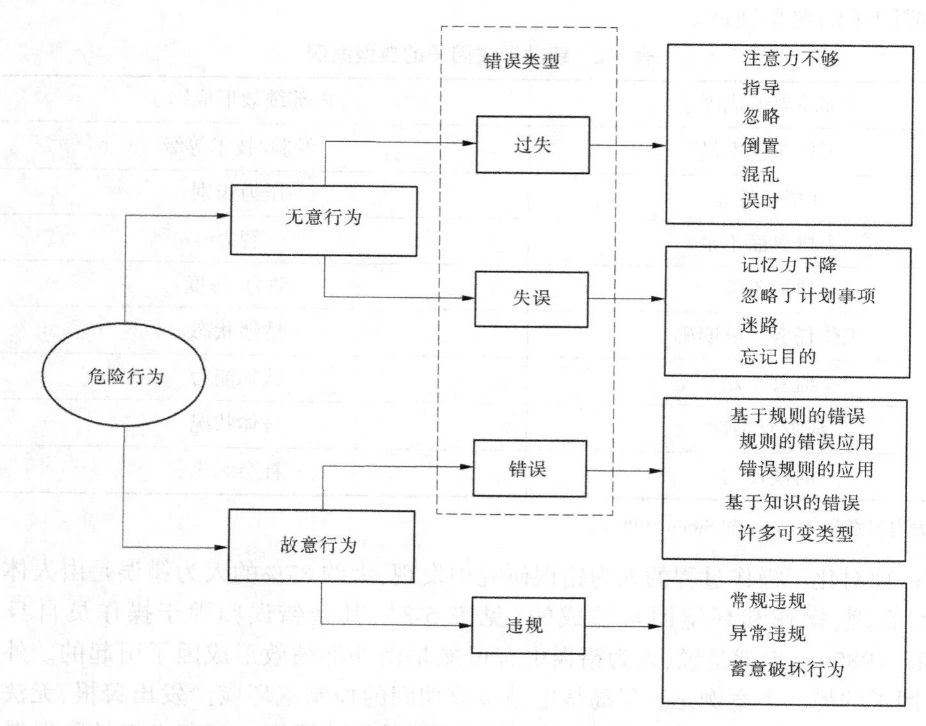

图 5-3　错误和违规行为分类的流程(源自 Reason,1990)

违规行为可以被定义为"为维护存在潜在危险的系统安全运行(由设计人员、管理人员和监管机构)而故意进行(但不一定应受谴责)的违规行为"(Reason,1990)。违规行为分为常规违规和异常违规两种。常规违规是指基于较小的努力和缺少知识背景的前提下,系统很少惩罚的违规行为(或对遵守行为的奖励)。幸运的是,在多数情况下,可以确定哪些行为活动容易受到常规违规的影响。异常违规行为是无法预测的,同时受到不可预测的当地条件或操作环境的影响,使得异常违规行为不可避免。例如,在紧急情况下,操作员可能会因为特定操作程序之间的冲突而绕过安全系统,这是系统设计中的一个重要事项。

违规本身通常不会导致系统故障,因为大多数故障都是由多种原因造成的。例如,一项对铁路调车机事故的研究显示,91%的致命事故是发生在车辆耦合或脱钩过程中,或在线路上运行时发生碰撞(Free,1994)。铁路调车机的运行规则是禁止这些行为的,但仅违反其中任何一条规则很少会导致致命事故,这主要是由于系统设置了保障措施(例如,缓冲区之间的足够空间)。因此"致命的结果是在较大风险的地区所发生错误的直接结果……车辆之间的调车机滑行了……线路上的人没有注意到即将到来的火车",因此有理由认为,至少在某些情况下,"违规行为+错误=灾难"是合理的。

5.2.5　不可预见的错误

不可预见的错误是指所发生的事情和/或后果是不熟悉的、计划外的、意料之外的。在前几节中讨论过的一些基于知识的错误和大多数的违规行为都可以归类为"不可预见的错误"。不可预见的错误也可能因不可预见的事件而发生。正如第2章所讨论的,工程系统中不可预见的事件可能是由于:

(1)"相互作用复杂"的系统;

(2)新技术和/或新信息;

(3)未知的物理现象。

即使是微不足道的错误也可能导致不可预见的后果,Perrow(1984)列举了以下两个例子:

(1)1978年,一名工人在核电厂控制室更换电灯泡时,扔下一个灯泡,导致了一些传感器和控制装置产生了短路。由于这些仪器失效,操作人员无法监测工厂的真实状况。接着,温度骤降在堆芯上形成了很强的内应力。好在反应堆芯是相对较新的,没有造成损伤。

(2)1980年,核电厂的一名清洁工在3 in断路器上发现他的衬衫,当他把衬衫拿下来时无意间启动了断路器,操纵杆机构的电源被马上切断。幸运的是,反应堆进入了自动关闭模式。

最后,人类行为的一个自然特征是事后总结(后见之明)。因此,可得出如下结论:大多数"不可预见的"错误实际上是可预见的。然而,事实证明情况未必如此。例如,在一项关于航运事故的研究中,Wagenaar和Groenweg(1987)得出结论,"事故似乎是高度复杂的巧合结果,相关人员很少能预见到这种巧合",而且"这些错误在发生时看起来不像错误"。在其他情况下,事情可能更复杂,一种职业或组织可能会集体遗忘过去的、以往的经验和知识。在这种情况下,对直接参与者来说,这些事件是不可预见的,但对于那些不太相关人员可能不是这样的(Sibly和Walker,1977)。

5.2.6 差错控制

风险分析的目的之一是研究各种错误控制方案的有效性。错误控制的初始阶段是错误及其原因的识别,然后选择适当的错误控制措施。这就需要对其有效性有一定的了解。错误控制旨在改善可能出现的错误情况,并检测错误。在此前提下,绩效形成因子对任务可靠性的影响对错误控制具有重要意义。其影响可通过调用适当的人员可靠性数据库或收集在研任务的特定数据(例如,加强监督的效果)来评估。通过这种方法,可以比较各种错误控制方案的预期效益(就提高任务和/或系统可靠性而言)。

显然,通过实施错误减少和/或容差措施可以提高系统可靠性(Rouse,1985)。通常,减少错误的措施旨在通过外部控制(例如,监督或检查)、培训、检查表、警报、减小时间压力、法律制裁、人员选择和其他措施来减少错误的总体频率。另外,容差措施是基于接近实际情况的假设,即错误会肯定会发生(人类行为不可避免的后果),而且也无法获得一个完全“无错误”的操作环境。因此,容差措施旨在:①尽量减少出现错误的机会(例如,利用辅助工具减少物理系统的工作复杂性);②减轻错误发生的后果(例如,使用备用和并行冗余子系统)。

特定行业的设备,如跳闸系统(一种自动保护系统),可以在检测到危险情况时关闭系统,能够减轻错误带来的后果。然而,这些错误控制措施的实施本身也可能导致(不同的)错误发生。例如,在三里岛(Three Mile Island),数百个警报在几秒钟内响起,可能分散了控制室操作人员的注意力,并使他们超负荷工作(Senders 和 Moray,1991)。

一个重要的错误控制策略是培训。Miller 和 Swain(1987)提出,如果培训足够,内部绩效形成因子对个人可靠性的影响要小于外部绩效形成因子。就错误控制而言,这是一个幸运的观察报告。外部绩效形成因子通常受组织机构控制。因此,通过组织机构有意识地决定实施适当的错误控制方案,可以最有效地提高操作人员的可靠性。这些方案可能会涉及如重新设计控制室面板、加强监督和反馈以及减少时间压力等措施。

内部绩效形成因子(如压力和经验不足)也同样非常重要,这点从检查军事人员在战斗压力下的表现可以明显得到验证(Miller 和 Swain,1987)。Reason (1988)引用了在美国内战期间发生的例子:“在亚特兰大战役中,在防御工程前的树干被发现布满了横木,这些横木在部队受到进攻时的装弹过程中被提早点燃”。因此,“设法改变情况,而不是改变人”总是有用的(Kletz,1991)。

为减少人为错误造成的后果,还应采取应急措施。例如,如果核电站发生严重事故,可以迅速启动核电站工作人员和公共疏散程序以减少人们遭受辐射的时间。显然,广泛的错误控制(或风险管理)措施可以应用于各种任务和系统。一般性问题的错误控制,请参阅 Reason(1990)、Senders 和 Moray(1991)。

5.3 人员可靠性数据

如果要对一个系统的故障概率进行分析,并适当地考虑人为错误,则需要获得执行给定任务或行动的人员可靠性的数据。通常,这样的分析需要以下每项任务或事件的人员可靠性数据：

(1)错误率：发生错误的频率或人为错误概率(Human Error Probability,HEP)。

HEP＝错误的数量/可能错误的总数

(2)错误量级：错误发生的直接后果(例如,另一个按钮被激活)。

(3)错误恢复：发现和纠正错误(如检查和自检)的比率。

只有在收集和分析了适当的人员可靠性数据之后才能建立人员可靠性数据库。下文将介绍人员可靠性数据的来源。

5.3.1　人员可靠性数据来源

当分析中包含人为错误时,可以应用风险分析中使用的事件树逻辑,也可以对人为错误进行单独的分析——人员可靠性分析 HRA(Human Reliability Analysis,HRA)。人员可靠性分析已被应用于一系列工程系统的分析,包括核电厂、军事和航空航天系统、化工厂、结构设计和施工等。这些系统的分析已经收集了大量的人员性能数据。尽管如此,人员可靠性数据总体上仍然相对稀少,还需要收集更多的数据,以便量化更多的错误,或对现有数据的有效性进行测试。由于人类行为是一种复杂现象,数据需求非常大。因此,用于描述人类表现的数据和技术可能受到相当大的不确定性的影响。通常,数据源包括以下几种：

(1)工作场所人员表现监测；

(2)仿真工作场所；

(3)实验室研究；

(4)专家意见。

通过直接监测工作场所的人员行为(如真实工厂中的操作员)获得的人员可靠性数据是人员表现数据的最佳和最准确的来源。然而,并不是所有任务都可能直接评估(例如,设备维修、管理决策的制定)。Kirwan(1994)认为缺乏工作场所的人员可靠性数据的有以下原因：

(1)在实际复杂的任务中评估出错可能及其数量存在的困难("所谓分母问题")。

(2)机密性。

(3)不愿意公布业绩不佳的数据。

(4)由于缺乏对收集此类数据作用的认识而没有收集数据的财政资源。

最后,在某些行业,很可能存在雇员、工会甚至雇主抵制和/或立法限制对其行为表现进行监督的情况。

使用仿真工作场所和实验室研究可提供一个受控环境,评估绩效形成因子(PSF)对人员表现的影响。然而,如果环境和任务不能准确代表"真实生活",人员的表现很可能会改变。利用专家意见对人员表现(例如,错误率)进行定量估计是一种很有吸引力的数据收集方法,也是获取人员表现数据的最经济的方法。尽管如此,必须仔细挑选专家,并根据已知的错误率信息对估计结果进行校准(见第4.3.2部分)。虽然专家的评估是主观的,但是许多任务并没有其他可行的方法来量化人员表现。

在工作场所监测人员表现、使用仿真工作场所和进行实验室研究的方法通常是特定于某些任务或行业的，本章不再详细阐述这三种数据的来源，对于这些数据的详细研究可参考 Carnino(1986)一书。由于专家意见适用于各种行业，因此有必要将其归纳为一种典型有效的方法。

对于很少或根本没有现存人员性能数据的错误事件，可以使用一种称为"绝对概率判断"(APJ)的技术来提供错误率估计值。它要求专家根据经验和知识对错误率(和其他人员可靠性数据)进行定量评估。APJ 技术适用于最少 6 名专家评估人员。可采用下列方法之一获得专家意见：①综合个体法；②德尔菲(delphi)法；③群体决策法；④群体共识法(Seaver 和 Stillwell,1983)。当使用非群体共识法时，使用方差分析(ANOVA)来确定专家之间存在显著的判断一致性是非常重要的。如果专家之间的一致性足够，则通过统计汇总各个专家的评估(例如，估计几何平均值)来获得单点估计值。APJ 方法有一定的实证支持；但是估计非常小的错误率，这种方法有多精确尚不明确。它有时被称为"直接数值估计程序"。

此外，还开发了其他技术，利用专家意见来估计任务进行中的人员错误率；这些技术包括成对比较法(PC)、排名法、间接数值估计法和多属性效用测量法(Seaver 和 Stillwell,1983)。

5.3.2　人员靠性数据库

对人员可靠性数据进行适当的收集、分析和编译获得人员可靠性数据库。目前，已经开发了大量数据库，但通常只适用于特定行业，其中一些数据库将在第 5.4 节中介绍。人员可靠性数据库可以作为风险分析员在使用新系统(或其他系统)的参考来源。这些数据库通常同时包含通用的和特定的人员性能数据。通用数据适用于一系列任务，如"任务相对简单，完成速度较快或需要很少的专注度"，以及"需要高水平的薪酬和技能人员来完成的复杂任务"(Williams, 1986)。特定数据仅适用于某一特定任务或某一特定行业，如"需要操作的阀门被清楚而明确地标记，但在现地更改或恢复操作阀门时做出了错误的选择"(Swain 和 Guttman,1983)。

5.3.2.1　THERP

人因失误率预测技术(THERP)是历史上第一个合理全面的、可量化人员可靠性的评估技术，由 Swain(1963)开发。它结合了人为错误事件树逻辑的制定和分析过程，包含了典型错误率和相关绩效形成因子(PSFs)的数据库。

人因失误率预测技术(THERP)最初是为应用于核电站而开发的，因此任务错误率数据库仅涉及操作员的操作程序错误(Swain,1963)。经过多年发展，人因失误率预测技术(THERP)已变得更加全面，同时数据库能为显示诊断异常事件、手动控制、阀门现地操作、语音说明和书面程序提供错误率和恢复系数(从错误中恢复、监督的效果)。在数据库相关文献中(Swain 和 Guttman,1983)指出，认知错误、事件之间的相互依赖关系(受其他任务结果的影响所发生的错误)、管理和行政控制、压力、人员配置、经验水平和其他绩效形成因子(PSFs)也应在人因失误率预测技术中予以考虑，如表 5-4 和表 5-5 所示。人因失误率预测技术(THERP)数据库比较全面，其中，包含 27 个人员可靠性数据表和下列错误类型，这些数据与工程系统中较常见错误事件息息相关。

(1)疏忽性错误:①忽略整个任务;②忽略了任务中某一步。

(2)执行性错误:①任务执行错误;②选择错误(选择错误的管理,发出错误的指令);③顺序错误;④时间错误(过早,过迟);⑤定性错误(过少,过多)。

表 5-4　源自 THERP 数据库的典型人员错误率

任务	BHEP	EF
忽略性错误		
从一项正规进程中忽略某一步或重要的指示	0.003	5
执行电站政策或计划任务失败,如定期检查或维护	0.01	5
采用书面维护程序失败	0.3	5
执行性错误		
从显示器读取/记录量化信息		
—模拟仪	0.003	3
—数字读出(≤4 位数)	0.001	3
—图形记录器	0.006	3
—曲线图	0.01	3
应注意如果没有指示器对使用者给予警示,从仪器读取的数据可能被干扰	0.1	5
从控制台中一系列外表相似的控制按钮中选择了错误的按钮	0.000 5~0.003	3~10
设置旋转控制按钮错误	0.001	10
操作人员忽视了阀门卡死	0.001~0.01	10
恢复系数		
检查人员没有检测到错误		
—检查人员采用书面材料检测常规任务	0.1	5
—检查人员没有采用书面材料检测常规任务	0.2	5
—主动参与检查	0.01	5

注:本表内容源自 Swain 和 Guttman(1983)。

错误率和错误量级不是恒定的,而且因人而异,技术熟练人员的表现错误率一般较低。如果用概率分布来表示错误率,对数正态分布适合用于模拟人员性能数据(Swain 和 Guttman,1983)。可以通过概率分布估计对数正态分布的中值和方差,利用"错误因子"(EF)来表示离散度,公式为

$$\mathrm{EF} = \sqrt{\frac{Pr(F_{95\mathrm{th}})}{Pr(F_{5\mathrm{th}})}} \tag{5-1}$$

其中,$Pr(F_{5\mathrm{th}})$和 $Pr(F_{95\mathrm{th}})$分别对应于错误率概率分布中的 5%和 95%分位数的错误率,如图 5-4 所示。人因失误率预测技术(THERP)数据库列出了每项任务的错误率和错误因子。对于错误率中位数为 2×10^{-2} 的任务,错误因子对错误率分布的影响如图 5-5 所

示。其他人员可靠性数据，如错误量级，也可以采用对数正态分布来模拟（例如，Stewart，1992）。

表 5-5　源自 THERP 数据库的绩效形成因子

压力水平	BHEPs 修正	
	娴熟工[a]	新手[b]
非常低	×2	×2
最佳状态		
逐步	×1	×1
振动（对应于异常事件）	×1	×2
稍高		
逐步	×2	×4
振动（对应于异常事件）	×5	×10
非常高（极限应力）		
逐步	×5	×10
振动（对应于异常事件）	HEP = 0.5	HEP = 0.5

注：a 指从事需评估事项工作至少 6 个月，b 指从事需评估事项工作不到 6 个月。以上表格内容改编于 Swain 和 Guttman（1983）。

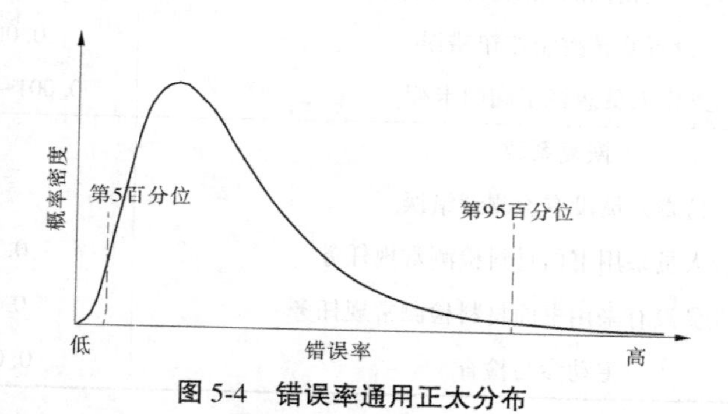

图 5-4　错误率通用正太分布

尽管人因失误率预测技术（THERP）已经经过了近 30 年的发展，比较成熟，但仍无法包含核电站风险分析人员关注的所有任务（Swain 和 Guttman，1983）。这并不奇怪，因为许多任务都是独特唯一的，而且应认识到原始数据库以及对其随后的改进并不能准确地表示影响人员性能的所有绩效形成因子（PSFs）。这就需要为核电站系统的复杂性在一系列绩效形成因子（PSFs）下对相关人员性能特征进行量化。

5.3.2.2　TESEO

TESEO 模型由 Bello 和 Colombari（1980）开发，该模型用来评估工厂控制室操作员的错误率，是一种用于估计操作员错误的经验技术，是对现有的人员可靠性数据库进行求证研究而开发的。运算符的性能由下列参数计算：

K_1——要分析的活动类型的基本错误率；

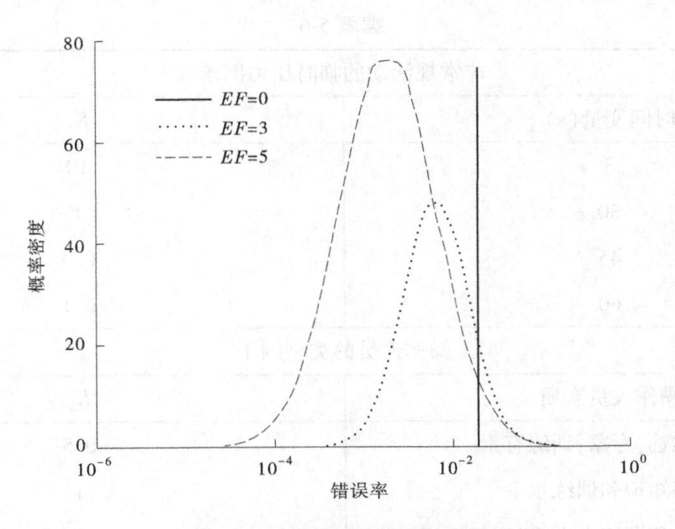

图 5-5　错误因子对错误率分布影响

K_2——可用于开展活动的时间；

K_3——操作人员的特点及技术水平；

K_4——操作人员的焦虑状态；

K_5——环境工效学特性。

表达式如下：

$$\mathrm{HEP} = K_1 K_2 K_3 K_4 K_5 \tag{5-2}$$

其中，HEP 是"人因错误概率"或操作员错误率，每个参数值如表 5-6 所示。显然，K_2、K_3、K_4 和 K_5 这些因子是影响通用错误率 K_1 的绩效形成因子。例如，由具有中等技术水平的操作员打开一个遥控阀门，控制室噪声大且照明不足，操作时间为 20 s 内，则从表 5-6 可知，$K_1 = 0.01$，$K_2 = 0.5$，$K_3 = 1$，$K_4 = 1$，$K_5 = 10$，得到误差率为 0.05。

表 5-6　TESEO 模型下的绩效形成因子

活动类型因子	
活动类型	K_1
简单常规操作	0.001
需要注意力的常规操作	0.01
非常规操作	0.1
常规活动的临时压力因子	
时间变量(s)	K_2
2	10
10	1
20	0.5

续表 5-6

非常规活动的临时压力因子	
时间变量(s)	K_2
3	10
30	1
45	0.3
60	0.1
操作人员的类型因子	
操作人员素质	K_3
精心挑选,专家,训练有素	0.5
中等知识和训练水平	1
知识和训练水平不足	3
活动焦虑因子	
焦虑状态	K_4
严重紧急情况	3
潜在紧急情况	2
正常情况	1
活动环境工效学因子	
环境工效学因子	K_5
出色的局部气候及电站接口	0.7
较好的局部气候及电站接口	1
离散的局部气候及电站接口	3
离散的局部气候和较差的电站接口	7
较差的局部气候和较差的电站接口	10

注:本表内容来源于 Bello 和 Colombari(1980)。

5.3.2.3　HEART

人因错误评估和减少技术(Human Error Assessment and Reduction Technique, HEART)由 Williams(1986)开发,用于估计错误率,使用38个错误生成条件列表。对于每个产生错误的条件 i,有9个通用基本错误率(BHEP),定义为"良好"条件下的错误率,其中对于每个条件 i 都有一个相关乘法因子(K_i)用于计算通用基本错误率(BHEP),见表5-7。错误产生的条件可能是由于系统知识受损、响应时间短、系统反馈差或模糊等,分析人员需要估计可能存在于基本任务中的任一错误产生条件的比例(P_i)。因此,对于 N 个错误产生条件,总错误率(HEP)计算式如下:

$$HEP = BHEP \prod_{i=1}^{n} [1 + p_i(K_i - 1)] \tag{5-3}$$

补救措施的描述也构成了人因错误评估和减少技术(HEART)的一部分,这就需要对每种错误产生条件的错误控制措施影响进行评估。值得注意的是,无论是 TESEO 方法还是 HEART 技术都没有得到充分的验证,但它们确实可以作为量化影响的有用指南。此外,TESEO 方法和 HEART 技术不考虑任务之间的相互影响。

表 5-7　错误产生条件及其乘法因子

错误产生条件	乘法因子(K_i)
缺少发现错误和纠正错误的时间	×11
缺少扭转意外行为的明显手段	×8
系统反馈较差、模糊或不匹配	×4
操作者没有经验(如新上任的交易员)	×3
输出结果检查和测试较少或不独立	×3
采用其他危险程序	×2
情绪压力极大	×1.3
职业道德较低	×1.2
作息周期被干扰	×1.1

注:本表内容改编于 William(1986)。

5.3.2.4　PROF

操作员故障率预测(PRediction of Operator Failure rates,PROF)是基于计算机交互式数据库,用于估计控制室工作的错误率,工作包括操作、校准、检查、通信和维护等(Drager 和 Soma,1988)。任务复杂性、信息质量、反馈、破除陈旧观念、分心、时间压力、暴露于危险中、任务相关经验和人员资历等绩效形成因子 PSFs 也应予以考虑。

人员可靠性数据可从以下方面得到:

(1)Norsk Hydro 和 STATOIL 控制室模拟研究。

(2)人因失误率预测技术(THERP)。

(3)DeSteese 等(1983)。

当 $k=1,2,\cdots,m$ 时,操作员故障率(HEP,人因错误概率)可由以下回归分析得到:

$$\lg(HEP) = \sum_{k=1}^{m} PSF_k W_k + C \tag{5-4}$$

式中,PSF_k 为第 k 个 PSF 值(1 表示最优,10 表示最差);W_k 为第 k 个 PSF 的权重或重要性;C 为常数。该计算方法假设绩效形成因子 PSFs 是相互独立的,同时首先选择需完成的任务,然后用操作员故障率预测(PROF)确定每个 PSF 的 W_k 值和 C 值。使用者必须输入 PSF_k 值,然后利用式(5-4)计算得到操作员错误率。

5.3.2.5　INTENT

THERP 方法、TESEO 方法和 HEART 方法中考虑的错误事件主要是选择和执行错误

(基于技能的失误和基于规则的错误)。然而,另一种重要类型的错误事件涉及基于决策的错误。这些都是意图上的错误,例如由于有意识的决定(基于知识的错误或违规行为)而导致的错误和既定程序之外做出的决定。这种被称为“有意图的”方法(INTENT)专门用来估计意图错误的错误率。Gertman 等(1992)从核电站运行分析中发现了 20 个潜在的意图错误,然后运用专业团队来估计 HEPs(人因错误概率)分布的 95%的上、下界限(见表 5-8)和为了评定 11 个 PSFs(绩效形成因子)对错误率的影响(以 PSF“重要性”的权重表示),对 20 个一般意图错误逐一进行评估。PSF 重要性权重和 PSF 等级的乘积可以映射到 HEP 分布上,从而生成特定位点的 HEP 值。

表 5-8　典型意图错误及其 HEP 值

意图错误	HEP UB[a]	HEP LB[b]	*EF*
规避潜在发生灾难性后果的程序	7.5×10^{-2}	6.0×10^{-5}	35
规避发生小问题后果的程序	8.6×10^{-2}	3.3×10^{-4}	16
破坏程序并重置设备	8.3×10^{-2}	5.5×10^{-4}	12
破坏程序并设计独有准则	4.7×10^{-2}	1.6×10^{-3}	5
已注意到问题但理解错误	1.0×10^{-1}	4.2×10^{-3}	5
团队成员在紧急情况下咨询了不适用的资源	1.3×10^{-1}	1.9×10^{-3}	8
长时间持续工作导致了错误判断	9.0×10^{-2}	1.6×10^{-2}	2

注:HEP UB[a] 表示更差的情况;HEP LB[b] 表示 PSFs 被估计为最佳的情况。本表数据改编于 Gertman 等(1992)。

5.3.2.6　TRC

工厂操作人员的可靠性及对事故的反应尤为重要。在这种情况下,时间压力是需要考虑的重要因素,所关注的问题为与时间相关的人机交互问题。针对这种情况,“与时间相关的可靠性”(Time Reliability Correlation,TRC)数据库应运而生。数据库包括诊断和决策失误(错误)的影响。人类认知可靠性(HCR)模型(Hannaman 和 Worledge,1988)是典型的 TRC 数据库,其中非响应概率 $P(t)$ 可由下式表示:

$$P(t) = \exp -\left\{\frac{(t/T_{1/2}) - C_{\gamma i}}{C_{\eta i}}\right\}^{\beta i} \tag{5-5}$$

其中,t 是刺激产生(紧急情况发生)后操作人员完成行动需要的时间。估计响应时间中位数($T_{1/2}$)可以从仿真度量、任务分析或专家意见中获得。其余参数受三种认知过程的影响,即基于技能、规则和知识的过程(见第 5.2.2 部分)。通过修改时间中位数,还可以考虑操作人员经验、压力等级和操作设备界面质量等 PSFs 的影响,该模型已经采用仿真工厂的数据得到了验证。然而,该模型并没有量化各种任务之间的依赖关系,同时也不适用于与无时间压力事件。此外,其他 TRC 数据库参见相关著作(见 Dougherty 和 Fragolara,1988)。

5.3.2.7　SLIM

成功似然指数方法(Success Likelihood Index Methodology,SLIM)是一种基于专家意见的交互式计算机技术(Embry 等,1984)。对于每项任务,由专家确定相关 PSFs 并评估每个 PSF 对任务成功可能性(任务绩效)的影响,然后得出成功完成任务的相对可能性(相对 HEP)。同时,需要通过修正来建立对(绝对)HEP 的评估。为此,需要从 THERP 数据库中获取(至少)两项任务的 HEPs。通常情况下,这种方法可以采用对数修正将相对可能性转化为 HEPs。值得注意的是,得到的 HEPs 对修正任务的选择很敏感,而采用对数修正还未被普遍接受。

5.3.2.8　MAPPS

维护和个人行为模拟(Maintenance and Personal Performance Simulation,MAPPS)是由 Siegal(1984)等开发的计算机仿真模型。此模型为维护行为提供任务可靠性评估,包括改善、预防和诊断维护任务。使用人可以输入有关任务变量、PSFs(如热、压力和疲劳等因素)、错误恢复因子和其他可能影响任务性能的参数信息。然后利用计算模型将这些参数对任务可靠性的影响进行量化,通过蒙特卡罗计算模拟得到任务成功的平均概率和完成所需的时间。

5.3.2.9　**其他人员可靠性数据库**

其他人员可靠性数据库包括:

(1)AIRs:美国科学研究会(American Institute for Research,AIR)数据储存,用来评估电子设备可操作性的具体设计特性(Munger,Smith 和 Payne,1962)。

(2)Aerojet General Method:Irwin、Levitz 和 Freed(1964)扩展了美国科学研究会(AIR)数据储存,包括 Titan Ⅱ(泰坦二号火箭)推进系统的维护和检查任务。

(3)Bunker-Ramo 表:美国科学研究会(AIR)数据储存的进一步扩展,囊括了 37 项不同操作人员绩效的实验研究数据(Hornyak,1967)。

(4)OPREDS:操作记录和数据系统(Operational Recording and Data System, OPREDS),包含了从美国海军舰艇操作人员的自动监测中获得的开关切换和按钮按压数据(Urmston,1976)。

(5)ASRS:航空安全报告系统(Aviation Safety Reporting System,ASRS),包含从自愿报告中获得的民用飞机事件/事故数据(Federal Aviation Administration,1979)。

(6)SRL:萨凡纳河实验室(Savannah River Laboratory,SRL),包含核燃料后处理厂操作员错误率和设备故障率数据库(Durant,Lux 和 Galloway,1988)。

(7)NUCLARR:核反应堆可靠性评估计算数据库(Nuclear Computerised Library for Assessing Reactor Reliability,NUCLARR),包含了核电站操作人员和维护任务的错误率和设备故障率数据(Gertman 等,1990)。

Topmiller、Eckel 和 Kozinsky(1982),Dhillon(1986, 1990),Miller 和 Swain(1987),Dougherty 和 Fragola(1988),Embry 和 Lucas(1989),Kirwan(1994),以及很多其他学者对现有的人员可靠性数据库进行了广泛的论述。有些学者也提出了其他数据库如桑迪亚人为错误率数据库(Sandia Human Error Rate Bank-Rigby,1967),但都没有成功,这也与组织或企业不愿提供自身的错误数据有关(Meister,1978)。

5.3.2.10　**现有文献**

现有的大多数数据库主要涉及与核、化学或加工工厂的操作和维护有关的人类行为,主要因为这些行业通常需要进行全面的定量/概率风险分析(包括人为错误的影响)。然而,其他行业系统数据库的相对缺乏并不一定意味着这些系统不存在人员可靠性数据。人员可靠性数据通常来自于文献中描述的实验研究,包括期刊、会议记录和研究报告。以下列表包含一些可用的人员可靠性数据:

(1)计算—运算、查表、数值排名(Melchers,1984)。

(2)设计计算校核(Stewart 和 Melchers,1989)。

(3)查图(Beeby 和 Taylor,1973)。

(4)电子设备装配(Rigby 和 Swain,1968)。

(5)计算机软件(Lipow,1982;Gondran,1986)。

(6)化工厂操作员的行为(Kletz,1991)。

(7)钢筋混凝土建筑(Stewart,1993)。

(8)飞行员和机组人员在紧急情况下的表现(Rigby 和 Edelman,1968)。

这些工作的一些典型错误率见表 5-9。对于评估各种心理活动和认知任务的人为可靠性而言,“工程数据纲要”(Boff 和 Lincoln,1988)是非常有价值并值得参考的。

表 5-9　不同任务的认为错误率

	错误率	数据来源
设计计算		
计算图查寻	0.020	Beeby 和 Taylor(1973)
计算表格查寻	0.013	Melchers(1984)
一步计算(如 $a\times b$)	0.013	Melchers(1984)
两步计算(如 $a\times b-c$)	0.023	Melchers(1984)
计算自我检查	0.90[①]	Stewart 和 Melchers(1989)
计算独立检查	0.65[①]	Stewart 和 Melchers(1989)
钢筋混凝土施工[②]		
减少钢筋量	0.022	Stewart(1993)
增加钢筋量	0.011	Stewart(1993)
飞行员和机组成员表现		
起飞时垃圾桶着火	0.23	Rigby 和 Edelman(1968)
起落架没有打开	0.14	Rigby 和 Edelman(1968)
云层遮挡视线	0.02	Rigby 和 Edelman(1968)
电气组件组装		
线缆接反	0.001~0.005	Rigby 和 Edelman(1968)
组件装反	0.002	Rigby 和 Edelman(1968)
组件未安装	0.000 03	Rigby 和 Edelman(1968)
焊锡不足	0.000 9	Rigby 和 Edelman(1968)

续表 5-9

	错误率	数据来源
计算机软件		
每行程序语句的漏洞个数	0.002	Lipow(1982)
软件应用中的重大错误	0.01~0.001	Gondran(1986)

注:①错误率参照无法纠正错误结果的概率;②错误率参照每个任务的错误率。

5.3.3　人员可靠性数据库的验证

为了评估人员可靠性数据库的有效性,Poucet(1988)进行了一项基准测试,以评估分析人员对两个“清晰的”核电站操作人员任务的错误率预测:①未检测到三部分自由流动止回阀的故障;②测试后通风管道中的手动阀门仍处于开启状态。来自 11 个国家的 15 个分析小组参加了这项测试。分析人员的评估使用了以下一个或多个人员可靠性数据库:THERP、SIM、HERT 和 MAPPS。Poucet(1988)表明,从 THERP 获得的定量结果(错误率)在不同的分析师之间具有很大的可变性,从这四个数据库获得的错误率大体一致(在同一个数量级内)。这种变化并不意外,因为错误率的量化需要对 PSF 评分、依赖性等进行主观判断。研究得出的结论是,不同分析师之间的差异主要是由于所使用的数据库类型不同,而当所有分析师使用相同的数据库时,得出的结果差异并不大。

其他人员可靠性验证研究较少,Williams(1985)和 Kirwan(1994)对其中两项进行了阐述。一项研究考虑了 AIR 数据存储、SIM、APJ、PC、建立人事绩效标准的技术(Smith、Westland 和 Blanchard,1969)以及数字模拟(Siegal 和 Wolf,1969),对人员可靠性评估与事件已知概率进行比较。与 Williams(1985)的建议相一致,研究发现从 APJ 方法得到的评估结果能够精确到 10 倍以内,即人员可靠性估计的预测精度应在同一个数量级内,而其他的人员可靠性数据来源显示出与已知概率有偏差较大的偏离。这使得人们认为 APJ 方法是所有方法中“最佳的”,这一结论与 Kirwin(1988)的一项近期研究大致一致。同时,研究还得出人员可靠性高于 10^{-1} 和低于 10^{-4} 时是难以准确预测的,同时收集和分析“硬核数据”(直接观测获得的数据)是无可替代的(Williams, 1985)。

5.4　总　结

总的来说,几乎所有的人员可靠性分析者都使用基于事件树逻辑和人员可靠性数据库的人为错误可靠性分析。然而,我们应该认识到,事件树逻辑本质上仅限于可以量化错误的任务事件,而这种量化要求意味着大多数人员可靠性数据来源只考虑主动错误(通常基于技能的失误和基于规则的错误)的发生率和控制。因此,本章描述的人员可靠性数据库主要涉及操作人员(例如控制室)的错误,但这些数据库无法包含控制室中每个可能的人类活动的错误数据。因此,从人员可靠性数据库中选择人员可靠性数据需要分析人员对任务本身及其 PSFs 评级、可能涉及的依赖程度和其他因素做出主观判断(Poucet,1988)。

上述方法通常不包括涉及诊断或高层决策的错误(基于知识的错误)。此外,还应注意获取人员可靠性信息对以下方面的影响:

(1)潜在的错误(如管理决定的影响,包括减少维修人员等)。

(2)违规行为。

(3)某些错误控制措施(例如,法律制裁、人员选择)。

这种定量信息的来源尚不清楚,在大多数风险分析中忽略这类错误会有一定的意义。

根据定义,HRAs 不包括“不可预见”事件的影响,应在分析中加以考虑。但随着系统操作经验的增加,“不可预见”事件的发生率将减少。这意味着 HRAs 可以根据新的初始事件或后果的确定进行修正。尽管存在不足,但 HRAs 在评估各种差错控制方案的相对有效性方面特别有用。HRAs 中使用的事件树逻辑还可生成发生错误事件的结构化逻辑记录。这一过程本身可能有助于识别新的或意外的初始事件(序列或组合)或事件后果,否则在风险分析中这些都可能被忽略。

最后,Williams(1985)就模拟人类行为的不确定性得出这样的结论:人员可靠性评估技术的开发人员尚未完全证明他们的方法都具有足够的理论性,更不用说经验上的有效性。这也是对人员可靠性评估现状的合理总结。

参考文献

[1] Bea, R. G. (1989), Human and Organizational Error in Reliability of Coastal and Offshore Platforms, Civil College Eminent Overseas Speaker Programme, Institution of Engineers, Australia.

[2] Beeby, A. W. and Taylor, H. P. J. (1973), How Well Can We Use Graphs, The Communicator of Scientific and Technical Information, No. 17, October, pp. 7-11.

[3] Bello, G. C. and Colombari, V. (1980), The Human Factors in Risk Analysis of Process Plants: The Control Room Operator Model 'TESEO', Reliability Engineering, Vol. 1, pp. 1-14.

[4] Boff, K. R. and Lincoln, J. E. (1988), Engineering Data Compendium: Human Perception and Performance, Harry G. Armstrong Aerospace Medical Research Laboratory, Wright-Patterson Air Force Base, Ohio.

[5] Carnino, A. (1986), Role of Data and Judgement in Modelling Human Errors, Nuclear Engineering and Design, Vol. 93, pp. 303-309.

[6] Christensen, J. M. and Howard, J. M. (1981), Field Experience in Maintenance, Human Detection and Diagnosis of System Failures, J. Rasmussen and W. B. Rouse (Eds.), Plenum Press, New York, pp. 111-133.

[7] DeSteese, J. G., et. al. (1983), Human Factors Affecting the Reliability and Safety of LNG Facilities: Control Panel Design Enhancement, GRI-81/0106.

[8] Dhillon, B. S. (1986), Human Reliability with Human Factors, Pergamon Press, New York.

[9] Dhillon, B. S. (1990), Human Error Data Banks, Microelectronics and Reliability, Vol. 30, No. 5, pp. 963-971.

[10] Dougherty, E. M. and Fragola, J. R. (1988), Human Reliability Analysis, Wiley, New York.

[11] Drager, K. H. and Soma, H. S. (1988), PROF: A Computer Code for Prediction of Operator Failure Rate, Human Factors and Decision Making, B. A. Sayers (Ed.), Elsevier Applied Science, pp. 158-

169.

[12] Durant, W. S. , Lux, C. R. and Galloway, W. D. (1988), Data Bank for Probabilistic Risk-Assessment of Nuclear-Fuel Reprocessing Plants, IEEE Transactions on Reliability, Vol. 37, No. 2, pp. 138-142.

[13] Embry, D. E. , Humphreys, P. , Rosa, E. A. , Kirwin, B. and Rea, K. (1984), SLIM-MAUD An Approach to Assessing Human Error Probabilities Using Structured Expert Judgement, NUREG/CR-3518, US Nuclear Regulatory Commission, Washington, D. C.

[14] Embry, D. E. and Lucas, D. A. (1989), Human Reliability Assessment and Probabilistic Risk Assessment, Reliability Data Collection and Use in Risk and Availability Assessment, V. Colombari (Ed.), Springer-Verlag, Berlin, pp. 343-357.

[15] Federal Aviation Administration(1979), Aviation Safety Reporting Programs, FAA Advisory Circular 00-46B, Washington, D. C.

[16] Finnegan, J. , Rau, C. A. , Rettig, T. and Weiss, J. (1980), Personnel Errors and Power Plant Reliability, Proc. Ann Reliability and Maintainability Symposium, pp. 290-297.

[17] Free, R. (1994), The Role of Procedural Violations in Railway Accidents, Ph. D. Thesis, University of Manchester.

[18] Gardenier, J. S. (1981), Ship Navigational Failure Detection and Diagnosis, Human Detection and Diagnosis of System Failures, J. Rasmussen and W. B. Rouse (Eds.), Plenum Press, New York, pp. 49-74.

[19] Gertman, D. I. , Gilmore, W. E. , Galyean, W. J. , Groh, M. R. , Gentillon, C. D. and Gilbert, B. G. (1990), Nuclear Computerised Library for Assessing Reactor Reliability (NUCLARR):; Vol. 1: Summary Description and Vol. 5: Data Manual, NUREG/CR 4639, US Nuclear Regulatory Commission, Washington, D. C.

[20] Gertman, D. I. , Blackman, H. S. , Haney, L. N. , Seidler, K. S. and Hahn, H. A. (1992), INTENT: A Method for Estimating Human Error Probabilities for Decisionbased Errors, Reliability Engineering and System Safety, Vol. 35, pp. 127-136.

[21] Gondran, M. (1986), Launch meeting of the European Safety and Reliability Association, Brussels [see Kletz, 1991].

[22] Hannaman, G. W. and Worledge, D. H. (1988), Some Developments in Human Reliability Analysis Approaches and Tools, Reliability Engineering and System Safety, Vol. 22, pp. 235-256.

[23] Hayashi, Y. (1985), Hazard Analysis in Chemical Complexes in Japan - Especially Those Caused by Human Error, Ergonomics, Vol. 28, No. 6, pp. 835-841.

[24] Hollnagel, E. (1993), Human Reliability Analysis: Context and Control, Academic, London.

[25] Hornyak, S. J. (1967), Effectiveness of Display Subsystems Measurement and Prediction Techniques, RADC Report TR-67-292, Rome Air Development Centre, Griffiss Air Force Base, New York.

[26] Ingles, O. G. (1979), Human Factors and Error in Civil Engineering, Third International Conference on Statistics and Probability in Soil and Structural Engineering, Sydney, Australia, pp. 402-417.

[27] Irwin, I. A. , Levitz, J. J. and Freed, A. M. (1964), Human Reliability in the Performance of Maintenance, Report LRP 317/TDR-63-218, Aerojet General Corporation, Sacramento, CA.

[28] Kinney, G. C. , Spahn, M. J. and Amato, R. A. (1977), The Human Element in Air Traffic Control: Observation and Analysis of Performance of Controllers and Supervisors in Providing Air Traffic Control Separation Services, Report No. MTR-7655, METREK Division, MITRE Corporation.

[29] Kirwin, B. (1988), A Comparative Evaluation of Five Human Reliability Assessment Techniques, Hu-

man Factors and Decision Making, B. A. Sayers (Ed.), Elsevier Applied Science, pp. 87-109.
[30] Kirwin, B. (1994), A Guide to Practical Human Reliability Assessment, Taylor and Francis, London.
[31] Kletz, T. (1991), An Engineers View of Human Error, Institution of Chemical Engineers, Rugby, Warwickshire.
[32] Lipow, M. (1982), Number of Faults per Line of Code, IEEE Transactions on Software Engineering, Vol. SE-8, No. 4, pp. 437-439.
[33] Loss, J. and Kennett, E. (1987), Identification of Performance Failures in Large Structures and Buildings, School of Architecture and Architecture and Engineering Performance Information Center, University of Maryland.
[34] Matousek, M. and Schneider, J. (1977), Untersuchungen zur Struktur des Sicherheitsproblems bei Bauwerken, Report No. 59, Institute of Structural Engineering, Swiss Federal Institute of Technology, Zurich, 1977. [See also Hauser, R. (1979), Lessons from European Failures, Concrete International, pp. 21-25.
[35] Meister, D. (1978), Subjective Data in Human Reliability Estimates, Proceedings of the 1978 Annual Reliability and Maintainability Symposium, IEEE, pp. 380-384.
[36] Melchers, R.E. (1984), Human Error in Structural Reliability Assessments, Reliability Engineering, Vol. 7, pp. 61-75.
[37] Miller, D. P. and Swain, A. D. (1987), Human Error and Human Reliability, Handbook of Human Factors, G. Salvendy (Ed.), Wiley, New York, pp. 219-250.
[38] Munger, S. J., Smith, R. W. and Payne, D. (1962), An Index of Electronic Equipment Operability: Data Store, Report AIR-C43-1/62 RP(1), American Institute for Research, Pittsburgh.
[39] Norman, D. A. (1981), Categorisation of Action Slips, Psychological Review, Vol. 88, pp. 1-15.
[40] Paté-Cornell, M. E (1989), Organizational Control of System Reliability - A Probabilistic Approach with Application to the Design Offshore Platforms, Control-Theory and Advanced Technology, Vol. 5, No. 4, pp. 549-568.
[41] Perrow, C. (1982), The President´s Commission and the Normal Accident, Accident at Three Mile Island: The Human Dimensions, D. L. Sills, C. P. Wolf and V. B. Shelanski (Eds.), Westview Press, Colorado, pp. 173-184.
[42] Perrow, C. (1984), Normal Accidents: Living with High-Risk Technologies, Basic Book Inc., New York
[43] Poucet, A. (1988), Survey of Methods Used to Assess Human Reliability in the Human Factors Reliability Benchmark Exercise, Reliability Engineering and System Safety, Vol. 22, pp. 257-268.
[44] Rasmussen, J. (1979), What Can be Learned From Human Error Reports, Riso National Laboratory, Denmark, Riso Report n-17-79.
[45] Rasmussen, J., Duncan, K. and Leplat, J. (1987), New Technology and Human Error, Wiley, Chichester.
[46] Reason, J. (1988), Stress and Cognitive Failure, Handbook of Life Stress, Cognition and Health, S. Fisher and J. Reason (Eds.), Wiley, New York, pp. 405-421.
[47] Reason, J. (1990), Human Error, Cambridge University Press, Cambridge.
[48] Reason, J. (1995), A Systems Approach to Organizational Error, Ergonomics, Vol. 38, No. 8, pp. 1708-1721.
[49] Rigby, L. V. (1967), The Sandia Human Error Rate Bank, Report No. SC-R-67-1150, Sandia Labora-

tories, Albuquerque, New Mexico.

[50] Rigby, L. V. and Swain, A. D. (1968), Effects of Assembly Error on Product Acceptability and Reliability, Proceedings of the Seventh Annual Reliability and Maintainability Conference, ASME, New York, pp. 312-319.

[51] Rigby, L. V. and Edelman, D. A. (1968), A Predictive Scale of Aircraft Emergencies, Human Factors, Vol. 10, No. 5, pp. 475-482.

[52] Rigby, L. V. (1970), The Nature of Human Error, Annual Technical Conference of the ASQC, American Society for Quality Control, Milwaukee, Wisconsin, pp. 457-466.

[53] Rouse, W. B. (1985), Optimal Allocation of System Development Resources to Reduce and/or Tolerate Human Error, IEEE Transactions on Systems, Man, and Cybernetics, Vol. SMC-15, No. 5, pp. 620-630.

[54] Scott, R. L. and Gallaher, R. B. (1979), Operating Experience with Valves in Light-Water-Reactor Nuclear Power Plants for the Period 1965-1978, Report No. NUREG/CR-0848, US Nuclear Regulatory Commission, Washington, D. C.

[55] Seaver, D. A. and Stillwell, W. G. (1983), Procedure for Using Expert Judgement to Estimate Human Error Probabilities in Nuclear Power Plant Operations, NUREG/CR-2743, US Nuclear Regulatory Commission, Washington, D. C.

[56] Senders, J. W. and Moray, N. P. (1991), Human Error: Cause, Prediction and Reduction, Lawrence Erlbaum Associates, New Jersey.

[57] Sheppard, B. (1992), Hazardous Waste: Management and Disposal, Assessment and Control of Risks to the Environment, and to People, R. F. Cox (Ed.), The Safety and Reliability Society, Manchester, pp. 2/1-2/12.

[58] Sibly, P. G. and Walker, A. C. (1977), Structural Accidents and their Causes, Proc. Inst. Civil Engrs., Vol. 62, Part 1, pp. 191-208.

[59] Siegal, A. I. and Wolf, J. J. (1969), Man-Machine Simulation Models: Performance and Psychological Interactions, Wiley, New York.

[60] Siegel, A., Bartter, W. D., Wolf, J. J., Knee, H. E. and Haas, P. M. (1984), Maintenance Personnel Performance Simulation (MAPPS) Model: Description of Model Content, Structure and Sensitivity Testing, NUREG/CR-3626, US Nuclear Regulatory Commission, Washington, D. C.

[61] Smith, R. L., Westland, R. A. and Blanchard, R. E. (1969), Techniques for Establishing Personnel Performance Standards (TEPPS): Results of Navy User Test, Report PTB-70-5, Vol. III, Personnel Research Division, Bureau of Navy Personnel, Washington, DC.

[62] Stewart, M. G. and Melchers, R. E. (1989), Checking Models in Structural Design, Journal of Structural Engineering, ASCE, Vol. 115, No. 6, pp. 1309-1324.

[63] Stewart, M. G. (1992), Simulation of Human Error in Reinforced Concrete Design, Research in Engineering Design, Vol. 4, No. 1, pp. 51-60.

[64] Stewart, M. G. (1993), Structural Reliability and Error Control in Reinforced Concrete Design and Construction, Structural Safety, Vol. 12, pp. 277-292.

[65] Swain, A. D. (1963), A Method for Performing a Human Factors Reliability Analysis, Monograph SCR-685, Sandia National Laboratories, Albuquerque, New Mexico.

[66] Swain, A. D. and Guttman, H. E. (1983), Handbook of Human Reliability Analysis with Emphasis on Nuclear Power Plant Applications, NUREG/CR-1278, US Nuclear Regulatory Commission, Washington,

D. C.

[67] Topmiller, D. A. , Eckel, J. S. and Kozinsky, E. J. (1982), Human Reliability Data Bank for Nuclear Power Plant Operations: A Review of Existing Human Reliability Data Banks, NUREG/CR 2744, US Nuclear Regulatory Commission, Washington, D. C.

[68] Turner, B A. Man-made Disasters[M]. London: Wykeham Publications, 1978.

[69] Ujita H. Human Error Classification and Analysis in Nuclear Power Plants[J]. Journal of Nuclear Science and Technology, 1985, 22(6): 496-598.

[70] Urmston, R. (1976), Operational Performance Recording and Evaluation Data System (OPREDS), Descriptive Brochures, Code 34400, Navy Electronics Laboratory Center, San Diego.

[71] Wagenaar, W. A. and Groeneweg, J. (1987), Accidents at Sea: Multiple Causes and Impossible Consequences, International Journal of Man-Machine Studies, Vol. 27, pp. 587-598.

[72] Williams, J. C. (1985), Validation of Human Reliability Techniques, Reliability Engineering, Vol. 11, pp. 149-162.

[73] Williams, J. C. (1986), HEART - A Proposed Method for Assessing and Reducing Human Error, Ninth Advances in Reliability Technology Symposium, Bradford, England, pp. B3/R/1 - B3/R/13.

[74] Wood, D. D. (1984), Some Resuts on Operator Performance in Emergency Events, Institute of Chemical Engineers Symposium Series, pp. 21-31.

第6章　系统评估

6.1　概　述

本章着重讨论系统失效概率的评估，首要任务为对第3章所述的事件树和故障树的系统评估。这里假定组成事件树或故障树的各个组件和系统其他元素的故障概率相关信息数据充足可用。关于此类数据的输入详见第4章和第5章的论述。

正如本书第4.4节中指出的，对于某些子系统来讲，有可能或有必要根据荷载和抗力（或需求和承载力）的信息来估计故障的概率，并以概率的方式进行描述。

这种方法比仅仅依靠观察到的故障率数据应用范围更广。这需要对系统各组成部分的物理现象进行预测分析，特别是需要对物理学有适当的了解，因为该方法中的重点参数被认为是特定环境条件的函数，例如温度和压力。然后，分析人员可以准确地预测环境影响子系统的故障模式和故障率，继而对系统本身也进行相应的预测（Shooman，1968）。然而，如果缺乏这种理解和模型通常意味着分析师必须使用观测得来的数据，并依靠经验和直觉来证明其应用的合理性。如第4章和第5章所述，在某些情况下，由于缺乏精确的数据，会导致估计的发生概率产生较大偏差。

如果荷载或需求、抗力或承载力最好用随机变量或连续随机过程来描述，便可采用本书第4.4节所应用的失效概率分析方法。然而，实际情况会比这里讨论的更加复杂。Shooman（1968）在一篇描述可靠性方向的电气工程的文章中概述了组件、子系统和其他系统元素的物理建模与传统的系统风险分析的融合。另外，一些学者（如Cornell，1982；Der Kiureghian和Moghtaderi-Zadeh，1982）在更广泛的范围内对实际情况进行了讨论，但几乎都没有在实际中应用过（核工业可能例外）。一般情况下，类似的评估适用于时间对系统的影响，如系统磨损情况，或系统承受随机荷载的过程（如风、浪或地震荷载）。如何处理这些问题是本章重点（见第6.8节），给出了比传统风险分析更详细的可靠性理论。

系统评估方法可大致分为以下三类，本章将逐一进行介绍：

（1）定性风险分析，数字和概率没有得到广泛或根本的应用。

（2）量化风险分析（QRA），将系统要素性能（或事件结果）和系统风险作为数值点估计。

（3）概率风险分析（PRA），将系统元件的性能作为随机变量给出，通过分析预测变量的可变性和不确定性，从而将系统风险表示为概率分布。

人员可靠性分析（HRA）本质上是一个量化风险分析（QRA）或概率风险分析（PRA），采用了类似于系统元素性能数据（参见第5章）的人员可靠性数据。因此，使用HRA模型的系统评估技术与使用QRA和PRA方法的系统评估技术在本质上是相同的。当然，也可以使用定性的方法。众所周知，人为错误通常会显著地增加整个系统的风险。正因如此，在风险分析中直接考虑人为错误的影响，或者像核工业中经常采用的执行完全独立的 HRA，变得越来越常见。一些学者对核反应、化学过程和海上设施（Kirwin，1994）、结构设计和建造任务（Stewart，1993）、组件装配（Rigby 和 Swain，1968）以及软件开发（Lipow，1982）都做了有益的综述。Dougherty 和 Fragola（1988）、Hollnagel（1993）和 Kirwin（1994）进一步阐述了 HRA 方法的细节。

6.2 频率数据、概率和不确定性

正如第 3 章所述，组件、设备项和其他一些系统元素是离散事件，其结果是事件发生，或事件没有发生（见图 3-6）。但在某些情况下，可能会出现两种以上的结果，或者存在一些不确定性情况（见图 3-5）。与事件结果相关的概率估计可用来进行风险分析。第 3 章和第 4 章论述了数据的来源。这类数据具有频率性，引用"发生频率"是基于前面有关经验的描述。通常认为，这些数据可用于正在研究的系统事件的事件结果"概率"。这意味着，来自其他系统的过往数据通常可以转换为对正在研究系统情况的期望。这样做的前提是假定被考虑的事件与构成过往经验的事件极为相似。它还假定基于过往经验对目前情况的推断是适当且有效的。当然在许多情况下，这些要求可以满足时效是很明显的，但是仍然需要仔细分析。如第 4 章所述，频率数据和基于该数据的概率推断之间有着重要的区别（如 Kaplan 和 Garrick，1981）。此外，概率估计或更一般的概率密度函数估计，往往是一种主观的概率评估（如 Apostolakis，1987）。

从前面几章的讨论中可以明显看出，与事件结果相关的概率往往是一个条件概率。这就意味着事件特定结果的概率取决于事件的边界条件。事件结果的概率估计是通过对类似组件或事件频率进行推断而获得的，并未太多注意到明确的环境、操作或其他条件，这方面在风险分析工作中有时可能会被遗忘或忽略。当这些信息为已知条件时，就应该加以考虑，可以用一种简单的方式来实现。

例如，阀门在特定应用中正常工作的成功率可能与温度有关。如果基于现有的关于阀门工作的成功率信息获得一个估计值，可以选择与阀门使用寿命中平均温度相对应的成功率。然而，如果成功率不是温度的线性函数，这种方法可能会有很大的误差。一般情况下，取加权平均值会更有价值，即通过对特定温度下的阀门特性值 $C(\theta)$ 在温度概率分布 $f_\theta(\theta)$ 范围内进行积分，便可得到阀门特性均值 C：

$$C = \int_\theta C(\theta) f_\theta(\theta)\,\mathrm{d}\theta \tag{6-1}$$

式中，$f_\theta(\theta)$ 为温度的概率分布。显然，比起基于平均温度的某个值，式（6-1）能更好地估计阀门工作的平均成功率。然而，这种方法需要知道阀门基于温度变化的工作特性。

当某一事件结果受到不确定性因素的影响，且可以以类似的方式加以考虑时，应采用与上述相类似的方法。正如第 4.3 节 4.3.3 部分中所提到的，观察性的历史数据可以用基于贝叶斯定理（Bayes Theorem）的主观信息来补充，如专家意见，进而估计其概率分布 $f_\theta(\theta)$。

正如 3.5 节第 3.5.2 部分所述，不论估计数据的来源如何，一般来讲，估计概率（预期的发生率）在描述系统各要素的性能（如事件结果）时，可能会有某种程度的不确定性。在传统的风险分析中，关于事件结果不确定性的信息并不容易获得，而且常常被忽略。如果这些信息是可获得的,那么它通常被用来作为对发生率做出保守估计的工具。如果概率信息良好,这可能是一个百分位数值,或者只是一个保守的(确定性的)"点估计值"。QRA 程序的典型方法见第 6.4 节。

在事件树和故障树分析中,对事件结果不确定性较好的处理方法是通过使用概率分析方法来直接考虑每个事件的不确定性信息(如方差或标准差)。PRA 程序详细内容见第 6.5 节论述。

6.3　定性风险分析

风险分析最简单的方法是对风险进行主观评估,并以主观的方式对风险进行排序。排名最高的风险类别是需要特别注意的,例如通过改进技术、风险管理方法或通过更全面的风险分析来确定可接受的风险标准是否超标。

在这类分析中,专家意见至关重要。专家们必须了解事件后果和后果发生的可能性,然后根据预估影响和预估规模对所有后果进行排序,并将这些估计合并以便获得每个已确定结果的风险估计。在咨询了若干专家后,可能难以就(建议的)设施的影响、有关的危险、失效的可能后果以及后果发生的概率达成一致意见。在这种情况下(很可能是常见情况),需要集中一些专家进行讨论以达成共识,或有必要使用德尔菲法(Delphi 方法)或类似于寻求一致性的方法在各个专家意见中达到一定程度的共识。

在某些情况下,可能很难实现对风险进行量级评定,而只能采用简单的等级评定,此时只同意风险(A)>风险(B)>风险(C)等,而不判断它们的相对量级。

这个过程的改善是保持事件结果和结果发生的概率各自独立。每一项都使用定量描述符进行评估,如"高""中""低"等,输入到"结果可能性"表,见表 6-1。然后进一步主观判断来评估每个矩阵条目(见表 6-1 中的阴影区域)。

时间结果具体分类如下(也可参见 AS/NZS 4360:1995):

灾难性:大量死亡、长期健康影响、厂外毒气泄漏以及极端财产损失。

严重:部分死亡、大量受伤、长时间健康影响、重大财产损失。

中等:部分受伤需医疗救助、厂内泄露以及较大财产损失。

轻微:少量受伤需急救护理、无重大化学泄露和部分财产损失。

微弱:无受伤和少量财产损失。

定性评估的主要问题是,几乎没有绝对的规模指标来表明风险的严重性,尤其是与其他风险来源进行比较时。因此,虽然它可能在初步分析中有用,但对于做出理性的决定作用不大。有时人们试图将数字放入主观评估中,并使用这些数字获得表中每个单元的风险估计(通过将可能性和结果相乘),如表 6-1 的左侧第一列和第一行所示。需要说明的是,为了比较而使用这些数字意味着一种具有不确定特征的价值体系。此时,对风险的相对排名可能具有高度误导性。因此,分析风险的更好方法是采用定量方法。

表 6-1　结果可能性矩阵

可能性	结果				
	微弱 1	轻微 2	中等 3	严重 4	灾难性 5
几乎必然 [1]					
很可能 [2]					
中等 [3]					
不可能 [4]					
极不可能 [5]					

重大风险　中等风险　高风险　低风险

6.4　量化风险分析(QRA)

在风险分析中,与每个事件相对应的发生概率只是一个数字,称为“点估计”(或确定性)分析。这是量化风险分析(QRA)在化工行业经常所采用的方法(IGS,1985)。在评估系统风险方面,描述事件结果的概率数字通常是保守性。准确地说,这些数字被称为“保守的最佳估计”,体现以下三点内容:①他们是最佳的,可以获得给定的可用信息;②他们是估计而不是准确的确定数量;③他们是“保守的”总体系统分析的结果。

应该清楚的是,虽然对单个事件结果使用保守的最佳估计可能是非常合理的,但是它们没有向分析人员提供系统结果所固有的不确定性信息。这样做的原因是估计分析中不可能包含所有各种保守假设的综合效果。通过系统误差传播分析(PRA)可以更好地处理这方面的问题。

6.4.1　事件树

本书第 3.4 节 3.4.3 部分讨论了事件树及其在系统分析中的作用。事件树描述了从某个开始(或初始)事件到结果事件的序列。通常这些事件都有与之相对应的后果。

考虑图 6-1 中显示的示例事件树。对于事件树的每一个分支,每个事件都对应一个可能的结果,每个结果相关的概率之和必须为 1(通常假定每个分支事件均有一个不会发

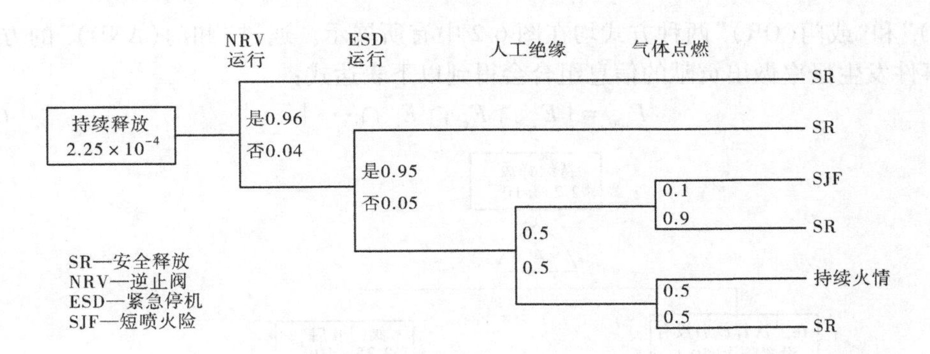

图 6-1　事件树

生的事件结果）因此，对于图 6-1 中的事件 Ea：

$$P(\text{event occurs}) + P(\text{event does not occur}) = 1 \tag{6-2}$$

对于一个分支，比如分支 i，输出概率 $P(\text{output})$ 是此事件发生概率 $P(y)$ 和历史事件序列导致该特定事件的概率 $P(\text{input})$ 的组合，因此

$$P(\text{output}) = P(\text{input}) \cap P(y) \tag{6-3}$$

式中，$A \cap B$ 代表两个概率的交集。如果 input 事件和 y 事件为相互独立事件，其结果为

$$P(\text{output}) = P(\text{input}) \cdot P(y) \tag{6-4}$$

如果从初始事件 E_i 扩展到结果事件 E_o，则

$$P_{\text{out}} = P(E_i \cap E_a \cap E_b) \tag{6-5}$$

如果序列中所有事件都为相互独立事件，则得到

$$P_{\text{out}} = P_{\text{in}} \cdot P_1 \cdot P_2 \cdot P_3 \cdots \tag{6-6}$$

式中，$P_j(j=1,2,3,\cdots)$ 代表事件序列中与每个事件结果相对应的概率。式(6-6)表示在大多数传统风险分析工作中使用的事件树的通常假设，它意味着所有的事件都是完全独立的。

可以考虑使用点估计的方法获得某条件下事件发生的概率，如假设另一个事件已经发生。当这些信息可用时，式(6-6)可概括为

$$P_{\text{out}} = P_{\text{in}} \cdot P_1 \cdot P_{2|1} \cdot P_{3|1,2} \cdots \tag{6-7}$$

式中，$P_{i|j,k}$ 代表第 i 个事件概率，应用条件为之前的事件 j 和 k 已经发生。这描述了沿着一个事件序列的概率事件“链”，可以得到事件树的每个结果。最后请注意，对于序列中的每个事件（或事件树的任一部分），输出概率之和必须等于输入概率之和：

$$\sum_{i=1}^{n} P_{\text{out},i} = \sum P_{\text{in}} \tag{6-8}$$

6.4.2　故障树

故障树可用于全面、概括的系统分析（参考图 3-2 和图 6-2 中的示例）。故障树可以作为事件树的输入，也可以作为事件树的一部分或单独使用。这两种应用在第 3.4 节 3.4.1 部分中有详细的描述。图 6-2 表示了典型故障树的数值分析是如何进行的。显然，较低级别的事件分支对顶部事件和顶部事件产生积极结果的概率有所贡献。“和门

(AND)”和“或门(OR)”两种方式均在图 6-2 中有所展示。通过“和门(AND)”的方式对顶部事件发生概率做出贡献的信息组合会得到以下表达式：

$$P_{\text{top}} = [E_a \cap E_b \cap E_c \cap \cdots] \tag{6-9}$$

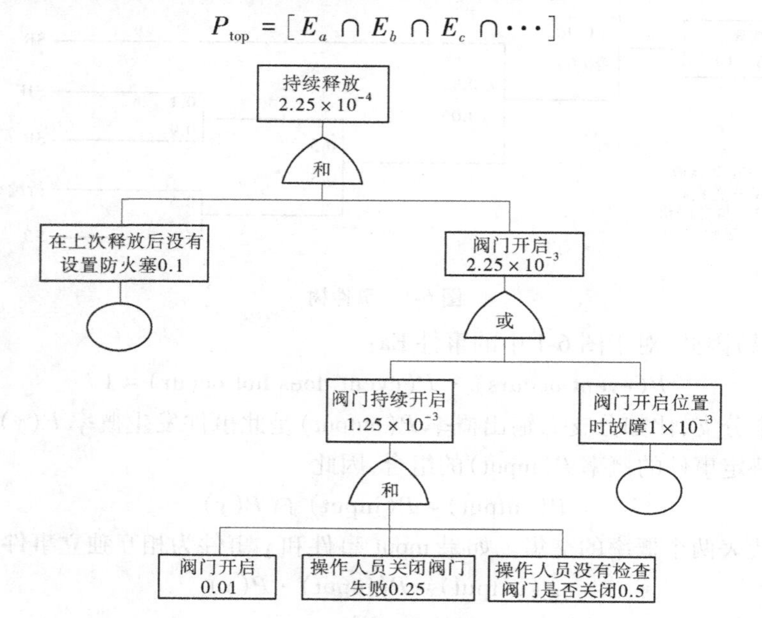

图 6-2　故障树

当贡献于顶部事件的事件全部相互独立时，即可得到：

$$P_{\text{top}} = p_a p_b p_c \cdots \tag{6-10}$$

如果顶部事件为完全不独立事件：

$$P_{\text{top}} = \max_i\{p_i\} \tag{6-11}$$

需要注意的是，为了处理事件之间的部分依赖关系，有必要使用一个事件发生的条件概率，即假设前面的事件均已经发生，可以用与式(6-7)相同的符号表示：

$$P_{\text{top}} = p_a \cdot p_{b|a} \cdot p_{c|b,a} \cdots \tag{6-12}$$

如果贡献是通过“或门(OR)”的方式表示，那么相应的表达式就是事件的并集：

$$P_{\text{top}} = P(E_a \cup E_b \cup E_c \cup \cdots) \tag{6-13}$$

当集合中贡献于顶部事件的都是相互独立事件时，式(6-13)可表示为简单的概率和：

$$P_{\text{top}} = p_a + p_b + p_c + \cdots \tag{6-14}$$

式(6-14)中的概率不再是有条件的。

6.4.3　集成系统

当使用这两种类型树时，通常将故障树的输出作为事件树(或事件树的一部分)的输入，如图 6-3 所示的简单案例。

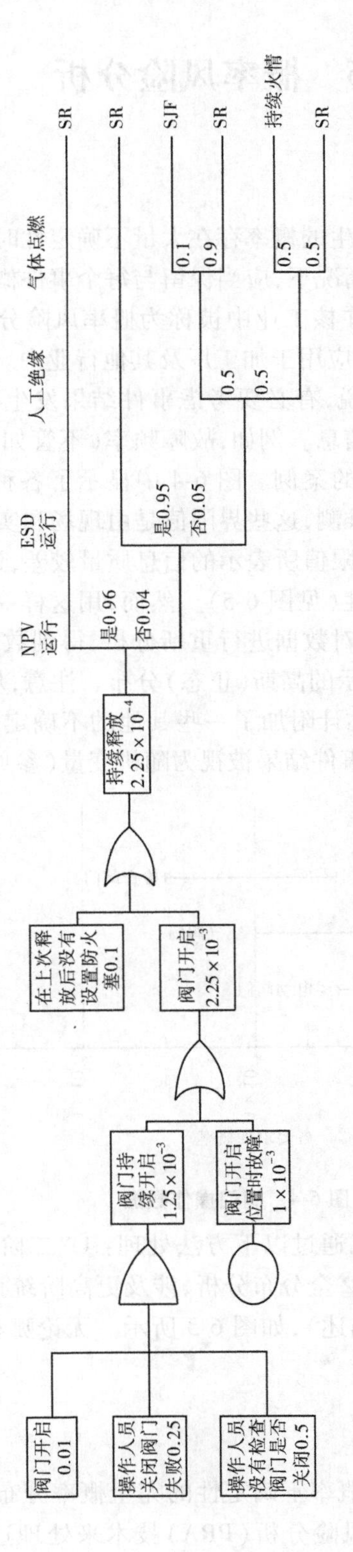

图 6-3　事件树和故障树结合

6.5　概率风险分析

6.5.1　概述

在许多情况下,当事件结果发生的概率存在大量不确定性时,不能用点估计值充分描述事件结果发生的概率。在这种情况下,应当保留与每个事件概率相关的不确定性,并将其延续到下一个事件。这种方法在核工业中被称为概率风险分析(PRA)的“误差传播”(Apostolakis 和 Lee,1977),同样也应用于加工厂及其他行业中。

对于概率风险分析(PRA)来说,有必要考虑事件结果发生概率的不确定性,这意味着必须提供分析事件详细适当的信息。例如,故障频率(不管如何定义)的点估计显然无法给出令人满意的信息,如图 6-4 的案例。图 6-4 中显示了各种类型的阀门在规定方式下无法正常工作的频率范围。据推测,这些界限值是由现场和实验观察推断出来的,可能包括一些主观估计。显然,这些界限值所表示的信息质量较差,误差边界可以酌情运用矩形概率密度函数来描述其不确定性(见图 6-5)。然而,用这样一种函数恰当地表示阀门的性能特性显然是不可能的,应该对数据进行重新分析,得到数据的直方图,并由此推断出更真实的概率分布,如图 6-5 所示的高斯(正态)分布。注意,从观测数据推断出的概率分布可清楚地表明对事件结果的估计附加了一些其他的不确定性,在本例中为阀门故障的频率(Melchers,1993b)。因此,事件结果被视为随机变量(参见第 3.5 节 3.5.3 部分)。

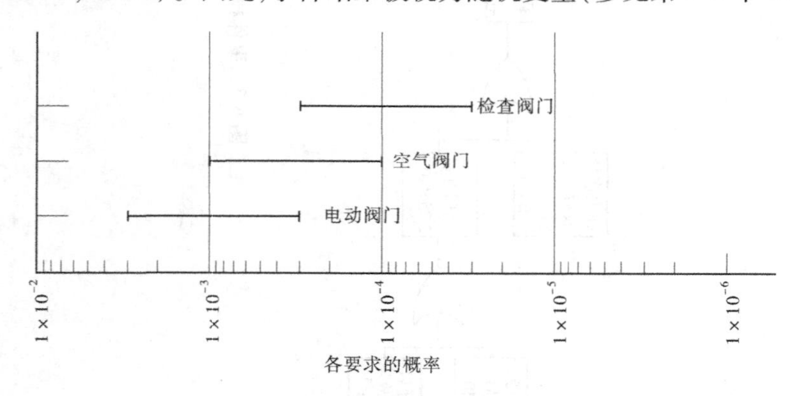

图 6-4　阀门操作数据

事件结果概率的不确定性可以通过以下方法处理:①“二阶矩分析”,对概率的最佳估计,描述不确定性的方差度量。②全分布分析,涉及更高阶统计矩的描述(故障频率本身可以用完整的概率密度函数来描述),如图 6-5 所示。无论哪种情况,分析都变得更加复杂,下文将对这些方法进行阐述。

6.5.2　二阶矩分析

在许多情况下,关于事件结果概率不确定性的完全概率分布信息是无法得到的。有学者已经提出了几种不同的概率风险分析(PRA)技术来处理这个问题,包括上下界限

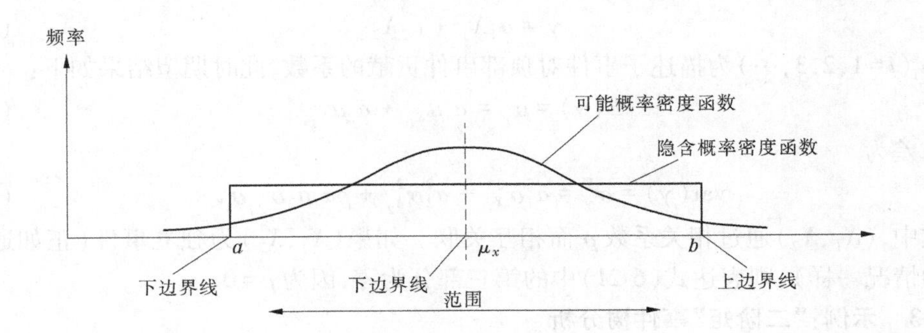

图 6-5　数据的隐含概率和可能概率密度函数

法、四分法(Mazumbar,1982;Ragheb 和 Abdelhai,1987)以及使用均值和方差的各种建议(如,Jackson,1982;Laviron,1985;Kafka 和 Polke,1986;Qin Zhang,1989;Porn 和 Shen,1992;Greig,1993)。其中,使用均值和方差来描述的方法较为常用。在这种情况下,可以由结果发生概率的期望(平均值)μ 和相关方差 σ^2 来描述结果,方差 σ^2 是可假定获得或被估计的。在结构可靠性分析中被称为"二阶矩"分析。

6.5.2.1　事件树

对于图 6-1 所示的简单事件树示例,这两个事件的结果与式(6-4)直接对应,如果输入信息不确定,则意味着得到如下关系式:

$$\gamma = X_1 \cdot X_2 \tag{6-15}$$

式中,γ 和 $X_i(i=1,2)$ 分别为描述输入信息和事件概率的随机变量。结果的期望或平均值 μ_γ,由下式得到:

$$\mu_\gamma = E(\gamma) = E(X_1X_2) = \mu_{X_1}\mu_{X_2} + p\sigma_{X_1}\sigma_{X_2} \tag{6-16}$$

结果的方差值由以下表达式得到:

$$\sigma_\gamma^2 = [(\mu_{X_1}\sigma_{X_2})^2 + (\mu_{X_2}\sigma_{X_1})^2 + (\sigma_{X_1}\sigma_{X_2})^2]\ (1+\rho)^2 \tag{6-17}$$

式中,ρ 为 X_1 与 X_2 的相关系数。在现实中通常假设 X_1 和 X_2 是相互独立事件,则 $\rho = 0$,表达式(6-17)可简化为

$$V_\gamma^2 = V_{X_1}^2 + V_{X_2}^2 + V_{X_1}^2 V_{X_2}^2 \approx V_{X_1}^2 + V_{X_2}^2 \tag{6-18}$$

其中,$V=\sigma/\mu$ 为变异系数,右边的近似式与 V_{X_1} 和 V_{X_2} 接近,小于 0.3。

上述展示了两个事件结果概率的不确定性是如何传递(传播)到双(子)系统结果中的,从而得出结果发生概率的不确定性。同样,式(6-16)和式(6-17)所得结果可以重复使用,因为每个进一步的事件都是在事件树分支的某个分支所在的一系列事件中发生的。在这一过程的每个阶段,都会产生对序列事件中每个结果出现的概率的最佳估计(平均值),以及对与这些概率相关不确定性的估计。

6.5.2.2　故障树

运用二阶矩法处理故障树的不确定性信息,直接遵循事件信息组合的基本表达式。对于"和门(AND)",式(6-9)和式(6-10)可直接应用。对于"或门(OR)",有必要将式(6-13)和式(6-14)进行如下归纳。如果 X_1 和 X_2 表示与事件 1 和事件 2 相对应的事件结果发生的不确定概率,两个事件结果对顶部事件贡献的不确定概率 γ 为

$$\gamma = a_1 X_1 + a_2 X_2 \tag{6-19}$$

式中，$a_i(i=1,2,3,\cdots)$为描述子事件对顶部事件贡献的系数，此时期望结果如下：

$$E(\gamma) = \mu_\gamma = a_1\mu_{X_1} + a_2\mu_{X_2} \tag{6-20}$$

方差为

$$\text{var}(\gamma) = \sigma_\gamma^2 = a_1^2\sigma_{X_1}^2 + a_2^2\sigma_{X_2}^2 + \rho a_1 a_2 \sigma_{X_1}\sigma_{X_2} \tag{6-21}$$

式中，(X_1,X_2)通过相关系数ρ而相互关联。如果(X_1,X_2)为独立事件（正如通常所发生的情况一样），则表达式(6-21)中的第三部分为零，因为$\rho=0$。

6.5.2.3 示例："二阶矩"事件树分析

如图6-6中显示的事件树部分（Melchers，1993a），假设输入发生概率如图中所示，术语$(6.07\times10^{-7},1.0\times10^{-7})$分别表示期望（均值）概率$(6.07\times10^{-7})$及其标准差$(1.0\times10^{-7})$，本示例中的符号保持一致。将此概率作为事件"RSD可操作"（其中RSD表示"远程关闭"）中的顶部分支（"yes"）。事件结果的估计概率及其相对应的标准差如图6-6所示。总体结果概率及其相对应的不确定性（以标准差表示）可以通过使用上述概率组合表达式对事件树进行处理得到。

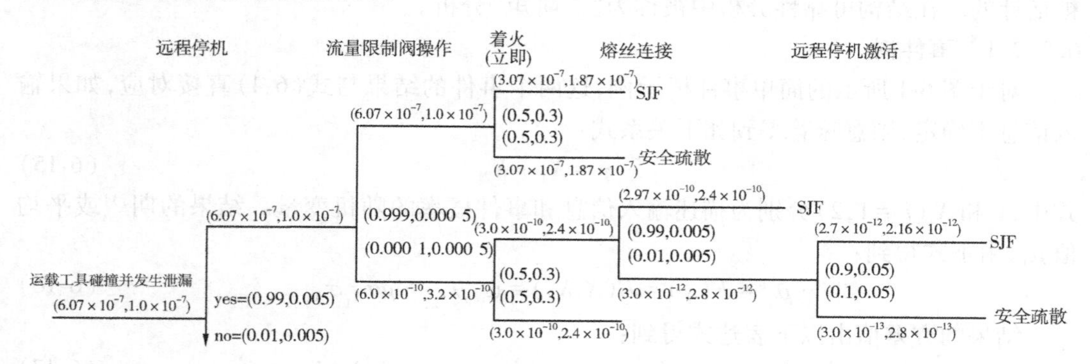

图6-6 部分事件树示例

在图6-6中，每一个末端事件都有一个上层分支结果为"短射流火（SJF）"的短暂结果，这一结果产生的总概率由估计若干随机变量的和产生：

$$\mu_{\text{SJF}} = (3.0\times10^{-7}) + (2.97\times10^{-10}) + (2.7\times10^{-12}) = 3.0\times10^{-7}$$

和
$$\sigma_{\text{SJF}}^2 = (1.87\times10^{-7})^2 + (2.4\times10^{-10})^2 + (2.16\times10^{-12})^2$$

或
$$\sigma_{\text{SJF}} \approx 1.8\times10^{-7}$$

因此，短射流火对总体风险的贡献是$(3.0\times10^{-7},1.8\times10^{-7})$。

6.5.2.4 分析结果

上面概述的分析过程描述了用平均值和方差对特定系统结果发生概率的估计，与传统的"点估计"方法大不相同，该方法需要考虑如何理解所用的信息。

对于一种系统结果的简单情况，其中存在一个规定的可接受性标准（如由监管机构设置的标准）。预期发生的结果概率的估计平均值μ如图6-7所示，同时采用正态分布来表示与此均值相对应的方差。显然,当估计的概率超过规定的准则时,就会出现不可接受的情况,这种情况发生的概率用阴影区域表示。值得注意的是,图 6-7 清楚地说明了传统的量化分析(QRA)数据处理的一个基本缺陷,即对事件树和故障树中不同频率的"保守的最佳估计"提供了一个在概率保守程度上为未知数的结果发生概率(Melchers,1993a)。而在传统的分析中,没有简单的方法来估计结果概率中的未知不确定性,但这种不确定性很可能相当大。

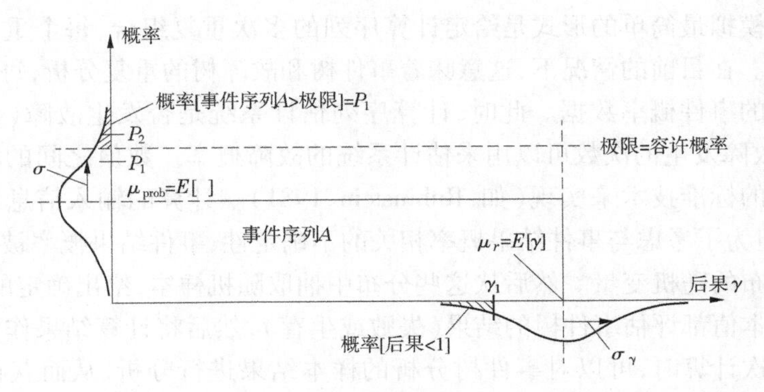

图 6-7　发生—后果概率图

这里使用的"二阶矩"分析方法对每种不同的发生概率使用"最佳"估计(平均值或期望值),其结果是对结果概率也是一个"最佳"估计(平均值或期望值)。显然,这类似于 QRA 中常用的点估计方法,只不过使用的是均值而不是保守估计值。所以在这个意义上,分析中没有增加额外的复杂性。主要区别在于对不确定性信息的处理。事件结果中的所有不确定性(由各自的方差表示)最终都表示为结果概率的方差,如图 6-7 中所示的纵轴上的概率分布的"分散情况"。

图 6-7 横轴显示了应该如何处理结果。众所周知,除事件结果发生的概率不确定外,其大小或后果也不确定。因此,火焰的长度(在上面的例子中)、死亡或受伤的人数、可能遭受的损失都不容易预测,也应该使用概率方法。如前所述,后果的估值超出了本书的范围,但最好由图 6-7 所示的结果概率密度函数来表示对后果的估计。这种不确定性信息在估计损失时非常有用,如对于火焰长度方面的后果,可以估计与受影响结构某一距离使用哪种特定设施的可能性。关于结果风险分析的表示会在第 7 章做进一步讨论。

6.5.3　全分布分析:蒙特卡罗模拟

在许多实际情况下,事件结果可用数据的质量只能用于如上所述的"二阶矩"方法。然而,当有足够的数据时,就可以为事件结果的概率建立高质量的概率模型(如指数模型或 Gumbel 分布模型),足以对结果概率进行更全面的分析。同样,需要求解的方程仍然是概率组合方程,如事件树式(6-5)和故障树式(6-9)。为此,可以使用一些分析技术进行全面分析,但这些技术很少用于实践。

蒙特卡罗模拟是一种在实际风险分析问题中得到广泛应用的技术。它使用数值模拟来求解方程式(6-5)和式(6-9),而不受普通解析方法所需的限制条件的约束。此外,它可以处理任何类型的概率分布的随机变量(包括以二阶矩方法为代表的简化模型),同时考虑随机变量之间的相关性,这是"点估计"方法不容易处理的。此外,该方法也可以应用于复杂的事件树和多个事件结果。

蒙特卡罗模拟的主要缺点是潜在的计算成本较高。尽管这对于复杂系统来说仍是值得注意的地方,但随着功能强大的高速计算机的应用,这个问题也能够迎刃而解。事实上,对于大多数系统来说,现代计算机的计算(CPU)时间是否是一个关键问题还无法确定的。

蒙特卡罗模拟最简单的形式是给定计算序列的多次重复组合,每个重复序列都有随机选择的输入。在目前的情况下,这意味着事件树和故障树的重复分析,每次分析都用不同的随机产生的事件概率数据。此时,计算序列估计系统是否发生故障(以及如何发生故障)。这种故障发生的次数可以用来估计系统的故障概率。数值之间的相关关系可以用生成因变量的标准技术来实现(如,Rubinstein,1981)。计算的输入信息可以以多种方式进行选择,但为了考虑与事件结果概率相关的不确定性,事件结果概率被视为具有假定的已知概率分布的随机变量。然后从这些分布中抽取随机样本,给出确定的发生概率组,同时对每组样本值都评估事件树的结果(失败或生存),然后将计算结果作为一个样本结果。当重复多次计算时,可以对事件树分析的样本结果进行分析,从而获得输出的直方图/概率密度函数,形成与图 6-7 所示的相同类型的结果。分析过程如图 6-8 所示。

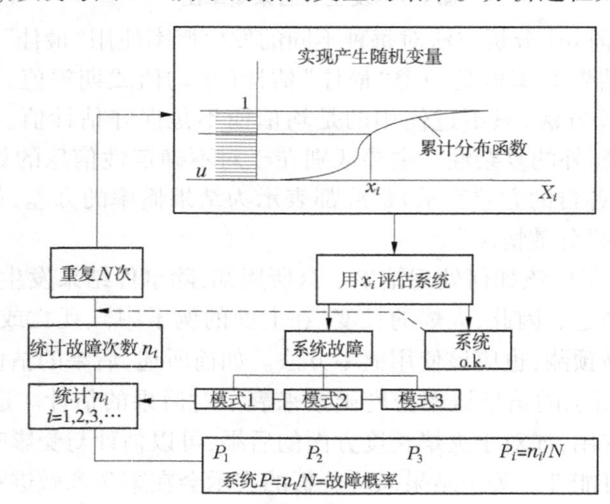

图 6-8　蒙特卡罗技术图表示意

6.5.3.1　示例:使用蒙特卡罗模拟进行事件树分析

下面的例子可以说明蒙特卡罗模拟的一些优点。图 6-6 中给出的事件树,使用二阶矩分析来计算短射流火(SJF)的概率风险,见第 6.5.2.3 部分。该分析假设所有事件概率均为正态分布,且正态分布为无界(-∞,∞),但实际事件概率应以 0 和 1 为界。在这种情况下,正态分布应该在 0 和 1 处截断(或截尾)。二阶矩等分析方法不能满足这一要求,而蒙特卡罗计算机仿真分析可以。分析步骤如下:

步骤 1:"车辆碰撞+介质泄漏"的事件概率是由正态分布随机生成的(6.07×10^{-7},1.0×10^{-7})。

步骤 2:如果事件概率小于零或大于 1,则重复步骤 1。

步骤 3:其他事件(“RSD 可操作”“EFV”等),重复步骤 1 和步骤 2。

步骤 4:通过第 6.4.1 节所述的事件概率组合表达式计算 SJF 的风险。

通过多次重复步骤 1 到步骤 4(通过大量的“仿真模拟运算”),可以得到 SJF 发生的概率仿真模拟直方图,由此可以推断出适当的统计参数。图 6-9 显示了 10 000 次模拟运行(每次模拟运行需要 10^{-4} s)产生的直方图。此方法得出更加真实的统计参数为(2.97×10^{-7},1.55×10^{-7}),与二次矩分析得到的值有显著差异,见图 6-9。值得注意的是,在相同的仿真运行次数下,如果略去步骤 2(事件概率不以 0 和 1 为界),上述蒙特卡罗仿真分析得到的结果与二阶矩分析得到的结果相同。

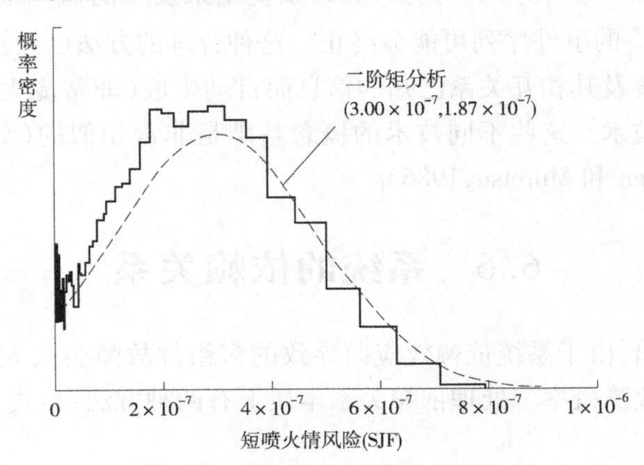

图 6-9　短喷火情风险直方图模拟

6.5.3.2　改进蒙特卡罗模拟

显然,为每个随机变量抽取的样本很可能聚集在期望值(平均值)周围,因此事件树结果的样本也可能围绕平均值聚集。但是,为了对描述系统结果(随机变量)发生概率的概率密度函数进行良好的估计,最好使用远离平均值的样本。在简单的蒙特卡罗模拟方案中,只能通过选取更多的离平均值足够远的样本来估计输出结果的(未知)不确定性。然而,采用更精细的蒙特卡罗模拟法可以解决这一问题。当事件结果的精度给定时,这往往会减少所需的样本数量,这种技术被称为“方差缩减”技术,包括拉丁超立方(Latin Hypercube)抽样和重要性采样(Rubinstein,1981),关于这些方法的改良和细化在第 6.8.7 部分进行详细讨论。

为了有效地解决风险分析问题,分析人员往往需要仔细考虑问题的结构、结果所需的精确度和系统建模的最佳方法。一般来说,建议尽可能地简化问题,以便与预期的结果一致。但是,现有资料的准确性必须保证系统模型的精确度,这其中涉及的工作量也应予以考虑。此外,二阶矩分析应该具有足够的精度,应考虑输入数据的有效性,如果输出概率分布出现明显的偏差,那么输出是否有充分的意义应当重点关注。

6.5.4　系统简化

从第 3 章描述的例子可以明显看出,在现实的系统中,事件树和故障树确实非常庞大。即使对于相对简单的系统,由于细节数量繁多也会使事件树和故障树较大,因此分析人员需要对模型进行改进。如果当可用于分析的时间和精力有限,同时作为输入的可用数据质量不高时,就应该采用恰当的方法处理这种复杂系统的问题。在实际中通常通过以下方法简化事件树或故障树:①删除树的某些部分;②通过减少分析细节来缩短树。这种"修剪"和"砍掉"树的过程本质上是一种截断。在某些情况下,这样一种简单的方法是可行且必须的。然而,截断过程一般应该具有一定的合理性,并且最大程度地减小其对分析结果产生的影响。

对事件树进行手动分析时,可能需要同时处理一些事件概率,并在事件发生的概率低于给定标准时终止某一事件序列。例如,如果系统结果发生的概率很小,比如 10^{-6},那么结果期望频率为 10^{-8} 的事件序列可能会终止。这种合理的方法已经被广泛应用。

对于给定事件集及其相互关系已知的信息而自动生成(非常庞大)事件树的情况,建议使用系统的截断技术。这些不同技术的概念基础是非常相似的(如 Melchers 和 Tang,1984;Thoft-Christensen 和 Murotsu,1986)。

6.6　系统的依赖关系

第 3 章已经指出,由于系统依赖效应而导致的多组件故障会大大增加冗余系统或其他依赖形式系统的故障概率。处理依赖关系本质上有两种方法:显式方法和隐式方法。

6.6.1　显式方法

显式方法即具有依赖关系的显式建模,采用适当谨慎的事件树和故障树进行模拟,以确保在事件树或故障树中显示功能依赖关系。通过这种方式,事件树或故障树直接处理依赖关系。显然,这种方法处理明显的依赖源是最好的,如可能由外部事件或媒介引起承受的荷载等。系统各组成部分之间的依赖关系可以用依赖关系矩阵表示,如表 6-2 所示。

表 6-2　依赖矩阵

故障条件	故障概率			
	1	2	3	4
1	1	$P(2\|1)$	$P(3\|1)$	$P(4\|1)$
2	$P(1\|2)$	1	$P(3\|2)$	$P(4\|2)$
3	$P(1\|3)$	$P(2\|3)$	1	$P(4\|3)$
4	$P(1\|4)$	$P(2\|4)$	$P(3\|4)$	1

注:$P(i|j)$ 表示在"j"失效条件下"i"的故障概率。

通常情况下,故障树依赖关系的建模要比事件树困难得多。为此,人们提出了各种隐式方法,会在第 6.7 节中讨论。在实践中,使用显式方法和隐式方法并没有明显区别。所以,系统风险分析人员的分析解释中存在差异,同时具有一定程度的主观性。例如,分析人员很可能生成多个故障事件的不同列表,以便在分析中隐式建模分析。

6.6.2　隐式方法

隐式(或参数化)方法对于"清除"所谓的"常见原因"所导致的故障非常有用,这些故障在分析过程中是无法识别的(因此模型具有"包罗一切的"功能)。有趣的是,有证据表明这些常见的故障原因往往与独立故障从根本上相同。

隐式方法一直是诸多讨论、误解和争议的焦点。根据 Parry(1989)的研究,分析人员经过深思熟虑,不对每种可能性(不同的故障行为类型)进行明确表示,而是对它们的"综合"效应进行建模。这些模型的主要目的是为数据的评估提供一个框架。它们不应被理解为故障物理学的理论模型,或因果关系所致的系统或组件故障序列的过程,而最初是在数据匮乏的情况下开发的——目前在很大程度上也仍然如此。

有人反对这种隐式方法,原因是他们在考虑依赖关系时过早地进行了点(或单点值)估计,而应该最好在分析中尽可能长时间地保留数据的不确定性或可变性。根据 Doerre(1989)的观点,过早确定人口数量变化性的近似值违反了一个基本规则,即"平均是随机计算的最后一步"。在处理事件和故障树中的错误传播时,这一观点与第6.5节中所表达的观点一致。尽管如此,隐式方法往往是实际应用中唯一可行的方法。

6.6.3　隐式方法:系统可靠性截断法

在这种方法中,首先应估计总体系统可靠性的"大致"范围,可以通过使用相似基本设计特性、相似系统冗余和相似系统多样性的系统经验来实现。然后,通过考虑应对依赖故障系统的特定特性质量来缩小估计的范围。这样的系统应对体系被公认为是整个系统可靠性的重要组成部分(Watson 和 Johnston,1987)。它们包括以下内容:

(1)设计控制、设计评审;

(2)施工控制、操作控制;

(3)可靠性监测;

(4)功能和设备多样性;

(5)操作界面、保护和隔离;

(6)冗余和表决;

(7)经过验证的设计和标准化、减量化和简化;

(8)施工控制(标准、检验、测试和调试);

(9)操作程序(维护、验证测试和操作)。

很明显,这是一个非常主观的方法,但很可能是一个有用的起点。

6.6.4　隐式方法:常见的故障原因方法

目前,许多更为详细"捷径"的技术也得到了开发。本质上,这些都是基于参数模型使用的,在故障树中插入人为事件,见图6-10(Fleming 等,1986)。此外,故障树的"和门(AND)"是值得特别关注的。

用于描述人为事件特点的参数模型范围包括简单模型,如β因子方法,复杂的多参数模型如二项式故障率(BFR)模型、多项式故障率(MFR)模型,基本参数(BP)模型和多

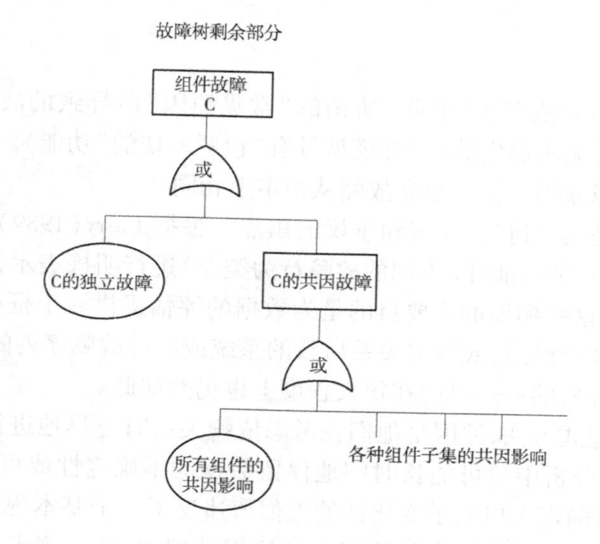

图 6-10　组件 A 故障子树共因

希腊字母(MGL)模型。Watson 和 johnston(1987)对各种模型给出了建设性的概述。这个话题引起人们的持续关注(如 Ansell 和 Walls,1995)。

每个模型都基于一组不同的假设。因此,每一种方法可能需要不同的理解,需要以不同的方式使用现有数据。有证据表明,当使用一致的数据时,类似的复杂模型会产生一致的结果。缺乏重现性和一致性的原因主要是模型参数的选择不同。在某种程度上,这可以通过模型本质上是彼此的重构来解释。模型所基于的数据非常关键,因为不管运用何种系统,用于常见原因故障的数据库都很小。此外,现有的数据库在情景和环境特征方面显得薄弱,无论使用何种模型,分析人员都不得不被迫依赖于判断力。尽管如此,相关计算机代码已经开始服务于该方法(Mosleh,1991)。下面给出了更常见方法的更详细信息。

6.6.4.1　常规 Beta(β)因子法

常规 Beta(β)因子法是通常用于相同组件之间的依赖关系的简单方法。分析人员并未对实际影响因素进行建模,而试图将从属故障的贡献与系统的显著特性联系起来,通常是单个组件的故障率。它在本质上假定,如果组件故障率降低,从属故障的贡献也会降低。但该假设不一定正确,因为改进的独立故障率的降低并不一定伴随着对外部危险和功能依赖(如公共帮助/服务)的稳健性的增加。

常规 Beta(β)因子法的公式假定系统的每个冗余单元的总故障率 λ 可以分解成两个附加部分,分别为独立故障率的贡献和从属故障率的贡献,比如 $\lambda=\lambda_i+\lambda_c$。故 β 可以定义为

$$\beta=\lambda_c/(\lambda_i+\lambda_c)=\lambda_c/\lambda \tag{6-22}$$

实际上,β 是给定单个单元故障时系统故障的条件概率。如果组件是相同的(这是常有的事),式(6-9)所得出的系统失效概率为 $(\lambda T)^2$,其中 T 是该情况下(给定的)时间间隔。

从属故障计算公式为 $\lambda_0 T=\beta\lambda T$,即单一组件故障率的 β 倍,整个系统故障率为

$(\lambda T)^2+\beta\lambda T$。

对于典型数值 $\lambda=10^{-6}$，$T=10^3$ 和 $\beta=0.1$，显然从属组件主导着结果。这是一个典型的结果，它强调了常见原因故障的重要性。

6.6.4.2　**部分 Beta (β) 因子法**

部分 Beta (β) 因子法对系统特定特性进行了更深入的理解，在 Beta(β) 的选择中添加一定数量的结构。该方法始于假设对于同一冗余子系统，Beta(β) 的实际界限为 $\beta=2\times10^{-2}$（而不同子系统为 10^{-3}）。

该方法首先对各种"系统防御"进行评估并给予相对应的部分 β 因子 β_i 值（Watson 和 Johnston，1987）。所有这些因素的乘积如下：

$$\beta=\prod_i \beta_i \tag{6-23}$$

然后提供整体 β 因子，预计在 $10^{-3}\sim1$ 范围内。显然，该方法将评估者的判断与经验数据混合在一起。表 6-3 给出了部分 β 因子的一些典型值。

表 6-3　典型部分 β 因子

防御	参考值	评估值
设计控制	0.6	
设计评审	0.8	
功能多样性	0.2	
设备多样性	0.25	
操作界面	0.8	
保护和隔离	0.8	
冗余和投票	0.9	
经过标准化验证和设计	0.9	
降额和简化	0.9	
施工控制	0.8	
测试和调试	0.7	
检验	0.9	
建筑标准	0.9	
操作控制	0.6	
可靠性监控	0.8	
维护	0.7	
验证试验	0.7	
操作	0.8	
$\Pi\beta_i$		

6.6.4.3 多希腊字母法

多希腊字母法是Beta(β)因子法的扩展,它考虑不同级别的冗余组件(而不仅仅是两个级别的组件之间的冗余)。例如,对于4分量冗余并行子系统,可以重新定义一组因子:

(1)β表示组件故障是由一个或多个组件共同导致的条件概率。

(2)γ表示由一个或多个组件共同导致的组件故障,同时也是由两个或多个组件共同导致的条件概率。

(3)δ表示由两个或多个组件共同导致的组件故障,同时也是由所有组件共同导致的条件概率。

然后将这些因子相乘,因子典型值可能是0.1、0.76和0.82,这个方法和简单的Beta方法不太可能存在很大差异。希腊字母参数的其他平均值可以从相关文献中获得(如Fleming等,1986)。

6.7 时间效应

上述风险分析技术均适用于一种非常具体的情况,即给定一个系统,其各种组件具有预期行为(或具有围绕这种行为的某种不确定性)。那么系统未能执行(按照某些定义的标准)的估计概率是多少?这种方法意味着评估是基于某个特定时间点的相关信息而进行的。然而,由于系统或设施受疲劳和腐蚀及荷载性质(环境或人为)变化作用下的影响,系统或设施的风险可能随时间的推移而变化。对这些变化的一些解释可以通过将分析设置在特定的时间点来实现。如对于目前的情况可以使用现有的信息,而对于未来某个时间点,则使用外推数据和模型。此外,在现在讨论的分析中,并没有涉及将来可能发生故障时所需的事件,这就需要对那些可能受到时间影响的组件故障率进行估计,无疑增加了分析的复杂性和不确定性。

时间因素在荷载或需求(如风荷载)的表示中非常重要,因为在很多情况下,风荷载为随机过程,而非随机变量。一般假定这些过程不会随时间改变其概率性质,被称为“静止过程”(参见第4.2节4.2.5部分)。目前,处理随机过程的程序已经被开发,但并不是本书所讨论的范围。

6.7.1 故障率的时间效应

正如第4.2节4.2.1部分所述,系统各组成部分的运行,甚至某些系统的总体运行,可以用“浴缸”曲线来描述(见图4-1)。浴缸曲线由三个不同的区域组成:

(1)“老化”阶段;

(2)使用寿命阶段;

(3)“磨损”阶段。

应该认识到,故障率根本不是恒定的,只有在组件使用周期的中间部分可能是近似的。然而,恒定腐蚀速率是许多传统机械部件可靠性理论的基础以上假设是为了简化数学运算,而接下来介绍的是更为合理的概率模型。

故障率应更恰当地称为“危险率函数”$h_T(t)$(亦称为“特定龄期的故障率”或“条件

故障率”),定义为系统在 t 时刻发生故障的概率,假定系统在 t 时刻之前没有发生故障:

$$h_T(t) = \frac{f_T(t)}{1 - F_T(t)} \tag{6-24}$$

式中,$f_T(t)$ 为概率密度函数;$F_T(t)$ 为概率发生时间的累积分布函数。因此,如果已知概率密度函数和累积分布函数,就可以立即得到故障率函数。正如在第 4 章和第 5 章中已经指出的,对于简单的组件,可以通过观察组件的寿命来获得或评估所需的概率描述。对于更复杂的组件或子系统,可以使用后文第 6.7.3 部分中描述的方法。

各种形式的危险率函数及其与故障时间 t 的概率密度函数的关系如图 6-11 所示。很明显,只有指数分布对应于恒定的危险率(随着时间的推移是恒定的)。

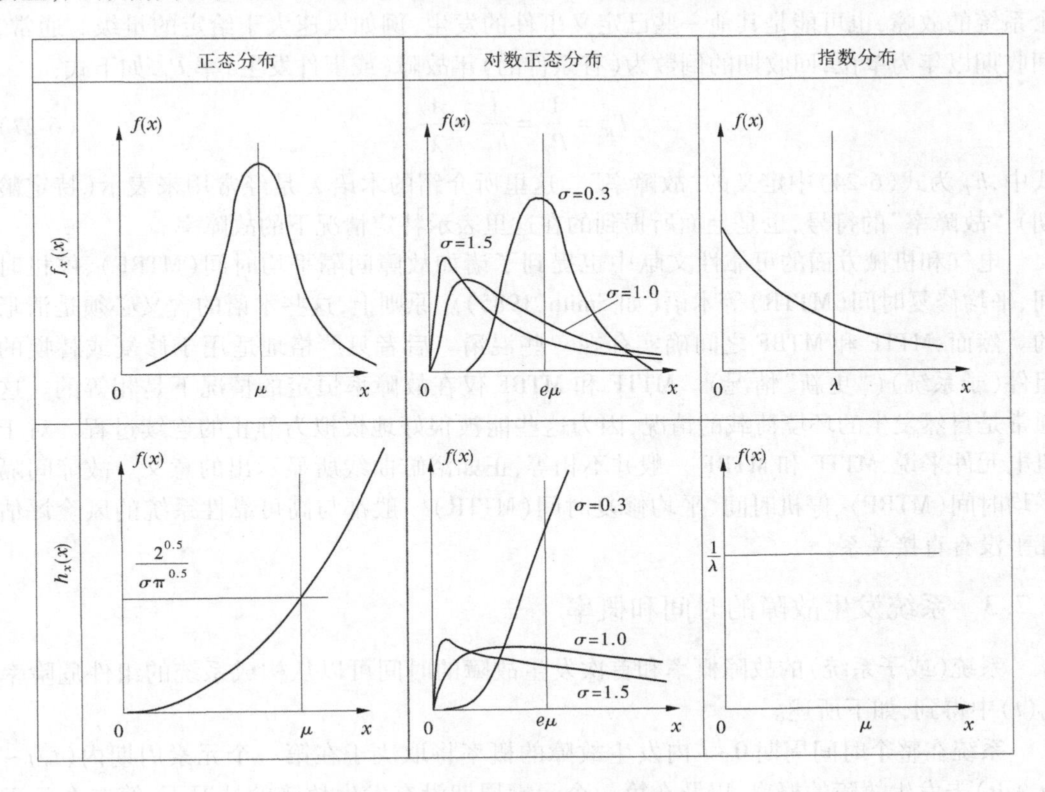

图 6-11　典型危害函数

6.7.2　组件的首次故障时间

在系统评估中,系统发生第一种故障模式之前的预期时间是很有意义的。例如,一个关键组件第一次出现故障,或一个高压环境载荷第一次出现。此外,在多组件系统中,大量组件出现故障可能是导致系统故障的必要因素。在这种情况下,从整体上来讲系统首次出现故障的时间是值得关注的。因此,需要在组件第一次发生故障的时间和系统第一次发生故障的时间之间建立联系。

一个部件的“平均故障时间”(MTTF)或“平均寿命”是通过对许多(如果可能的话)

相同部件的长期观测数据进行推断得出的。如果给出了 n 个名义上相同组件的生命周期数据,则可得到 MTTF(如 Green 和 Bourne,1972;Shooman,1968;Smith,1985)。

$$\mathrm{MTTF} = \frac{1}{n}\sum_{i=1}^{n} t_i \tag{6-25}$$

对于发生故障时被替换的组件(该组件被一个名义上相同的组件替换),也可以根据总运行时间和该时间内的故障数量 k 来估计 MTTF:

$$\mathrm{MTTF} = T_{\mathrm{op}}/k \tag{6-26}$$

这种形式的 MTTF 与广泛应用于土木工程和结构工程的回收期 T_R 相同。它是在定义的事件发生(或再次发生)之前预期经过的时间。这可能是一个组件、一个子系统、整个系统的故障,也可能是其他一些已定义事件的发生,例如风速大于给定的量级。通常,回收期以年为单位,回收期的倒数为(有条件的)年故障(或事件发生)率 P_t,如下式:

$$T_R = \frac{1}{P_t} = \frac{1}{h_T} = \frac{1}{\lambda} \tag{6-27}$$

式中,h_T 为式(6-24)中定义的"故障率"。这里所介绍的术语 λ 是经常用来表示(特定龄期)"故障率"的符号,也是上面所提到的在这里表示特定情况下的故障率。

电气和机械方面的可靠性文献中也提到了诸如故障间隔平均时间(MTBF)、停机时间、平均修复时间(MTTR)等术语(如 Smith,1985)。原则上,这些术语的含义必须是清晰的。然而,MTTF 和 MTBF 之间确实存在一些混淆。后者只严格地适用于修复或替换的组件(子系统)("更新"情况)。MTTF 和 MTBF 仅在故障率恒定的情况下是相等的。这通常是自然发生的环境荷载的情况,因为这些能被很好地模拟为静止的连续过程。对于机电元件来说,MTTF 和 MTBF 一般并不相等,正如浴缸曲线所显示出的意义。故障间隔平均时间(MTBF)、停机时间、平均修复时间(MTTR)一般都与高可靠性系统的风险评估几乎没有直接关系。

6.7.3　系统发生故障的时间和概率

系统(或子系统)的故障概率和首次发生故障的时间可以从构成系统的组件危险率 $h_T(t)$ 中得到,如下所述。

系统在整个时间周期 $0\sim t$ 内发生故障的概率将取决于在第一个元素周期内 $(t_1)\sim(t_1+\mathrm{d}t)$ 未发生故障的概率,以及在第一个元素周期没有发生故障的情况下,第二个元素周期没有发生故障的概率,依此类推。对于任一元素周期,该周期的危险率 h_i 表示未在更早发生故障情况下的故障发生概率,因此 $0\sim t$ 周期内未发生故障的概率为

$$P(0) = (1 - h_1)(1 - h_2)(1 - h_3)\cdots \tag{6-28}$$

系统在 $0\sim t$ 时间段内无法正常工作的概率为 $P(t)=1-P(0)$。注意,$(-P)^n \approx -\exp(nP)$,且令所有的 h_i 等于 λ,则得到

$$P(t) = F_T(t) = 1 - \exp\left[-\int_0^t \lambda(\tau)\,\mathrm{d}\tau\right] \tag{6-29}$$

在恒定的危险率下,则可降低为

$$P(t) = F_T(t) = 1 - \mathrm{e}^{-\lambda t} \tag{6-30}$$

或者，对于极低的系统故障概率，可得到：

$$P(t) \approx \lambda t \approx \int_0^t \lambda(\tau)\mathrm{d}\tau \approx \sum_{i=1}^{n} \lambda_i t_i \tag{6-31}$$

式中，λ_i 为第 i 个时间段 t_i 的恒定危险率。从式(6-31)可以看出，可以添加每个元素时间段的危险率，假定它们在每个元素时间段内近似恒定。

在电气和机械部件的风险分析中，通常假设这些部件的寿命可以用指数函数来描述，这意味着它们都具有一个恒定的危险率函数，如图 6-12 所示。由式(6-31)可知，使用恒定危险率函数大大简化了系统风险计算。以下内容将在两个特定的理想系统配置中进行进一步说明。

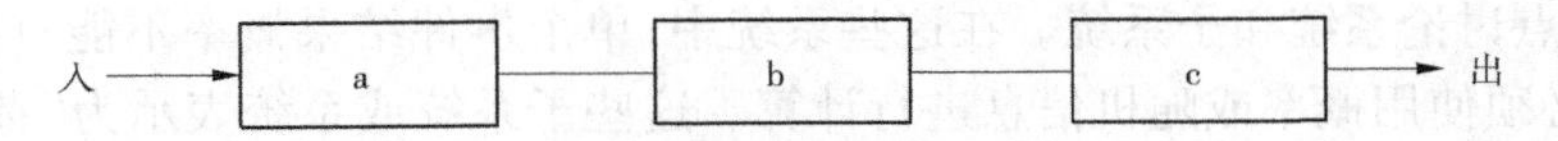

图 6-12　双组件串联体系

如图 6-12 所示，对于一个具有 a、b、c 等组件的串联系统，当其中一个组件发生故障时，系统就会发生故障。这可以表示为

$$1 - P(t) = [1 - P_a(t)][1 - P_b(t)] \tag{6-32}$$

若所有组件的危险率均为常数，则可直接使用式(6-30)，因此得到：

$$e^{-\lambda t} = e^{-\lambda_a t} e^{-\lambda_b t} \cdots \tag{6-33}$$

(串联)系统的危险率可计算为 $\lambda = \lambda_a + \lambda_b + \lambda_c + etc.$，该特定组件故障序列的系统故障率如下：

$$P(t) = 1 - \exp[-(\lambda_a + \lambda_b + \lambda_c + \cdots)] \tag{6-34}$$

这显示了假设由串联组件组成的系统具有恒定危险率的优点。对于复杂系统，通常会出现一系列可能的系统故障组合。所有这些组合形成的并行系统的总概率可用如下方法得到。

在理想的并行系统中，系统发生故障之前，需要有足够数量的组件发生故障。考虑一个简单的情况——双组件系统的两个组件必须同时发生故障，从而导致系统故障，如图 6-13 所示，依次类推。系统故障概率由式(6-5)给出，对于独立组件，则有：

$$P(t) = P_a(t) \cdot P_b(t) \tag{6-35}$$

或

$$P(t) = [1 - \exp(-\lambda_a)t][1 - \exp(-\lambda_b)t] \tag{6-36}$$

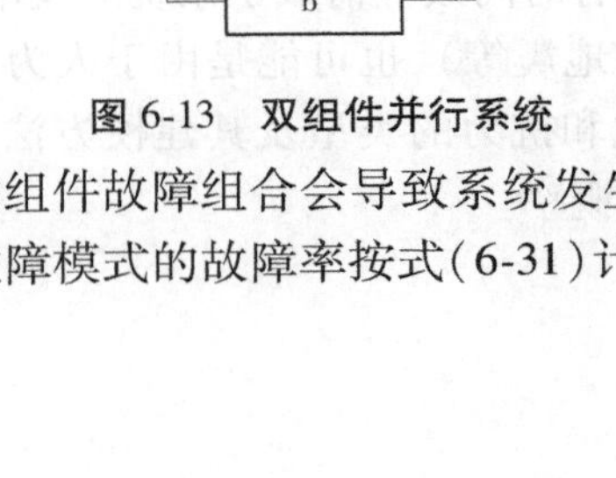

入　a　b　出

图 6-13　双组件并行系统

一般来说，有许多可能的组件故障组合会导致系统发生故障。对于恒定的危险率和较低的故障率，假设各并联故障模式的故障率按式(6-31)计算。

6.8　荷载—抗力子系统的可靠性

6.8.1　基本概念

第6.7节讨论的系统包括组件和其他系统元素，其中每个组件和其他系统元素可以根据以往的观察数据直接或根据主观估计（贝叶斯估计）来间接估计某一事件特定结果的概率。此外，如果对系统进行了足够详细的分析，事件之间的相互依赖关系可以用一种相对简单的方式考虑。

现在重点讨论系统和子系统。在这些系统中，单个事件结果概率不能直接基于观测数据估计，必须使用概率或随机信息进行计算。这些子系统或系统表示为“荷载—抗力”（或“需求—能力”）系统元素。它们在结构、机械、电气等工程系统中都有广泛应用。但应注意的是，如果一个“荷载—抗力”单元或子系统是一个较大系统的一部分，那么它的计算概率需要合并到 QRA 或 PRA 中。

为了便于理解，我们考虑风荷载作用下的塔体结构。在持续变化但具有概率特性的风荷载作用下，塔身倒塌的概率取决于风荷载的大小，也取决于塔身强度的不确定性；反过来，强度也取决于组成塔结构框架构件的个体强度。这些构件的强度可能与高度相关，因为它们可以由相同的钢模板制成。任何一个构件的强度损失并不一定导致塔的倒塌。塔身是否倒塌取决于结构构造和被考虑的构件。这也不是说只有历史上记录的最大风荷载会导致倒塌，一些较小的风荷载也可能足够导致塔身倒塌。

将以上案例进行扩展到电力供应系统，使塔成为电力系统中系列塔的一部分。显然，任何一座塔的故障都可能导致输电线路断裂，从而导致供电中断。另外，如果系统中存在冗余（通常情况），一些塔的故障可能不足以导致整个系统的瘫痪。在这两种情况下，各塔的性能之间可能存在一定的相关性，原因如下：

（1）由于风场效应，至少有一些塔可能会在同一时间经历类似的风力。

（2）当一个输电塔发生故障时，由输电塔支撑的输电线路会沿系统传播故障。

（3）塔身很可能是由类似批次的钢材建造而成的，如果有一座不够坚固，那么它们很可能都不坚固。

从这个例子可以清楚地看出，事件树和故障树的基本原理也适用于分析这类整体系统（如上述的供电系统）。整个系统的关联结构显然是需要考虑的一个重要方面。此外，系统中一些主要子系统的分析可能相当复杂。例如，确定单个塔在风荷载和其他荷载作用下的倒塌概率，这是一个“荷载—抗力”元素，它构成了整个系统中的一个子系统。

本节主要讨论如何处理具有时间效应荷载子系统的概率分析。时间效应荷载可能是由于自然现象（如风、波浪、雪、地震等），也可能是由于人为影响（如人群集中荷载、车辆装载、工业过程等）。关于荷载和抗力的类型及其建模方法的讨论详见第 4.4 节。以下内容将讨论估计子系统故障的概率。

6.8.2　简化公式

第 4.4 节介绍了在风险分析中处理受随机过程影响或由随机变量描述的(子)系统的基本思想。本节将详细讨论这些问题。对于一个具有能力、容量(或抗力)R 的系统,当需求 Q(例如施加荷载)超过 R 时,即 $Q>R$ 时,系统很可能会发生故障。如果将需求 Q 看作是一个随机过程,那么 Q 在任意时刻其实际大小是由某个概率密度函数描述的一个随机变量,图 6-14 显示了该过程的一个典型实现。能力、容量同样可以类似地建模为随机变量,随时间变化而平稳或是缓慢的变化(如在逐渐老化的系统中),比如 $R=R(t)$。尽管比较少见,但 R 也可能是一个随机过程。

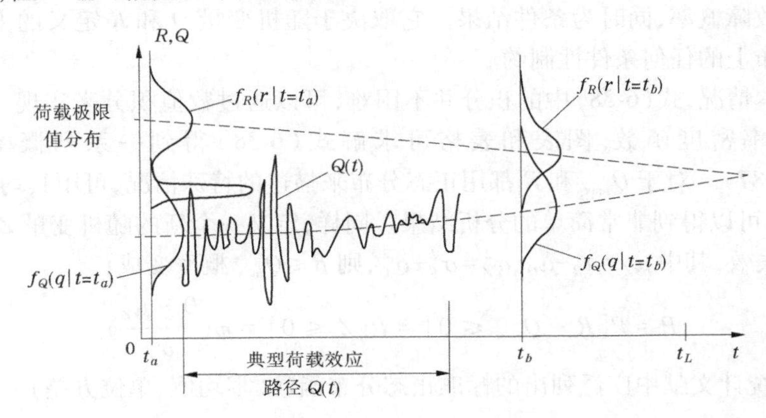

图 6-14　时间关联可靠性

现在关心的问题是需求或负载超过容量或强度的可能性。对于实际系统,如果有足够的时间,这很明显会是一个必然的故障事件(例如,由于性能退化)。因此,在第一次出现故障 $Q>R$ 情况之前,预计要经过的时间显得至关重要。如第 6.7.2 部分所述,在常规可靠性工作中,这段时间称为平均失效时间(MTTF),定义见式(6-25)。在处理随机过程时,这段时间被称为"首次超限"时间,并由"上交叉"分析(涉及一个随机过程)或"异交叉"分析(当涉及多个随机过程时)分析计算。

总的来说,以上问题均很难解决。大多数情况下需对问题进行简化,这应开发出合理简单的方法来估计(事件)故障概率(Madsen 等,1986;Melchers,1987,1993b)。

假设(子)系统在其"使用寿命"(定义为 t_L)最大需求或负载下发生故障。不使用完全随机过程,只采用描述过程的"最大值"或"极值"的概率分布。极值的概率分布,如众所周知的可用来模拟负载或需求的 Gumbel 分布。为了构建概率分布,极值概率分布的参数是通过对一段时间内需求或负荷过程的离散观测得到的,这通常意味着每年观测得到的最大需求或负载是用于概率分布估计的记录值。这是恒定需求或负荷过程的特殊情况,即概率分布的参数如均值、方差等不随时间变化。该过程的瞬时概率分布如图 6-14 所示,图中还显示了需求/负载过程中最大值的极值分布。

首次对系统施加的最大需求或最大负荷 $Q_{\max}$ 超过其容量或强度的概率 $P(t)$ 可表示为

$$P(t) = P[R(t) \leqslant Q_{\max}] = P[R(t) - Q_{\max} \leqslant 0] \tag{6-37}$$

现在让容量或强度 R 随时间变化保持不变(或者单纯认为在某个感兴趣的时间点适当降低容量)。因此,R 的不确定性可以用一个具有累积密度函数 $F_R(r)$ 的随机变量来表示,表达式(6-37)则转化为常见的“卷积”积分[参见式(6-38)]:

$$P = P[R - Q \leqslant 0] = \int_{-\infty}^{+\infty} F_R(x) f_Q(x)\,\mathrm{d}x \tag{6-38}$$

此表达式表示系统(由随机变量 R 表示此系统强度)在最大负载 $Q_{\max}$[具有概率密度函数 $f_Q(q)$ 的随机变量]作用下的(无条件)故障概率。注意,由于时间已经作为参数加载的方式被融入公式,因此该公式与时间无关;Q 基于年度最大值考虑,由式(6-38)确定的概率为年度故障概率,同时为条件结果。它取决于随机变量 Q 和 R 定义的方式,以及它们在各自分布上的任何条件性制约。

对于基本情况,式(6-38)中的积分并不困难,可以通过数值积分来实现。此外,对于一系列的概率密度函数,图表和表格可求解式(6-38)得到一系列概率密度函数(Melchers,1987)。对于 $Q_{\max}$ 和 R 都用正态分布来描述的特殊情况,可用其均值 μ 和标准差 σ 来描述,可以得到非常简单的分析结果。同样,定义一个新的随机变量 $Z=R-Q$,$Z<0$ 表示故障或失效,其中 $\mu_Z=\mu_R-\mu_Q$、$\sigma_Z^2=\sigma_R^2-\sigma_Q^2$,则 $R\leqslant Q_{\max}$ 概率变成:

$$P = P[R - Q_{\max} \leqslant 0] = P[Z \leqslant 0] = \phi\left(\frac{0 - \mu_Z}{\sigma_Z}\right) \tag{6-39}$$

式中,$\phi(\,)$ 为统计文献中广泛列出的标准正态分布函数(零均值、单位方差)。

6.8.3　广义公式

对于许多实际问题,一些随机变量通常会影响子系统的容量或抗力,简化公式(6-38)是不够的。因此,对于强度问题,抗力可能是材料抗拉强度、截面面积、温度等的函数。由此可知,一般情况下,子系统的抗力或容量是多参数的矢量函数。假设这些参数用向量 X 表示,则上述表达式需要用 $R(X)$ 来代替 R。

此外,可能有多个荷载响应同时作用于系统。例如,风、波浪、温度和压力等荷载作用在海上结构。在这种情况下,需要考虑同时出现峰值荷载的概率(通常非常低)。这是一个相当复杂的问题,在这里不做详细说明。相对简单的方法是用适当的随机变量代替随机荷载过程。因此,一种方法是对其中一个荷载使用其最大值分布(如上文所述,年度最大值),对其他荷载使用平均荷载分布。所有最大荷载和平均荷载的组合都被用于分析,即“Turkstra 组合规则”(Turkstra,1970),详见第 4. 4 节 4. 4. 4 部分。最后,荷载可以被视为随机变量的向量,并包括在向量 $\boldsymbol{X}$ 中。[值得注意的是,这些随机变量(如荷载)的参数本身也可能是随机变量,表示其数值的不确定性。]

在随机变量向量 $\boldsymbol{X}=\{X_1,X_2,\cdots,X_n\}$ 中,每个分量都表示抗力随机变量或作用于系统的荷载随机变量,该向量拥有一个联合概率密度函数 $f_x(X)$,则故障概率可描述为

$$P = \int_{G(X)\leqslant 0} f_x(x)\,\mathrm{d}x \tag{6-40}$$

式中,函数 $G(X)\leqslant 0$ 为“极限状态”函数,它描述系统行为不可接受的区域(故障区域)。

式(6-40)是式(6-38)的推广,是通过考虑描述事件的故障状态的随机变量的组合而得到的。在实践中,函数 $G(X) \leqslant 0$ 可能是不连续的,并由几个组件函数组合而成,这些组件函数共同描述了"可接受的"区域,见图 6-15。它尤其表示了一组极限状态的组件函数的一系列的系统描述,数学表达式为:

$$\bigcup_{i=1}^{m} G_i(x) \leqslant 0 \tag{6-41}$$

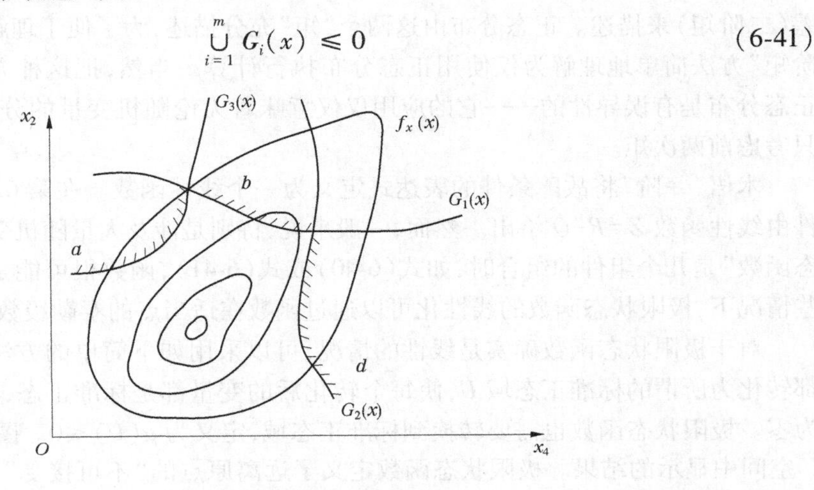

图 6-15　二维串联系统

图 6-16 则显示了一组极限状态函数,对"并行"系统描述是合理的。在每种情况下,条件$\leqslant 0$ 都按照惯例描述了"不可接受的"区域。

$$\bigcap_{i=1}^{m} G_i(x) \leqslant 0 \tag{6-42}$$

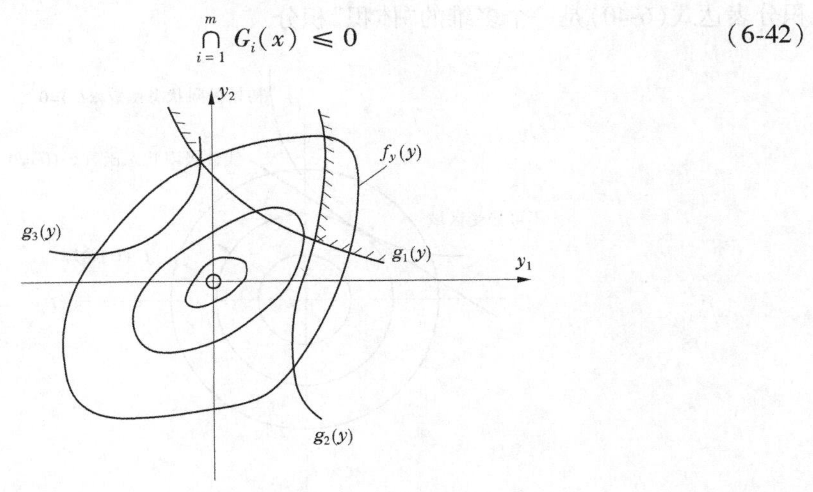

图 6-16　二维并联系统

式(6-40)~式(6-42)极大地增加了故障概率计算的复杂性。虽然表达式(6-40)的数值积分对于非常小的数（比如小于 5)的随机变量是可行的,但使用计算机计算很快就变得非常耗时,通常被认为是一种不可行的方法。幸运的是,已经开发了处理此类问题的技术。下面只介绍两大类解决方案,即所谓的一次二阶矩法(及其发展)和蒙特卡罗模拟方法(Madsen 等,1986;Melchers,1987)。

6.8.4　一次二阶矩法(FOSM)

6.8.4.1　线性极限状态函数

一次二阶矩法(FOSM)的术语“二阶矩”是指所有随机变量仅用其均值(一阶矩)和方差(二阶矩)来描述。正态分布由这两个“矩”充分描述,为了便于理解和应用,可以将“二阶矩”方法简单地理解为仅使用正态分布执行计算。当然,把这种方法解释为只适用于正态分布是有误导性的——它的应用仅仅意味着无论随机变量的分布是什么,为了计算只考虑前两次矩。

术语“一阶”将故障条件的表达式定义为一个线性函数。在第 6.8.2 部分中,故障条件由线性函数 $Z=R-Q$ 给出。然而,一般来说,特别是涉及大量随机变量时,或者“极限状态函数”是几个组件的组合时,如式(6-40)或式(6-41),函数很可能是非线性函数。在这些情况下,极限状态函数的线性化可以通过函数在适当点的泰勒级数展开来实现。

对于极限状态函数确实是线性的情况,可以采用如下简单的方法。让每个随机变量都转化为所谓的标准正态域 U,使每个转化后的变量都是标准正态,均值为零,单位方差为零。极限状态函数也需要转换到标准正态域,定义为 $g(U)\leqslant 0$。图 6-17 表示在二维域 U 空间中显示的结果。极限状态函数定义了远离原点的“不可接受”区域,即围绕原点的可接受区域。显然,最接近原点的极限状态是临界状态。它也是与之相关的概率最高的极限状态函数,这是在“不可接受的”区域中标准正态下的“体积”。因此,积分表达式(6-40)是二维的体积积分,如图 6-18 所示。一般来说,X 和 U 是随机变量的多维向量,积分表达式(6-40)是一个多维的“体积”积分。

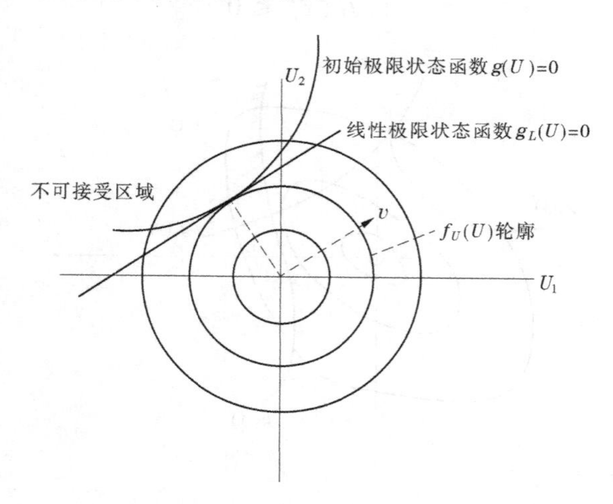

图 6-17　标准正态空间线性及非线性极限状态函数

图 6-17 中(单)线性极限状态函数在“不可接受”区域的概率含量可直接表示为

$$P=\Phi(-\beta) \tag{6-43}$$

式中,β 表示从原点到线性极限状态函数的(最短)距离(在结构可靠性文献中称为“安全指数”,用来代替故障概率)。显然,如果 u^* 为离原点最近的点的坐标,则

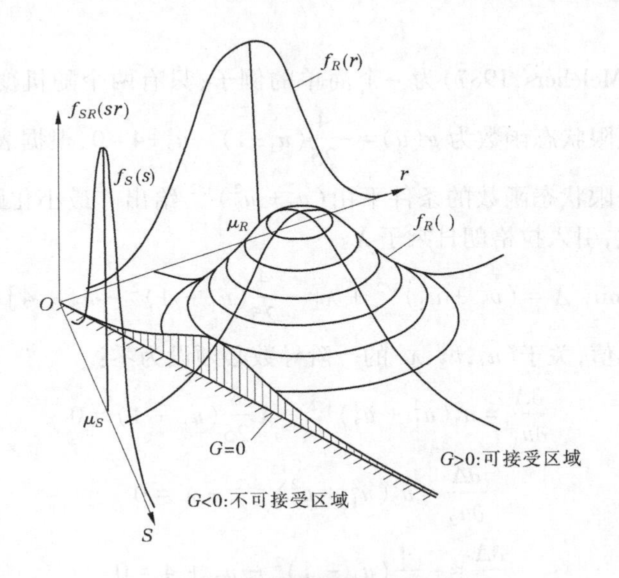

图 6-18 故障概率的积分域

$$\beta = \min\Big(\sum_{i=1}^{n} u_i^2\Big)^{1/2} = \min(u^{*T} \cdot u^*)^{1/2} \tag{6-44}$$

这个结果也可以在标准正态空间中对极限状态函数的直角积分得到,可以由图 6-17 中 v 方向的积分得到。与"不可接受"区域(阴影区域)对应的概率可从标准正态表中获得。但是请注意,这些正态表通常给出图 6-19 中非阴影部分的正数部分的值。

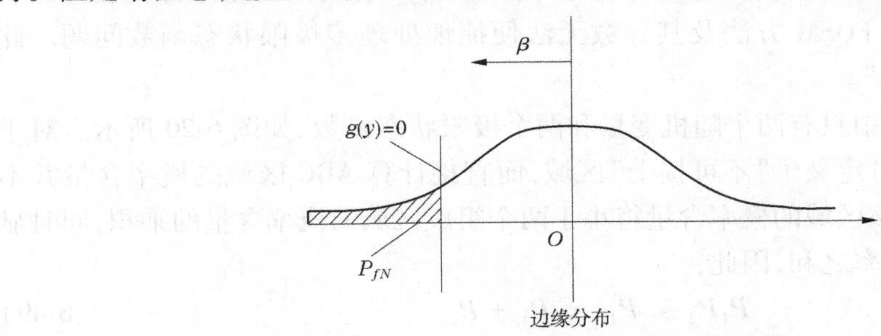

图 6-19 标准正态空间边缘分布

6.8.4.2 非线性极限状态函数

如果极限状态函数不是线性的,但可以是线性化的,仍然可以使用 FOSM 方法。首先,需要再次指出的是,在标准正态空间中离原点最近的点对故障(失效)概率的贡献最大。此外,线性化应该允许对概率范围进行最佳估计。直观地说,线性化(使用泰勒级数展开)的最佳点 u^* 是最接近原点且位于(非线性)极限状态函数上的点,即被认为是"设计"或"检查"点,可由式(6-44)推演得到,也可使用试错法,或者迭代逼近法。在现实问题的多维空间中,这种系统的程序是必要的。

当极限状态函数为可微函数时,可以用拉格朗日乘子来说明非线性极限状态函数所涉及的概念,其中包括上面讨论中忽略的一些技术问题。

6.8.4.3　示例

本示例(after Melchers,1987)为一个简单的例子,只有两个随机变量,已经转换到标准正态空间。设极限状态函数为 $g(u)=-\frac{4}{25}(u_1-1)^2-u_2+4=0$,根据表达式(6-44),最小化距离为在满足极限状态函数的条件下由 $(u_1^2+u_2^2)^{1/2}$ 给出。最小化距离的目标函数就变成了如下表达式,引入拉格朗日乘子 λ。

$$\min\left\{\Delta=(u_1^2+u_2^2)^{1/2}+\lambda\left[-\frac{4}{25}(u_1-1)^2-u_2+4\right]\right\} \tag{6-45}$$

为了得到最小值,关于 (u_1,u_2,λ) 的一阶导数必须设为零:

$$\frac{\partial\Delta}{\partial u_1}=u_1(u_1^2+u_2^2)^{1/2}-\lambda\frac{8}{25}(u_1-1)=0 \tag{6-46}$$

$$\frac{\partial\Delta}{\partial u_2}=u_2(u_1^2+u_2^2)^{-1/2}-\lambda=0 \tag{6-47}$$

$$\frac{\partial\Delta}{\partial\lambda}=-\frac{4}{25}(u_1-1)^2-u_2+4=0 \tag{6-48}$$

消去 λ 和 u_2 后得到一个三次方程,经反复试错法可得 $(u_1,u_2)=(2.36,2.19)$,由表达式(6-44)得到 $\beta=3.22$,由标准正态表得到 $P=0.64\times10^{-3}$。

6.8.5　子系统及边界

如前所述,对于某些单元或子系统,将会有许多"故障"的条件,每个条件都会导致一个"不可接受"的结果。FOSM 方法及其导数无法便捷地处理多极限状态函数问题。此时,可以使用"系统边界"。

当在标准正态空间中只有两个随机变量和两个极限状态函数,如图 6-20 所示。对于串联系统,表达式(6-41)定义了"不可接受"区域,而直接计算 ABC 区域的概率含量并不容易。但需注意的是,该区域的概率含量将小于两个组成区域的概率含量的乘积,同时显然大于两个分量区域概率之和,因此:

$$P_1P_2<P_{12}<P_1+P_2 \tag{6-49}$$

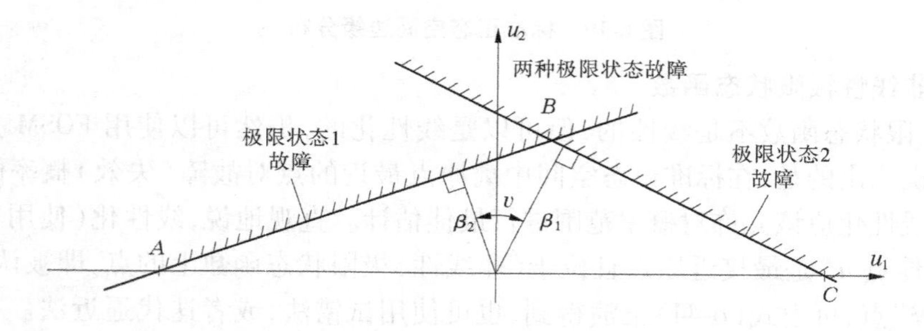

图 6-20　极限状态函数的交叉

图 6-20 中定义了每个术语。参数可以直观地被扩展到二维以上的空间和多个极限状态函数。在这种情况下,由一组线性极限状态函数所包围的区域的概率含量 P_t 被 n 个

独立极限状态函数的概率组合所限制（Cornell，1967）：

$$\max_{i=1}^{n}(P_i) \leqslant P_t \leqslant 1 - \prod_{i=1}^{n}(1 - P_i) \approx \sum_{i=1}^{n} P_i \tag{6-50}$$

考虑到交叉区域的影响（Kounias，1968；Ditlevsen，1979），这一结果可能会得到改善：

$$P_1 + \max\left\{\sum_{\substack{i=2 \\ j<i}}^{k\leqslant n}(P_i - P_{ij})\right\} \leqslant P_t \leqslant \sum_{i=1}^{n} P_i - \sum_{\substack{i=2 \\ j<i}}^{n} \max(P_{ji}) \tag{6-51}$$

在这个表达式中，极限状态表达式（以及与 P_1 相关联的极限状态）的顺序可能会影响准确度。注意，P_{ij} 表示典型交集区域内的概率含量，如图 6-20 中的 ABC。对于只涉及二阶矩的计算，这种交叉概率可以通过双变量正态分布的简单数值积分得到（Owen，1956；Johnston 和 Kotz，1972），或通过给交叉概率定边界得到（Ditlevsen，1979）。

二阶界限式（6-51）通常比一阶界限式（6-50）更好，但上界和下界之间可能仍然存在相当大的差异，特别是当涉及的概率较大，以及极限状态函数之间有相当高的相关性（依赖性）的情况时更为明显。

6.8.6　一阶可靠性法

对于许多问题，可用信息的准确性使得 FOSM 方法的结果得到保证。然而，分析人员希望应能考虑到在某些问题中，一个或多个基本随机变量的概率分布可能与正态分布大不相同。这可以通过使用 FOSM 方法的基本思想来实现。

回顾一下，我们感兴趣的概率评估区域是“不可接受”区域，通常远离标准正态空间中的原点。因此，最感兴趣的区域是分布的“尾部”。现在考虑图 6-21 中所示的非正态概率分布，它可以近似为一个“等效”的正态尾部，这样两个尾部下的概率含量是相同的。其他情况下，例如某一点的概率密度，如 u^*（“设计”或“检查点”），也可以采用相同的方法估计。有了这种等价性，“等量”的非正态概率分布也可以用在前面所介绍的 FOSM 方法中了。

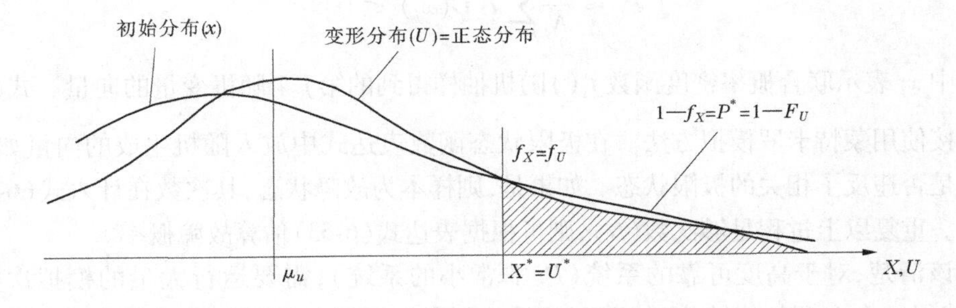

图 6-21　初始和变形概率密度函数

由于开始时验算点为未知，只是在计算过程中获得的。因此，需要一个实验值来获得等效正态分布，这意味着一阶可靠性方法将建立在试错过程的基础上。当涉及非线性极限状态函数时，除一些微不足道的问题，手工进行各种计算显然不可行。因此，现在有各种计算机代码来完成这项任务，通常也可以使用二阶矩方法。

一阶矩方法可以扩展应用到计算过程中允许极限状态函数的曲率分析，而非忽略线性化所丢失的概率含量，这便是所谓的二阶矩方法。然而，与一阶方法相关的很多原始的简单性问题就随之消失，处理这些计算便需要数值技术。在这一点上，应该考虑使用蒙特卡罗模拟方法。

6.8.7 蒙特卡罗模拟方法

一阶、二阶矩法及其衍生出的方法通常很有用，但同样存在缺陷，比如：

（1）对于每个极限状态函数，必须确定“设计”或“检查”点。

（2）非线性极限状态函数不易处理，可能会产生误差。

（3）对于具有非正态分布的变量，随机变量和初始问题必须转换为标准正态分布。一般情况下，此流程需要使用 Rosenblatt（1952）转换。

而实际问题中可能涉及非正态随机变量和依赖关系，将会带来巨大的难度。

如前所述，与处理积分表达式（6-40）完全不同的方法是使用蒙特卡罗模拟方法。这些可以直接在原变量的空间中表示，因此不需要进行变换就可以处理任何形式的极限状态函数，且不受正态随机变量的限制。在一些分析家看来，利用计算机采用蒙特卡罗模拟 CPU 将耗费大量的时间。然而，随着高性能计算机的日益普及，这已不再是问题。此外，可以使用所谓的“方差缩减”技术在达到一定输出精度的前提下，显著减少仿真模拟运行的次数，如下所述。

6.8.7.1 简单（或粗略）蒙特卡罗模拟方法

多维积分表达式（6-40）可改写为（Rubinstein，1981）

$$P_t = \int K \int I[G(x) \leqslant 0] \cdot f_x(x)\,\mathrm{d}x \tag{6-52}$$

其中指标函数 $I[\cdots]$ 为 1 时，$[\cdots]$ 为真，否则为 0。表达式（6-52）表示 $I[\cdots]$ 的一阶矩。这意味着它的无偏估计值为

$$P_t \approx \frac{1}{N}\sum_{j=1}^{N} I[G(\overset{\frown}{x_j}) \leqslant 0] \tag{6-53}$$

其中 $\overset{\frown}{x_j}$ 表示联合概率密度函数 $f_x()$ 随机抽样得到的第 j 个随机变量的向量。式（6-53）可以直接使用蒙特卡罗模拟方法。在极限状态函数表达式中放入随机生成的向量如 $\overset{\frown}{x_j}$，用来评估是否违反了相关的极限状态。如果是，则样本为故障状态，其次数在计入式（6-53）的分子中。重复以上过程足够次数（N），则可根据表达式（6-53）估算故障概率。

应该清楚，对于高度可靠的系统（P_t 非常小的系统），需要运行大量的模拟次数（样本）来获得一个合理的能够位于“不可接受的”领域的数量。同样，除非样本数量很大，否则与估计值 P_t 相关的不确定性（方差）也会很大。可以看出，方差减小了 $N^{1/2}$。第 6.9 节将描述一种强大的方差缩减技术。其他技术参见相关文献（如 Rubinstein，1981；Melchers，1993b）。

6.8.7.2 重要性抽样及相关方法

将表达式（6-53）改写为

$$P_t = \int K \int I[G(x) \leqslant 0] \frac{f_x(x)}{h_v(x)} h_v(x) \mathrm{d}x \tag{6-54}$$

式中,函数 $h_v(\cdot)$ 为“重要性抽样概率密度函数”和 x 有相同的维度。违反极限状态函数的概率现在可用下式进行估算:

$$P_t \approx \frac{1}{N} \sum_{j=1}^{N} \left\{ I[G(\hat{v}_j) \leqslant 0] \frac{f_x(\hat{v}_j)}{h_v(\hat{v}_j)} \right\} \tag{6-55}$$

式中,$\hat{v}_j$ 为采样值的向量,采样值来自 $h_v(\cdot)$。应注意的是,$\hat{v}_j$ 是在空间 x 中定义的,通常它们具有相同的维度。

如果选择非常恰当,可以大大提高对给定数量的样本的估计精度,这正是使用 $h_v(\cdot)$ 的原因。值得注意的是,如果 $h_v(\cdot)$ 选择不当,可能导致比传统蒙特卡罗模拟方法得到的结果糟糕得多。因此,关键是要选择一个能够从样本 $\hat{v}_j$ 的向量中提取最多信息的向量。这意味着 $h_v(\cdot)$ 应该选择在积分表达式(6-40)中感兴趣的区域内,位于“不可接受”或故障区域内。图 6-22 给出了一个简单的极限状态函数和一个二维随机向量空间的示意图。

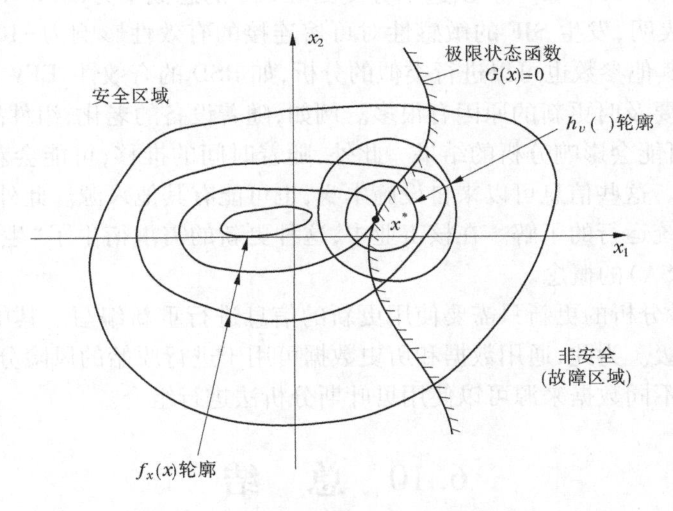

图 6-22　初始空间重要性抽样函数 h_v

除理想化的 $h_v(\cdot)$ 与区域形状 $f_x(\cdot)$ 拓扑相似的一般规则外,并没有其他规则,选择权在分析师手中。对于一些简单的问题,应假设为多项分布,选择“设计”或“检查”点作为 $h_v(\cdot)$ 的均值点,$h_v(\cdot)$ 的方差应为 $f_x(\cdot)$ 方差的 1~2 倍。

然而,这需要对检查点的位置有足够的知识和估计。对于某些问题,只要有足够的精确度,就可以简单地估计出这个位置。而对于其他问题,可以采用试错法,即根据先前样本的结果,搜索算法的方式不断更新和修改函数。以此为目的的计算机程序已经开发应用,Melchers (1993b)也对该方法进行了改进。在任何情况下,对于给定的输出精度所需的计算量都极大地低于简单蒙特卡罗分析所需的计算量。

6.9 敏感性分析及更新

敏感性分析是一种确定风险分析的计算输出如何随着特定输入参数值给定的变化而发生变化的方法。显然,敏感性分析度量了在精炼输入值时可能消耗的工作量,无论是增加数据收集和/或更好的说明,还是更关注于对事件和/或系统建模。它应该在系统风险分析中被广泛使用,但实际情况通常不是。最常见的敏感性分析方法是使用点估计,而不是使用输入信息的概率参数。

敏感性分析也可以结合二次矩和全分布分析来进行。显然,如果一个(或多个)输入值存在不确定性,敏感性分析会表明不确定性的影响,如某个随机变量方差的变化所带来的影响。

灵敏度分析的基本思路如下:如图 6-6 中所示的事件树,只关心其中的平均值(每个括号中的第一个数字)。设按需操作可熔连接的概率平均值存在不确定性。当考虑 yes 从 0.99 变化为 0.9,即减少 10%时,发现 SJF 输出的变化分别从 2.97×10^{-7} 和 2.7×10^{-12} 变化为 2.7×10^{-7} 和 2.7×10^{-11}。从这个分支出现 SJF 的总概率为$(3.0\times10^{-7}+2.7\times10^{-11})=3.0\times10^{-7}$。这表明,发生 SJF 的敏感性对可熔连接的有效性影响为-10%,可以忽略不计。图 6-6 中的其他参数也可以进行类似的分析,如 RSD 的有效性、EFV 的有效性等。

风险分析需要及时更新的原因有很多。例如,随着设备的老化,组件故障的风险可能会发生变化,这可能会影响分析的结果。此外,随着时间的推移,可能会获得更多关于组件故障率的经验。这些信息可以来自设施本身,也可能有其他来源。此外,风险分析更新可以改善对该系统运行的了解。在核工业中,这种更新的需求衍生了"生存"风险分析或概率安全分析(PSA)的概念。

原则上,风险分析的更新只需要使用更新的信息进行重新编写。其中大部分可用于组件级或子系统级。为此,通用数据和历史数据可用于进行原始的风险分析,并获得新的观测数据。这些不同数据来源可以使用贝叶斯分析法进行组合。

6.10 总 结

系统评价方法大致可分为两类,对于现实的、复杂的系统来说,这两种都很重要。第一种方法涉及适用于故障树和事件树的计算技术,并使用历史、主观故障率或概率估计来描述每个事件,并直接用于分析。第二种方法适用于事件结果概率估计须由具有负载—抗力特性的子系统或组件所导出的情况。

风险分析应该考虑组成系统的事件之间的所有依赖关系。一般来说,组件之间的相互作用要比独立组件复杂得多。依赖性给风险分析过程带来了困难,特别是对故障树和系统建模过于简化的情况更是如此。还对确定"首次超过"(故障、失效)的时间和平均故障时间(MTTF)做了说明,这两个词基本上是等同的,但通常适用于不同的情况。对风险分析的时间影响也进行了评论,并指出,如果要使风险分析具有持续有效性,需要更好地理解和完善数据。

参考文献

[1] Ansell, J. and Walls, L. (1995) A generic dependency model, (in) European Safety and Reliability Conference, ESREL '95 (ed) I. A. Watson and M. P. Cottam, The Institute of Quality Assurance, U. K., 695-705.

[2] Apostolakis, G. and Yum Tong Lee (1977) Methods for the estimation of confidence bounds for the top-event unavailability of fault trees, Nuclear Engrg. and Design, 41, 411-419.

[3] Apostolakis, G. (1987) Uncertainty on probabilistic safety assessment, (in) Structural Mechanics in Reactor Technology, (ed) F. H. Wittmann, Volume M, A. A. Balkema, Rotterdam, pp. 395-401.

[4] Berger, J. O. (1985) Statistical Decision Theory and Bayesian Analysis, (Second Edn), Springer-Verlag, New York.

[5] Cornell, A. C. (1967) Bounds on the reliability of structural systems, J. Struct. Engrg., ASCE, 93(ST1) 171-200.

[6] Cornell, A. C. (1982), Some thoughts on systems and structural reliability, Nuclear Engrg. and Design, 71, 345-348.

[7] Der Kiureghian, A. and Moghtaderi-Zadeh, M. (1982) An integrated approach to the reliability of engineering systems, Nuclear Engrg. and Design, 71, 349-354.

[8] Ditlevsen, O. (1979) Narrow relaibility bounds for sructural systems, J. Struct, Mech., 7(4) 453-472.

[9] Doerre, P. (1989) Basic aspects of stochastic reliability analysis for redundant systems, Reliab. Engrg System Safety, 24, 351-375, 381-385.

[10] Dougherty, E. M. and Fragola, J. R. (1988), Human Reliability Analysis, Wiley, New York.

[11] Engelund, S. and Rackwitz, R. (1993) A benchmark study on importance sampling techniques in structural reliability, Structural Safety, 12(4) 255-276; 14, 299-302.

[12] Farmer, F. R. (1982) Decision in reliability analysis, Nuclear Engrg. and Design, 71, 399-403.

[13] Fleming, K. N., Mosleh, A. and Deremer, R. K. (1986) A systematic procedure for the incorporation of common cause events into risk and reliability models, Nuclear Engineering and Design, 93, 245-273.

[14] Green, A. E. and A. J. Bourne (1972) Reliability Technology, London, John Wiley & Sons.

[15] Greig, G. L. (1993) Second moment reliability analysis of redundant systems with dependent failures, Reliability Engrg. and System Safety, 41, 57-70.

[16] Hollnagel, E. (1993), Human Reliability Analysis: Context and Control, Academic, London.

[17] International Study Group (1985) Risk Analysis in the Process Industries, Rugby, The Institution of Chemical Engineers.

[18] Jackson, P. S. (1982) A second-order moments method for uncertainty analysis, Trans. on Reliability, IEEE, R-31(4) 382-388.

[19] Johnston, N. L. and Kotz, S. (1972) Distributions in statistics: continuous multivariate distributions, John Wiley, New York.

[20] Kafka, P. and Polke, H. (1986) Treatment of uncertainties in reliability models, Nuclear Engrg. and Design, 93, 203-214.

[21] Kaplan, S. and Garrick, B. J. (1981) On the quantative definition of risk, Risk Analysis, 1, 11-37.

[22] Kelly, B. E. and Lees, F. P. (1986) The Propagation of faults in process plants: 1, Modelling of fault propagation, Reliability Engineering, 16, 1-38.

[23] Kirwin, B. (1994), A Guide to Practical Human Reliability Assessment, Taylor and Francis, London.
[24] Kounias, E. G. (1968) Bounds on the probability of a union, with applications, Amer. Math. Stat., 39 (6) 2154-2158.
[25] Laviron, A. (1985) Error transmission in large complex fault trees using the ESCAF method, Reliability Engineering, 12, 181-192.
[26] Lipow, M. (1982), Number of Faults per Line of Code, IEEE Transactions on Software Engineering, SE-8 (4), 437-439.
[27] Madsen, O. H., Krenk S. and Lind, N. C. (1986) Methods of Structural Safety, Prentice-Hall Inc. Englewood Cliffs, New Jersey.
[28] Mazumbar, M. (1982) An approximate method for computation of probability intervals for the top-event probability of fault trees, Nuclear Engg and Design, 71, 45-50.
[29] Melchers, R. E. (1987) Structural Reliability Analysis and Prediction, Chichester, Ellis Horwood / John Wiley & Sons.
[30] Melchers, R. E. (1993a) On the treatment of uncertainty information in PRA, (in) Probabilistic Risk and Hazard Assessment, (ed) Melchers, R. E. and Stewart, M. G., Balkema, Rotterdam, pp. 13-26.
[31] Melchers, R. E. (1993b) Modern computationaltechniques for reliability estimation, (in) Probabilistic Methods in Geotechnical Engineering, (ed) Li, K. S. and Lo, S-C. R., Balkema, Rotterdam, pp. 153-163.
[32] Melchers, R. E. and Tang, L. K. (1984) Dominant Failure Modes in Stochastic Structural Systems, Structural Safety, 2, 127-143.
[33] Mosleh, A. (1991) Common Cause Failures: An Analysis Methodology and Examples, Rel Engrg and System Safety, 34 (3) 249-292.
[34] Owen, D. B. (1956) Tables for computing bivariate Normal probabilities, Ann. Math. Stats., 27, 1075-1090.
[35] Parry, G. W. (1989) Discussion of Doerre, P. Basic aspects of stochastic reliability analysis for redundant systems, Reliab. Engrg System Safety 24, 377-381
[36] Porn, K. and Shen, K. (1992) On the integrated uncertainty analysis in probablistic safety asessment, Proc. European Safety and Reliability Conf. '92 (ESRC '92), (ed) K. E. Petersen and B. Rasmussen, Elsevier Applied Science, London, 463-475.
[37] Qin Zhang, (1989) A general method dealing with correlations in uncertainty propagation in fault trees, Reliability Engrg. and System Safety, 26, 231-247.
[38] Ragheb, M. and Abdelhai, M. (1987) Uncertainty propagation in fault trees using quantile arithmetic methodology, (in) Structural Mechanics in Reactor Technology, (ed) F. H. Wittmann, Volume M, A. A. Balkema, Rotterdam, pp. 403-409.
[39] Rigby, L. V. and Swain, A. D. (1968), Effects of Assembly Error on Product Acceptability and Reliability, Proceedings of the 7th Annual Reliability and Maintainability Conference, ASME, New York, 312-319.
[40] Rosenblatt, M. (1952) Remarks on a multivariate transformation, Ann. Math. Stat., 23, 470-472.
[41] Rubinstein, R. Y. (1981) Simulation and the Monte Carlo Method, John Wiley, New York.
[42] Shooman, M. L. (1968) Probabilistic Reliability-An Engineering Approach, McGraw-Hill Book Co.
[43] Smith, D. J. (1985) Reliability and Maintainability in Perspective, 2nd edn, London, MacMillan.
[44] Stewart, M. G. (1993), Structural Reliability and Error Control in Reinforced Concrete Design and Construction, Structural Safety, 12, 277-292.

[45] Swain, A. D. (1963), A Method for Performing a Human Factors Reliability Analysis, Monograph SCR-685, Sandia National Laboratories, Albuquerque, New Mexico

[46] Swain, A. D. and Guttman, H. E. (1983), Handbook of Human Reliability Analysis with Emphasis on Nuclear Power Plant Applications, NUREG/CR-1278, US Nuclear Regulatory Commission, Washington, D. C.

[47] Thoft - Christensen, P. and Murotsu, Y. (1986) Application of Structural Systems Reliability Theory, Springer Verlag, Berlin.

[48] Turkstra, C. J. (1970) Theory of Structural Design Decisions, Study No. 2, Solid Mechanics Division, University of Waterloo, Waterloo, Ontario.

[49] Watson, I. A. and Johnston, B. D. (1987) Treatment of CMF / CCF in PSA, (in) Structural Mechanics in Reactor Technology, (ed) F. H. Wittmann, Volume M, A. A. Balkema, Rotterdam, pp. 125-140.

第 7 章　风险接受标准

7.1　概　述

第 3~6 章讨论了风险分析程序和系统风险评估。风险管理(见第 1 章)的下一阶段是风险评估。它可以定义为一种“决策过程,其中风险水平与标准进行比较,并对采取行动的风险进行优先排序”(AS/NZS4360,1995)。对于社会风险,这些决策的责任通常由一个或多个决策者承担;决策者往往是监管机构或权威机构。在私营企业中,决策者通常是公司管理层。例如,他们必须决定是否继续开发、改变或扩展新系统或现有系统。管理当局主要关注工厂人员和公共卫生、安全和环境问题。在决定是否颁发开发许可、系统认证、许可证或经营许可证时,通常会考虑这些问题。公司管理层可能更关心自由裁量的要求,例如设置优先级,以确保其系统的可行性、效率、成本效益和安全性。

从最广泛的角度来看,风险评估涉及若干问题:这些问题往往与政治进程交织在一起。需要解决的问题包括:谁来承担何种程度的风险,谁将从冒险中受益,谁将为此付出代价? 由国家管理的风险与个人、团体或公司管理的风险之间的界限在哪里? 在通过预期尽量减少事故和提高应变能力以应付任何可能出现的故障之间,以及在试图影响危害的起因和改变危险所致的影响之间,应在何处划定界限? “合理的”风险管理需要哪些信息,应该如何分析这些信息? 哪些措施会对风险结果有不同的影响? 谁评估了风险管理的成功或失败以及如何评估? 谁来决定不同风险之间的取舍? (Hood 等,1992)

这些都是非常复杂的问题,很少单独使用风险评估来解决。决策过程会受到政治进程的影响,但在正常情况下,很可能会受到其他因素的影响:

(1)对系统故障的预测和对意外灾难的应变能力。

(2)用于计算系统风险数值估计的假设。

(3)评估系统风险的不确定性程度(例如,某些监管安全目标可能不适合于具有较大不确定性的系统风险)。

(4)系统故障的组织脆弱性(如安全文化)。

(5)降低风险成本。

(6)参与决策进程的团体规模和组成。

(7)个人偏好的汇总(利益和风险的分配)。

(8)应对风险(备选方案可能存在其他社会风险)。

原则上,这些问题都与风险接受标准有关,取决于问题本身:“什么风险是可以接受的?”这个问题是本章的重点,本章将考虑与风险接受标准的制定相关的过程。这包括:

(1)风险认知:确保所认为的系统风险水平是可接受的(或可容忍的),特别是对于社会风险。

(2)正式决策分析:平衡或比较风险与效益的分析技术(例如风险—成本—效益分析)。

(3)监管安全目标:制定和执行风险接受标准的立法和法定框架。

在以下讨论中,特别强调在监管要求领域风险接受标准的使用。上述方法也可供管理部门使用,制定基于风险的自由裁量要求,然而这个问题并没有得到具体解决。

负责做出决定的实体可以是单独的个人,可以是代表一个或若干机构的个人,也可以是一个集体团体,例如一个委员会。在所有情况下,"良好"的集体决策通常被认为具有以下特点(Paté-Cornell,1984):

(1)所有相关方的偏好都尽可能完整、自由和准确地表达出来。

(2)那些最有可能受到决策影响的人应该对决策有最大的影响(风险和利益共享的决策是公平的)。

(3)理想情况下,一项决定应是帕累托最佳决定(任何人都不应只受到不利影响)。

此外,良好的集体决策也应是那些经得起质量保证措施审查和对决策过程进行独立审查的决策。然而,应该承认,决策者是谁可能会对决策过程和决策结果产生影响;同样,也应认识到,这些决定可能会因选举压力、国家安全影响或缺乏资金等政治考虑而被否决(或至少被推迟)。

7.2　决策者和社会

与大规模风险有关的决策是由各种私营和公共机构(或组织)做出的,因为通常情况下,"处于危机中的个人不会自行做出生死抉择。谁将被拯救,谁将死去,由制度来决定"(Douglas,1987)。参与风险管理的私营和公共机构通常包括国家、州或地方政府,公共监管机构、保险公司、私营企业和游说团体。表7-1显示了可能参与公共风险管理的机构类型。这些机构很可能有相互冲突的偏好,其中一些可以通过协商来解决。由于政治、领土和职能上的差异而引起的其他冲突领域可能不容易解决。机构可用的资源(以及如何使用这些资源)也将影响机构在决策过程中可能发挥的作用。资源包括数据的可用性(用于预测和预报)、财政资源(资金的充足性)、监管能力以及可用的(和所用的)措施,以确保符合相关法规(Hood等,1992)。

表7-1　涉及公共风险管理机构示例

级别	机构类型		
	核心执行机构	独立公共机构	私人或独立机构
国际	欧盟委员会	欧盟法院	绿色和平
国家	国家议会	国家法院和独立监管机构	国家保险业协会
次国家	州或地方政府	独立的区域/地方法定机构	当地公司和活动家

注:本表改编自Hood等(1992)。

大多数系统都要接受监管机构的审查。这些机构包括：国家机构，如英国健康与安全委员会和英国核设施检查组；联邦机构，如美国核管理委员会、美国环境保护局、美国食品和药品管理局；州立机构，如规划部（新南威尔士州）。监管机构是政府立法的产物。通常，他们有法律义务考虑所有利益相关方的偏好，然而，这可能不可行。例如，仅在加拿大就有大约 4 000 个公共组织和游说团体（Delbridge，1990）。为了克服这个问题，通常情况是，在通过一项条例之前，监管当局必须：

(1) 公布拟议的条例。

(2) 提供其被通过的理由。

(3) 提供收集和审查公共意见书的行政程序。

公众意见书的答复会与最终条例一并公布。这样，公众参与决策过程可能有助于抵消制度上的偏见。它还可能为该条例提供更大程度的公认合法性。为了批准建造新的或经改良的工程系统，许多国家已大致同时进行了公众参与的程序。尽管有这些程序，但监管行为不能同样有效地解决所有公众关注的问题，因为这样做可能会导致与社会目标的冲突，或者因为某些行为造成重大的经济和社会混乱（例如，通过关闭设施造成就业损失）。

通常，存在独立的申诉机制。这是一项审查，有时是司法审查，以确定监管机构是否遵守了其法定或立法要求。这项审查旨在确保在决策过程中不会遗漏相反意见。在较难的政治或社会案件中，公众或议会调查（例如，由一名高级法官领导的皇家委员会）可能被认为是解决有争议或政治考虑的必要手段，也能一定程度上恢复公众对决策过程的信心。Tann (1992) 提供了一个引人注意的描述，1986 年进行了为期 95 d 的公开调查，目的是评估苏格兰一座核处理厂的规划申请。

7.3　风险感知

7.3.1　可接受的风险和可容忍的风险

通常情况下，与某一设施相关或该设施对其造成的风险估计水平低于社会可接受的（或至少是可以容忍的）风险水平是非常可取的。这就提出了一个非常困难的问题，即社会可以承受多大程度的风险。这一般取决于社会的价值观、信仰和态度。预期社会风险感知将受到心理、社会人口和其他变量的影响，故对风险的认识和接受程度因社区而异。因此，单一的系统风险数值估计（监管定量安全指标）不太可能代表整个社会所能接受的风险。然而，在决策过程中，确保系统风险低于监管安全目标通常是一个重要的、但并非唯一的标准。如果系统风险大大低于监管安全目标，那么这一标准的重要性可能会降低。这一点将在第 7.5 节讨论。

“可接受的风险”一词不能真实地代表个人或社会的观点，因为某些风险可能永远不会被认为是可接受的。另外，可容忍的风险反映了个人或社会准备容忍（尽管有些勉强）这种风险的程度。例如，如果收益超过了风险，那么风险是可容忍的。英国卫生和安全管理机构将可容忍的风险定义为：“可容忍的风险并不意味着接受。它指的是愿意承担风险以确保某些利益,并相信它(风险)正在得到适当的控制。容忍风险意味着,我们不认为风险可以忽略不计,也不认为我们可以无视风险,而是我们需要不断审查并尽可能进一步减少风险”(HSE, 1988)。

显然,在制定可接受的风险标准时,同时需要考虑技术方面和社会方面的问题。为避免术语混淆,假定“可接受风险”的定义还包括上述可容忍风险的定义,即可接受的风险也是可以容忍的。

确切地说,风险被视为可接受(或可容忍)的程度是不确定的;然而,如何感知风险是影响风险可接受性的重要因素。Pidgeon 等(1992)认为感知风险受到以下组合的影响:

(1)客观风险。

(2)认知心理学。

(3)社会、文化和体制(例如政治)进程。

(4)风险沟通。

7.3.2 客观风险

客观风险是根据已知统计(例如,年度预期车辆事故死亡率)或量化风险分析方法(如 QRA 和 PRA)获得的系统风险的估计(参见第6章)。客观风险可以由多种形式表示,例如每年的死亡人数,每年暴露的死亡人数、自然死亡人数、每小时暴露死亡人数除以暴露人数乘以 10^8(所谓的死亡事故发生率,简称为 FAR)等。必须区分个人风险和社会风险。社会风险是后果会影响不止一个人的可能性。它通常以 F—N 曲线的形式表示,该曲线是累积频率与结果的关系图,见图 7-1。客观风险的大小和表达方式会明显影响风险感知。例如,10^{-4} 的个人死亡风险(从统计意义上说)相当于比 10^{-6} 的社会风险死亡失去了100个人的生命。不合乎逻辑但也许可以理解的是,社会通常更关心伤害许多人的灾难性事件,而不是一系列共同伤害同等数量人数的较小故障事件(所谓的“风险规避”,见第7.4.3部分)。

应当认识到,从正式风险分析中获得的系统风险估计可能不像以前认为的那样客观。风险分析取决于分析人员的态度、判断和经验;它们影响研究的范围、风险/后果模型的选择、不确定性的处理、人的可靠性的结合等。因此,一些估算的“客观”风险可能比基于已知故障事件的统计而推断估计得到的风险更不切实际。

7.3.3 心理方面

风险感知的心理学观点与个人选择关注和解释有关危险的外部信息的方式有关。评估个人对风险的感知的一种有用方法是要求个人对一系列危害进行死亡估计(预期每年死亡人数)。然后可以将这些估计值与客观死亡统计数据相比较。在一项此类研究中,Lichtenstein 等(1978)发现,个人过高估计了由罕见原因(如飓风、事故、洪水)造成的死亡,并低估了常见原因(如癌症、糖尿病、中风)造成的死亡。研究还发现,由于容易回忆、影响深刻或易想象的死亡原因,人们高估了预期死亡人数。虽然感知预期死亡和客观预期死亡的绝对估计确实有所不同,Slovic、Fischhoff 和 Lichtenstein (1980)观察到,风险比较的排名没有受到显著影响。另外,Brehmer (1994)和其他人认为“外行人对风险判断所

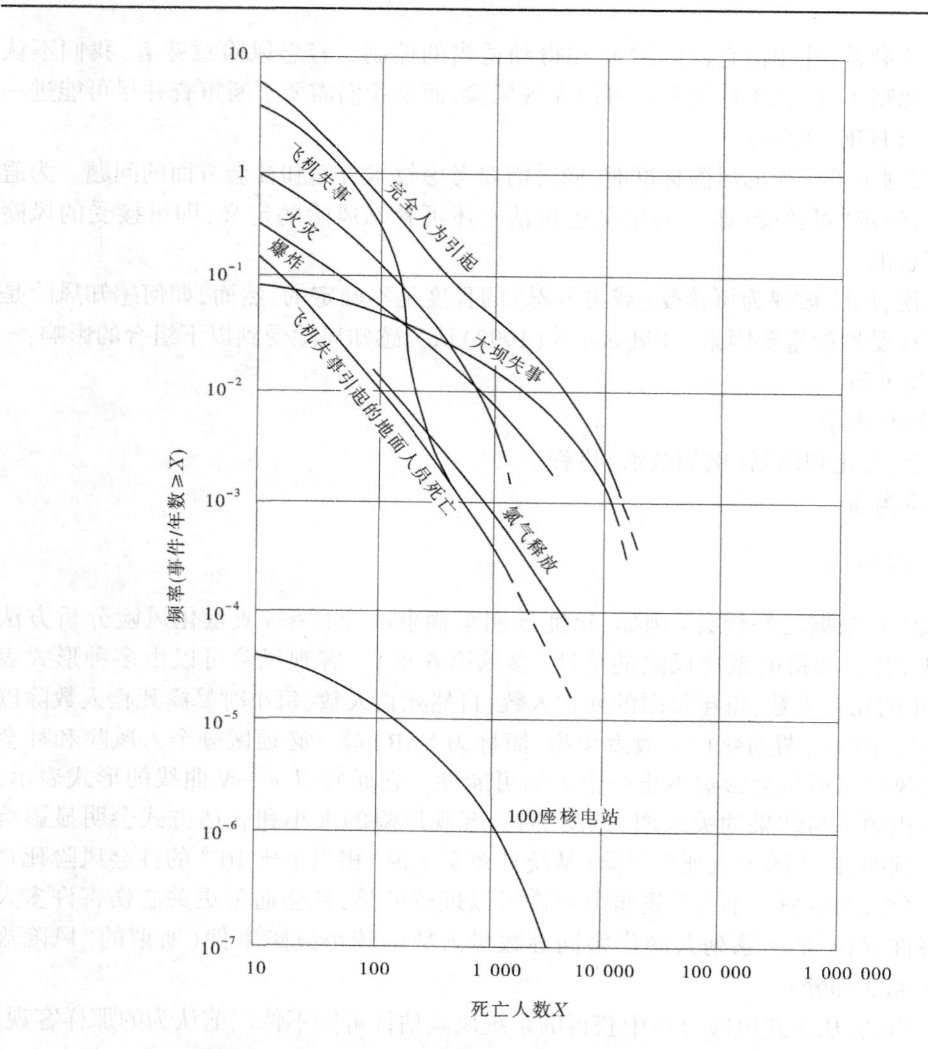

图 7-1　涉及死亡的人为事件的社会风险(源自 USNRC,1975)

用的方式几乎与工程师和统计学家做出的估计中所包含的概念完全无关”。

个人对风险的态度和反应通常比对预期死亡的反应更为复杂(例如,Pidgeon 等,1992)。例如,表 7-2 显示了某些活动和技术的可感知风险的排名,以及每年的“客观”预期死亡人数。可见,核电站是可感知风险最高、预期每年死亡人数最低的风险之一。Slovic 等(1980)认为,对核电厂的这种看法主要受其“潜在性灾难”的影响,因为 65%的受访者预计,如果明年是“灾难性的一年”,死亡人数将超过 1 万人。这项研究的结论是,个人对风险的消极态度(部分)受到以下定性风险因素的影响:

(1)“恐惧”风险:不可控制性、恐惧(或害怕)、非自愿、灾难性的潜在、很少的预防性控制、必定致命、不公平的风险分配、威胁后代、个人的影响、风险不容易降低和风险增加(例如化学武器、恐怖主义)。

表7-2　客观风险和感知风险的比较

等级[a]	活动/技术	感知风险[b]	死亡估计[c]	风险[c]($\times 10^{-6}$ 死亡人数/人/暴露年份)
1	核武器	78	—	—
2	战争	78	—	—
4	手枪	76	17 000	
5	犯罪	73		93
6	核动力	72	100	9
9	吸烟	68	150 000	4 000~22 000
10	恐怖主义	66		0.9
13	神经毒气	60	—	—
15	酒精饮料	57	100 000	
17	机动车辆	55	50 000	3 000~6 100
31	消防	44	195	
32	摩托车	43	3 000	
36	DNA 研究	41	—	—
49	水坝	31	30	
51	商业航空	31	130	4 000~11 000
61	铁路	29	1 950	400~700
64	爬山	28	30	300 000
65	桥梁	27		
69	摩天大楼	26		0.2
70	电力	26	14 000	
73	下坡滑雪	26	18	9 000
74	空间探索	25	—	—
90	太阳能	12	—	—

注：[a]感知风险排序（最高风险到最低风险）；

[b]风险评分为0~100分（从"不危险"到"极度危险"）；

[c]从现有统计数据（US）中获得的预期死亡人数；

[d]改编自 Melchers（1987），Cox 等（1992）和 Atallah（1980）。

（2）"未知"风险：不可观察、接触者未知、影响直接、新的（不熟悉）和对科学的未知

(例如,遗传学研究、空间探索、食品辐射)。

(3)高度暴露:大量接触有害物质的人群(例如酒精饮料、咖啡因、除草剂)。

Otway 和 von Winterfeldt (1982)提出了类似的定性风险因素,见表 7-3。Green 和 Brown(1978)提出损伤或残疾("生不如死""活死人")的严重程度也是一个重要的定性风险因素。在每个类别中,特定危险的风险因素都是高度相关的。例如,具有灾难性潜在危险的风险也被认为是可怕的风险。不同类别的风险因素之间的相关性很低;唯一的例外是核电站,它们在所有三种风险类别中的评级都很高。上述定性风险因素可能部分解释了为什么有些人表现出看似相互矛盾的行为。例如,吸烟者可能更关注核电站的事故,而不是吸烟对自身健康的影响(例如 Lave,1987)。这种在感知风险方面的差异很可能是受到核电站相关风险的"恐惧"和"未知"方面的影响。

表 7-3　影响风险感知和接受的普遍(负面)危害属性

非自愿暴露于风险中
对结果缺乏个人控制
暴露概率或后果的不确定性
缺乏风险方面的个人经验(害怕未知)
难以想象暴露于风险中
暴露于危险中的后果会延迟展现
暴露于危险中的遗传效应(对未来的威胁)
罕见但灾难性的事故
利益不明显
惠及他人
人为失误而非自然原因引起的事故

注:本表内容改编自 Otway 和 von Winterfeldt(1982)。

另一个衡量感知风险的指标不是表达意见或行为模式,而是为改善感知风险而花费的资金数额。在社会层面,根据具体的政府减少风险的方案,估计可拯救的每一个生命的支出是基于这样的假设的,即所感知的风险越大,用于降低这种风险的资金就会越多。对于一系列危险,Lind、Nathwani 和 Siddall(1991)估计了美国政府降低风险的法规造成的年度成本(由消费者、行业等承担)与一系列危险中所拯救的预期生命数的比率,见表 7-4。相比于预防机动车事故致人死亡,似乎社会(以美国政府为代表)准备花费更多的钱来防止因接触有毒物质(石棉、砷、辐射)而造成的死亡,该观察结果倾向于确认上述定性风险因素的重要性。

7.3.4　社会、文化和体制进程

个人和群体的风险感知受社会人口变量的影响,例如文化、国籍、性别、年龄和就业。个人的长期心理倾向(如风险承担、风险规避)也是一个重要的考虑因素。因此,预期个体之间和群体之间的风险感知会有差异。如果一些个人和团体相信高速增长、高科技社会的概念(或世界观),他们可能赞成使用"理性的"或正式的决策分析。然而,其他人可能更关心环境和社会问题;因此,他们倾向于使用参与性更强的决策方法。重要的是要认

识到,这些不同的观点可能为这个问题(及其解决方案)提供新的见解。

表 7-4 政府降低风险法规中用于挽救生命的资金

法规	年成本(百万美元)	每年获救的生命	每条生命获救的花费(百万美元)
转向柱保护	130	1 300	0.1
无通风空间加热器	6.3	63	0.1
机舱消防	3	15	0.2
被动约束/安全带	555.0	1 850	0.3
酒精和药物控制	2.1	4.2	0.5
座垫可燃性	22.2	37	0.6
楼应急照明	3.5	5	0.7
危险沟通	360	200	1.8
放射性核素/铀矿	7.6	1.1	6.9
砷/玻璃厂	2.2	0.11	19.2
砷/铜冶炼厂	1.6	0.06	26.5
铀厂尾矿/活性	111.3	2.1	53.0
石棉	6 670.7	74.7	89.3
砷	1 082.3	11.7	92.5
DES(饲料)	8 976	68	132.0

注:本表内容改编自 Lind 等(1991)。

文化的影响可以从法国对核能的广泛接受和美国对核能的排斥中得到体现。法国对技术官僚和强大的中央政府有着传统的尊重,因此在决策过程中公众参与有限。另外,美国公民也许对技术和政府的信任较少,因此希望更多的公众参与和对决策的控制(例如,Morone 和 Woodhouse,1989;Slovic,1995)。

7.3.5 风险沟通

7.3.3 部分提出了风险的感知受到决策者对危险和风险的知识的影响。这种知识可能是“不了解情况”“非常了解”或介于两者之间。风险沟通是获取危险和风险信息的手段,而不仅仅是公众的教育(Rohrmann,1995)。风险沟通过程由以下一个或多个组成部分组成:

(1)“专家”向公众发出的指示(单向传递信息)。

(2)利害关系方之间自由交换资料。

(3)对行为的解释(非语言交流)。

以上所传达的风险信息可能解决也可能解决不了利益相关方之间的意见分歧,更不用说冲突了。然而,如果所有人都充分参与决策进程,风险沟通是必不可少的。这通常是一项立法要求,即公共和私营机构告知民众可能面临的危害,以及在该事件出现系统故障时,制定应急程序(Pidgeon 等,1992)。然而,已知的紧急程序的存在可能会造成一种“安慰—唤醒”悖论,在这种悖论中,紧急情况的准备知识可能会使暴露在危险中的民众感到安心，而同时，由于设施可能被认为比先前假设的更危险，因此可能引起同量人群的恐惧（Otway 和 Wynne，1989）（这种现象对商业航空公司的乘客来说并不陌生）。

利益相关方之间缺乏信任会阻碍观点的调和。例如，很明显，对医生的信任使外科手术可以接受，而缺乏信任使潜在危险行业的管理受到怀疑（例如，Slovic，1995）。此外，一些参与者很可能误用信息（例如，断章取义的引用结果），以便在决策过程中影响其他参与者的偏好。

最后，Lichtenstein 等（1978）发现，报纸文章几乎完全集中在灾难性事件（龙卷风、凶杀案、机动车事故）上，而许多疾病很少报道，尽管所有疾病的年死亡人数比凶杀案人数高出大约两个数量级。我们可以合理地得出以下结论："人们接触到的许多信息提供了对危险世界的扭曲描述"（Slovic 等，1980）。

7.3.6　讨论

前面的讨论集中在以预期死亡人数和每人每年死亡风险来表示的风险上。然而，"风险"或"有风险的事"的定义有很多（见表 7-5），特别是与后果相关的定义。后者可指死亡以及伤害、财产损害和对环境的损害。因此，对风险的认识将在某种程度上与所使用或假定的风险定义有关，而且风险的定义可能因个人而异。在比较关于风险和风险感知的不同信息来源时，必须考虑到这种不一致。

表 7-5　风险的一些正式定义

意外后果的概率。
最可能产生的意外发生的后果的严重性。
可能产生的意外结果的多属性加权和。
概率×意外后果的严重性（预期损失）。
所有可能的意外后果的概率加权总和（平均预期损失）。
可能意外后果平均值的均方差。
平均预期结果的所有可能结果的方差。
与预期后果（收益）相比，可能的意外后果（损失）的权重

注：本表改编自 Pidgeon 等（1992）。

人们已经多次评论"感知"和"客观"风险之间的区别。两者都包含主观投入，因为即使是"专家"在分析客观风险时也需要进行主观评估。Fischhoff（1989）认为，感知风险和客观风险之间的任何冲突都可能被视为"两组风险感知之间的冲突"，有时分别被称为"公众"和"专家"的风险评估。客观的风险和感知风险都不能被认为是确定可接受的风险水平的"正确"标准。什么可能会被认为是"正确的"取决于具体情况。例如，公众往往是风险的主要承担者；重要的是，决策过程必须考虑公众和专家的风险偏好。因此，不应将对风险的感知简单地视为不知情而不予考虑。

"在适当的刺激下，'外行人'可以在很短的时间内成为'专家'，他们的专业知识可能更加强大，因为它结合了正式的技术知识和局部知识，这些知识与非结构化和非正式知识是同样相关的"（Jasanoff，1993）。

7.4　正式决策分析

7.4.1　目标和属性

正式的决策分析技术能为决策者提供评估风险偏好的分析技术:特别是比较或平衡风险与收益。最佳解决方案(从几个备选方案中选择)可以通过最大化预期货币价值(例如风险—成本—效益分析)或预期效用来实现。这些过程本质上是相同的,但分别用货币和效用来表示。下面将简要讨论每一种情况,但首先进行一些适用于两者的恰当的评论。

可以看出,最大化预期价值或预期效用需要对系统风险进行估计;结果发生的概率及其后果的严重程度。在预期值分析的情况下,结果(及其他产出和投入)需要用一个(商定的)价值体系(如货币单位)来表示。对于效用理论,价值系统是不同的。它是在感知效用方面,个人或团体附加特定的产出和投入。这些价值比货币价值更难估计,但被认为能够代表非货币项目。

正式的决策分析假定决策是由单个(或单一的)决策者做出的(例如,Keeney 和 Raiffa,1976)。在许多情况下,这是合理的,但在其他情况下,则可能涉及组织,例如管理机构。在这种情况下,"个体"在这里被称为"超"决策者。显然,超决策者的偏好会受到其他有关各方偏好的影响。

正式的决策分析需要确定目标和属性,这涉及:

(1)确定相关方。

(2)确定各相关方的目标(例如,尽量减少不利后果),以经济价值、环境价值和社会价值来衡量这些目标。

(3)将每个目标表示为单一属性,该属性提供一个尺度(定性的或序号的)来衡量其目标达到的程度。

可能需要大量的目标和属性来充分描述所有相关方的偏好。例如,表7-6显示了与核电站选址相关的一些目标和属性。在这种情况下,几乎不可能同时最大化所有相关方的决策收益(例如,电力公司的利润)和最小化不利影响(例如,消费者的电力成本)。决策者必须在利弊的后果之间做出让步或权衡。

表7-6　核电厂选址的目标和属性

属性	目标	类别	利益相关方[1]
X_1	污染最小化	环境的	E(or L)
X_2	提供美观的令人愉快的设施	环境的	L
X_3	人类健康危害最小化	人身安全	L(or E,P,S,F)
X_4	提供必要的电力	消费者健康	S
X_5	消费者用电支出最小化	消费者健康	S

续表 7-6

属性	目标	类别	利益相关方[1]
X_6	当地经济最大化	经济	L
X_7	公司利益最大化	经济	P
X_8	财政收入最大化	经济	S
X_9	改善收支	经济	F
X_{10}	减少对外国燃料的依赖	国家利益	F

注：[1]E＝环保主义者，L＝当地社区，P＝电力公司，S＝州政府机构，F＝联邦机构。

本表改编自 Keeney 和 Raiffa（1976）。

Keeney 和 Raiffa（1976）注意到，许多决策者在正式决策分析开始之前并非尚未做出任何决定。换句话说，许多决策者似乎已经决定了他们认为“正确”的决定应该是什么。在这种情况下，正式的决策分析将被用于提供心理安慰（确认决策者的直觉），帮助沟通过程，并向他人证明他或她的结论是正确的。在这种情况下，正式的决策分析过程显然不可能完全客观。

7.4.2 期望值分析

期望值分析只有在所有相关方都有相同的目标和属性的情况下才适用，例如，当它们的目标和属性可以用一个共同的价值系统来表示时（比如货币），期望值（EV）计算式为

$$EV_k = \sum_{i=1}^{M} P_i \left(\sum_{j=1}^{N} X_{ji} \right) \tag{7-1}$$

式中，k 为正在考虑的备选方案或系统配置；i 为“自然状态”（例如，正常运行、冷却剂损失、火灾、地震和其他系统故障模式）；P_i 为在每种“自然状态”i 下所发生的概率；M 为自然状态的数目；j 为属性；X_{ji} 是与发生每种自然状态相关的属性值（例如，冷却剂损失事故造成的损失成本）；N 为属性个数。最佳决策将确定满足目标的结果（例如，场地位置、附加安全系统、更好的培训等）；例如，如果所有目标都是为了最大限度地提高经济效益，则应将期望值最大化。还要注意，在式（7-1）中，P_i 值是通过风险分析获得的，X_{ji}（当这些值为结果时）的一些值也是通过风险分析获得的。

期望值分析中应用最广泛的方法是风险—成本—效益分析。在这种情况下，所有属性都是以货币形式给出的，而货币则用来表示与决策相关的所有考虑因素。因此，表 7-6 中列出的属性可以用经济术语（货币单位）表示；例如，对于 X_6（使当地社区的经济效益最大化），X_7（使公用事业公司利润最大化），X_8（改善国际收支）和 X_9（减少对外国燃料的依赖），货币单位可以表示为

$$\left.\begin{aligned} X_{6i} &= \alpha(C_{\mathrm{DC}} + C_O) \\ X_{7i} &= C_1 - (X_8 + C_{\mathrm{DC}} + C_{\mathrm{O}} + C_{\mathrm{INS}} + C_{\mathrm{DMUi}}) \\ X_{8i} &= \beta(X_{7i}) - C_{\mathrm{DMUi}} \\ X_{9i} &= -C_{\mathrm{DN}} \end{aligned}\right\} \tag{7-2}$$

式中，C_{DC} 为设计和施工成本；C_O 为使用和维护费用；C_I 为消费者总收入；C_{INS} 为公司保险费；C_{DMUi} 为由某些自然状态的发生造成的损害费用（生命损失、伤害、环境和物理损害、生产损失、诉讼费用、惩罚性赔偿）；α 为设计、建造、运营和维护费用在当地社区的比例；β 为公司利润的税率；C_{DMUi} 为社会承担的损害费用（例如保险支出、政府赔偿）；C_{DN} 为不做任何事情的成本（进口产品的成本，电力限制）。

在本例中，这些经济属性的预期值可以表示为

$$EV = \sum_{i=1}^{M} P_i(X_{6i} + X_{7i} + X_{8i} + X_{9i}) \tag{7-3}$$

如果将系统风险定义为"发生概率"×"后果"，则从公式（7-1）中可以清楚地看出期望值具有与系统风险相同的度量。例如，这两种表达都可以用每年预期的美元损失（或每年预期死亡人数）来表示。因此，在某些情况下，期望值也可称为系统风险。

风险—成本—效益分析是成本—效益分析的直接扩展，其中使用了预期值（基于概率预期）。在这种分析中，结果（收益和损失）通常与所考虑的系统的"正常"操作有关。然而，暴露与持续排放可能会导致劳动力或当地居民长期或潜在的健康问题，这些后果通常难以量化。类似的评论适用于灾难性的（会造成财产和环境损害及人员伤亡）系统故障。由于估计数字的各种不确定因素，这些损失的规模更难以量化。然而，Meyer（1984）估计，核电站核心熔毁的后果可能会在 30 年内造成大约 140 亿美元的财产损失和超过 48 000 人死亡（早期和潜在死亡）。产生的问题是如何将这两种估计变成一个共同的价值体系。

关于人类生命的经济价值没有明确的共识。已提出了几种方法，这些方法包括：

（1）"人力资本法"（由于过早死亡而放弃的收入—45 万美元）（Marin，1992）；

（2）"统计寿命的价值"（等于\$ D. x 美元，其中\$ D 美元是为了减少个人 1^{-x} 的死亡风险而准备支付的金额，因此 x 人组的平均每年减少一人死亡—160 万～850 万美元）（Fischer 等，1989）；

（3）政府为拯救每一条生命而花费的资金（100 000 美元用于指导性保护，9 000 万美元用于清除石棉）（Lind 等，1991）；

（4）政府对意外死亡的赔偿。

另一种措施可能是挽救或损失的"生命年"（Lind 等，1991）。根据这些数字，48 000 人死亡的经济损失将在 50 亿～4 000 亿美元。最后，选择用于估计人的生命的货币价值的方法可能会引起道德问题（例如，Marin，1992）。

就像评估人类生活中的困难不够充分一样，评估与环境和社会价值相关的属性产生了更多的问题。衡量环境和社会价值的一个典型标准是"生活质量"；Power（1980）定义了物质和社会环境对人类福祉的影响（例如，污染清洁的空气）。然而，对生活质量的经济价值估计尚不明确，因为这受当前和未来各种因素的影响，如预期寿命、社会财富（或资源）和人口等其他因素。

显然，具有严重后果的"系统故障"所选择的属性值（估计）可能相差几个数量级（例如，48 000 人死亡对应 50 亿～4 000 亿美元）。这将直接反映在决策分析过程的结果中，因为它通常对属性的选择值很敏感。因此，决策分析结果应进行敏感性分析，以确保决策

不受后果估计的过度影响(见第 6.6 节)。在低概率/高后果系统的情况下尤其如此。

灾难性系统故障造成的损失并不总是能从可用的企业资产、保险范围,甚至政府资源中得到补偿。如果工程系统的设计者、所有者和操作员要承担与系统故障相关的所有成本,在“低概率/高后果”(LP/HC)领域运行的工程系统也很可能无法继续运行。因此,一些政府已经对某些工程系统(通常是部分自我保护)的责任进行了限制。例如,①在美国,《普莱斯—安德森法》(Johnson,1990)规定,因核电站事故而引致的第三方财产损失及人身伤害的法律责任,由核许可证持有人承担,以 70 亿元为限。②在德国,有缺陷的药品造成的人身伤害的赔偿责任限制为 8 000 万美元(Jasanoff,1984)。鉴于此,如果美国某现有核电站发生堆芯熔化,可能造成高达 4 000 亿美元的损失,很明显,这些责任限制无法充分补偿灾难性系统故障的受害者。因此,如果发生灾难性的故障,很大一部分预期损失将由受害者和整个社会承担。

时间的影响是一个重要的考虑因素,因为属性值很少同时发生。如果未来的后果可以以货币形式表示,则可以用计息投资的贴现率(注意贴现率的选择受相当大的不确定性)将其折现为等价物。结果被折现的时间段也将影响决策,即使所使用的时间段很少有明确的定义。例如,关于核废料储存地点的决定需调查“十万年”的长期后果,而与新机场选址有关的后果可能只持续 30 年。

期望值的进一步使用是计算各种系统配置的“成本—效益”(例如,Keeney 和 Raiffa,1976)。这些估计通常是根据预防过早死亡所需的风险降低(例如,安全系统)的成本来衡量的。然后将成本效益估计值与指定的验收标准进行比较;对于监管机构来说,验收标准通常相差很大,挽救每条生命大约 100 万美元(管理和预算办公室)到 500 万美元(US-NRC)不等(例如,Philley,1992)。

用于计算期望值的属性通常代表多个利益相关方的目标,如表 7-6 所示。最大化预期价值[式(7-3)]只会使整个社会的利益最大化。利益相关方的个人或团体从所选择的决策中受益更多,其他人仍然可以获得最低的利益或甚至遭受不利的后果,其中一些问题可以通过采用效用理论来克服,详见第 7.5 节所述。

7.4.3　期望效用分析

如果相关方的目标不同,则期望值分析无法为偏好组合提供指导。例如,核电站选址是一个复杂的问题,因为利益相关方之间存在多个相互冲突的目标。在实践中,大多数决策场景都不简单,而是复杂的价值问题。效用理论有一定的价值,因为它试图考虑并结合利益相关方在一系列经济价值、环境价值和社会价值的偏好。

效用理论提供了一种在选择不确定性下评估利益相关方风险偏好的方法。每个属性 X_n 的效用函数 $u_{Xn}(X_n)$ 用于表示这些首选项。例如,如果决策者更偏好结果 A 而不是 B、偏好 B 而不是 C、偏好 A 而不是 C,则效用函数表述为

$$u(A) > u(B) > u(C) \tag{7-4}$$

可以将两个任意值分配给最优和最劣的结果。例如,$u(A)=1$、$u(C)=0$ 或 $u(A)=100$、$u(C)=-50$。因此,$u(B)$ 的值将落在 $u(A)$ 和 $u(C)$ 之间。例如,$u(B)$ 的值可以表示为

$$u(B)=P\times u(A)+(1-P)u(C) \tag{7-5}$$

式中,P 的选取使得决策者的选择保持中立(结果也同样是公平可取的),即概率为 P 的结果 A 和概率为$(1-P)$的结果 C。对于其他介于 A 和 C 之间的预期结果,可以重复这个过程。这就建立了"效用函数",在本例中为阶梯函数。如果预期结果的数量很大,那么效用函数最好用一个连续函数来表示。应该认识到,确定不同结果的 P 值是不确定的,并且会因决策者的偏好而异。

效用函数可能表现出"风险规避""风险中性"或"风险倾向"。此外,函数可以是"单调"或"非单调"。为方便解释这些术语,在以下讨论中仅考虑经济属性会很方便;然而,以下概念对于非货币属性同样有效。一个"风险中性"或线性效用函数(见图 7-2)意味着仅基于预期货币价值做出决策。这对于政府或大公司的决策来说可能是准确的,大公司有能力承受亏损(x''),而有 50-50 的机会($P=0.5$)赚取可观的利润(x')。然而,对于个人而言这种情况不太可能发生,因为个人所做的决策涉及的货币价值与其可支配的资金(运营资本)相比很大(Benjamin 和 Cornell,1970)。因此,这些决策者只有在损失风险$(1-P)$较小(例如,$P>0.8$)的情况下,才会冒险。对于较大的风险(例如,$P<0.8$),这些决策者可能更倾向于完全不承担风险(为了避免赌博式冒险),并满足于"有保障的"预期结果[预期利润和预期损失的平均值,或,$(x''+x')/2$]。这样的决策者是"风险规避"。然而,一旦决策者遭受了巨大的货币损失(如破产),他或她很可能会对进一步的损失而麻木,并可能愿意承担相当大的风险(例如,$P\ll0.8$)。这样的决策者有"风险倾向"(Markowitz,1952)。

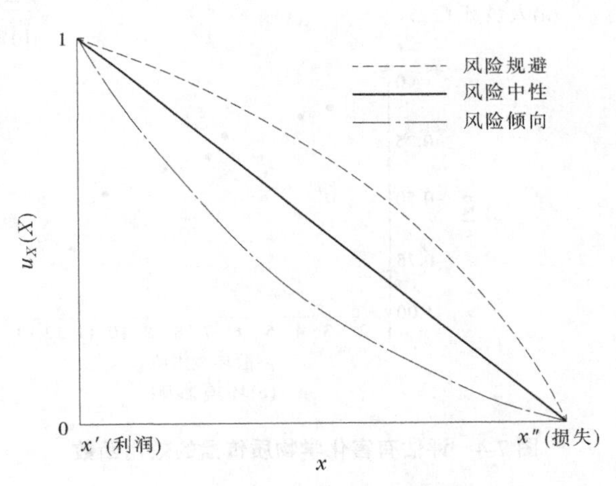

图 7-2　单调递减效用函数

图 7-2 中的效用函数都显示了随属性尺度的增加而减少。或者,效用函数可以随着属性规模(例如,利润)的增加而增加。"非单调"效用函数的特征是效用函数的增减。可能出现这种情况的是拟建中的工业工厂的生产能力;与较低的产能(例如,未满足需求—利润减少)或较高的产能(例如供应过剩和浪费—利润减少)相比,能够满足需求的足够产能可能更可取,如图 7-3 所示。例如,危险化学品的运输与其后果(可能导致死亡、财产和环境损害)的效用函数有关,如图 7-4 所示。在这种情况下,环境损害的严重程度可以

用一个主观指数来描述，如表 7-7 所示。

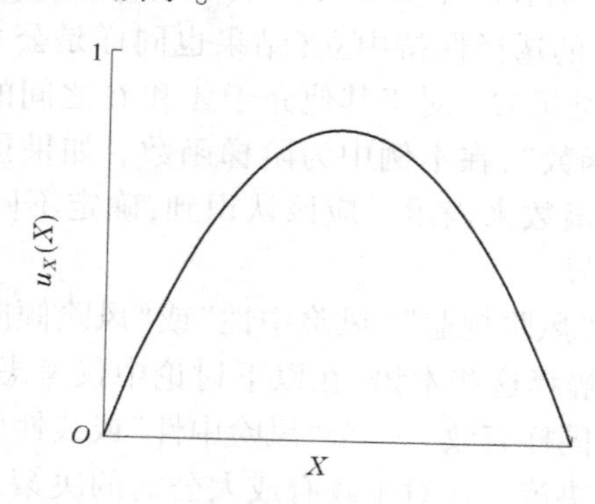

图 7-3　非单调效用函数

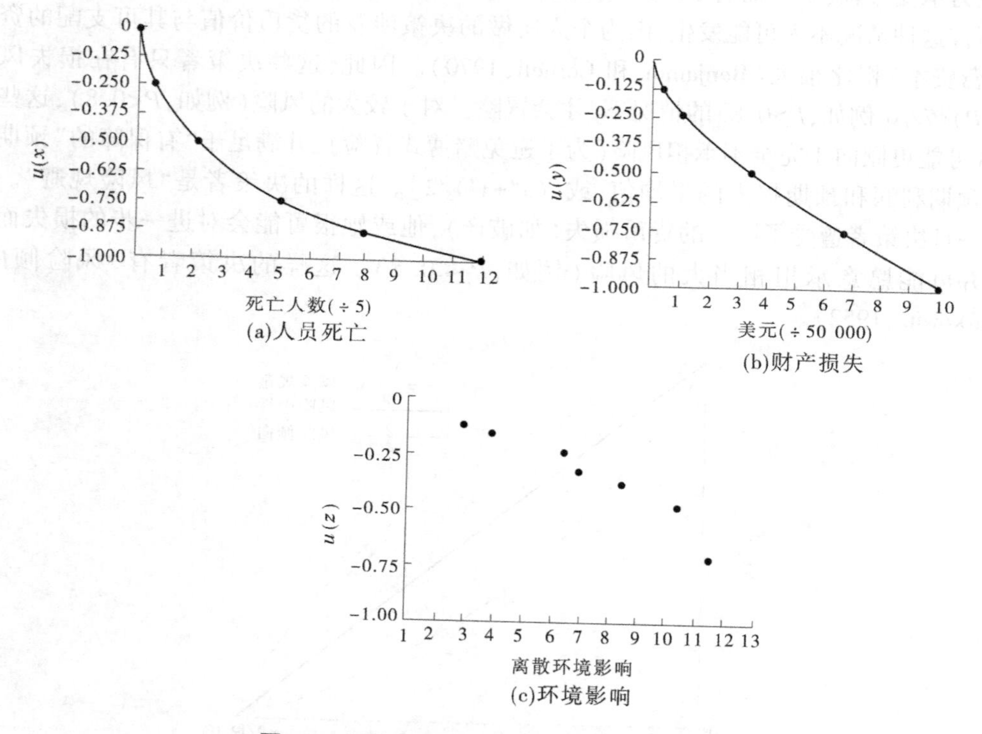

图 7-4　评估有害化学物质传播的效用函数

表 7-7　有害化学品泄漏对环境损害的测量

属性值	影响
1	无影响
2	糖或谷物等无害物质的残留表面堆积
3	美感污染(气味、蒸汽)

续表 7-7

属性值	影响
4	可除去物质(如油)的残余表面堆积
5	持续性叶片损伤(斑点变色),但叶片仍可供野生动物食用
6	持续性叶片损伤(叶片脱落),但次年新生长
7	树叶对动物仍然有毒(食入后造成死亡的间接原因)
8	由于直接接触化学物质并导致身体虚弱,动物更容易受到捕食者的影响
9	大多数小动物的死亡
10	短期(一个季节)因食用树叶的特定动物迁移而造成植物损失,最终重新造林
11	树叶死亡和动物迁徙
12	树叶和动物的死亡
13	整个环境的无用状态,不可能再造林或物种迁移

注:本表源自 Kalelkar 等(1974)。

如前所述,决策过程的目标是最大化预期效用。由于大多数决策涉及集体决策的复杂价值问题,因此(超)决策者需要解决多目标问题。这可以通过考虑所有相关方的属性(效用函数)来实现;这些属性必须聚合以生成多属性效用函数。可以使用几种方法来执行此操作;每个方法取决于属性间相关性。典型的多属性效用函数可以表示为

$$u_{X_1,X_1},\cdots,X_n(X_1,X_2,\cdots,X_n)=\sum_{i=1}^{N}k_i u_{X_i}(X_i) \tag{7-6}$$

式中,k_i 为比例常数(在 0 和 1 之间);$u_{X_i}(X_i)$ 为每个属性 X_i 的效用函数;N 为属性(效用函数)的数目。

比例常数取决于超决策者对每个属性的偏好;每个比例常数的大小是属性对决策影响的度量。Keeney 和 Raiffa(1976)和 Goicoechea 等(1982)描述了比例常数的典型计算方法。表 7-8 显示了墨西哥城机场研究中获得的一些属性及其比例常数,其中超决策者是墨西哥政府。显然,相比于随之产生的噪声水平,新机场的成本和载客量更加令人关注。如果当地居民更密切地参与决策过程,比例常数的值将发生显著变化。

表 7-8　墨西哥城机场研究的标度常数

属性	属性值	度量常数 k_i
X_1=总成本	百万比索	0.48
X_2=容量	运营/人力资源	0.60
X_3=访问时间	分钟	0.10
X_4=安全	每起飞机事故死亡人数	0.35
X_5=取代	因机场发展而流离失所的人数	0.18
X_6=噪声	受高噪声影响的人数	0.18

注:本表源自 Keeney 和 Raiffa(1976)。

对于 n 个属性，预期效用可以表示为

$$\mathrm{EU}_k[u_{X_1,X_2,\cdots,X_n}(X_1,X_2,\cdots,X_n)] = \sum_{i=1}^{M} P_i u_{X_1,X_2,\cdots,X_n}(X_1,X_2,\cdots,X_n) \tag{7-7}$$

式中，k 为正在考虑的备选方案；P_i 为每个"自然状态"i 的发生概率（与以前从系统风险分析中得到的概率一样）；M 为自然状态的数目；$X_1,X_2,\cdots,X_n$ 为与每种自然状态发生相关联的属性值；$u_{X_1,X_2,\cdots,X_n}(X_1,X_2,\cdots,X_n)$ 为多属性效用函数。

"自然状态"包括灾难性的系统故障（例如，向环境释放有毒物质）、轻微的系统故障（例如建筑物内释放有毒物质）和其他场景，特别是"安全"操作。如果每一种自然状态发生的概率（P_i）是主观获得的，则期望效用有时被称为"主观期望效用"。在这种情况下，这些主观概率通常由专家意见直接估算。

时间是影响效用的一个重要因素。心理学研究表明，决策者的效用会随着不利或有利条件的推迟而分别增加或减少（例如 Kozielecki，1975）。当决策者考虑该决策可能产生的长期后果（例如核设施产生的放射性废物）时，这一点是很重要的。偏好也可能随着时间的推移而改变；例如，当代公众比 20 年前更加了解和关注环境问题。这意味着未来可能产生的后果和偏好都会出现不确定因素。也可能某些决策变量（例如，X_i，P_i）无法通过点估计充分描述（见第 4 章）。通常，将这些变量表示为随机变量更为现实，其中方差是变量不确定性的（一阶）度量。

注意，式（7-6）和式（7-7）给出的预期效用等于式（7-1）给出的期望值，如果：

（1）所有属性以类似的术语（例如，成本）给出。

（2）所有效用函数是风险中性的[$u_{X_i}(X_i)=X_i$]。

（3）所有标量常数都等于 1。

7.4.4　其他技术

对于具有多目标的决策，已经提出了其他决策技巧，详情见 Larichev（1983）和 Goicoechea 等（1982）。然而，大多数方法（如果由同一个决策使用）通常会产生类似的决策。期望值和预期效用方法似乎是已经被任何实质性的方式验证的唯一合理的方法（Larichev，1983）。

7.5　监管安全目标

7.5.1　监管类型

与其将风险分析的结果作为基于经济或效用函数参数决策过程的一部分，不如将结果更直接地用于监管目的。通常，监管机构是由政府立法组成的公共机构。其作用是制定总体安全目标并制定具体的安全标准，监控系统性能，并在指定的安全（或相关）标准被违反时对个人或公司进行起诉。监管当局使用的安全标准可作为社会可接受（或可容忍）的风险和危险的替代标准。

在大多数情况下,工程系统的支持者或经营方需要在每一阶段开始之前(从一个或多个管理当局)获得项目的牌照、许可证或批准。如果提出修改或扩展,现有项目可能需要进行类似的审批流程。此外,监管机构可能会定期对现有系统进行安全审查,以确保持续遵守现有或修订的监管安全标准。

以违反普通法(侵权法)为基础的诉讼,如果现行条例不能充分保护个人福祉,或者现行条例不合适新技术或新兴技术,可以补充监管要求。诉讼时效、难以证明疏忽(保管责任),以及与大多数私人诉讼有关的高昂法律费用和拖延,往往使许多人不愿寻求法律补救。如果采取集体行动,则这些问题可以得到部分克服。普通法也可用于获得法院禁令,以禁止开发或操作特别危险的设施(Green,1980)。此外,刑法可用来起诉过失杀人罪或违反工作场所法规的个人(例如经营者、公司董事)。然而,陪审团不愿意对个人定罪,因为通常很难毫无疑义地证明存在重大疏忽。由于这些和其他原因,Furmston(1992)得出结论,普通法和刑法往往无法有效地威慑不安全行为。因此,各国政府往往采取立法行为(例如设立监管机构)来保护其公民免受危险活动的伤害。

美国核管理委员会(U. S. Nuclear Regulatory Commission)、英国核安装监察局(U. K. Nuclear Installation Inspecation)、英国健康与安全执行局(U. K. Health and Safety Executive)和其他监管机构通常采用的风险验收标准为风险和危害应"尽可能合理的低"(ALARP)或"尽可能合理实现的低"(ALARA)。风险水平和 ALARP 如图 7-5 所示。"低""合理""可能的"和"可实现的"等术语的定义是非常主观的,因此人们试图用更具体的(和可验证的)术语来定义这一标准,这通常意味着用概率的术语。因此,基于风险的方法可以为安全目标的制定提供某种"合理"的基础。

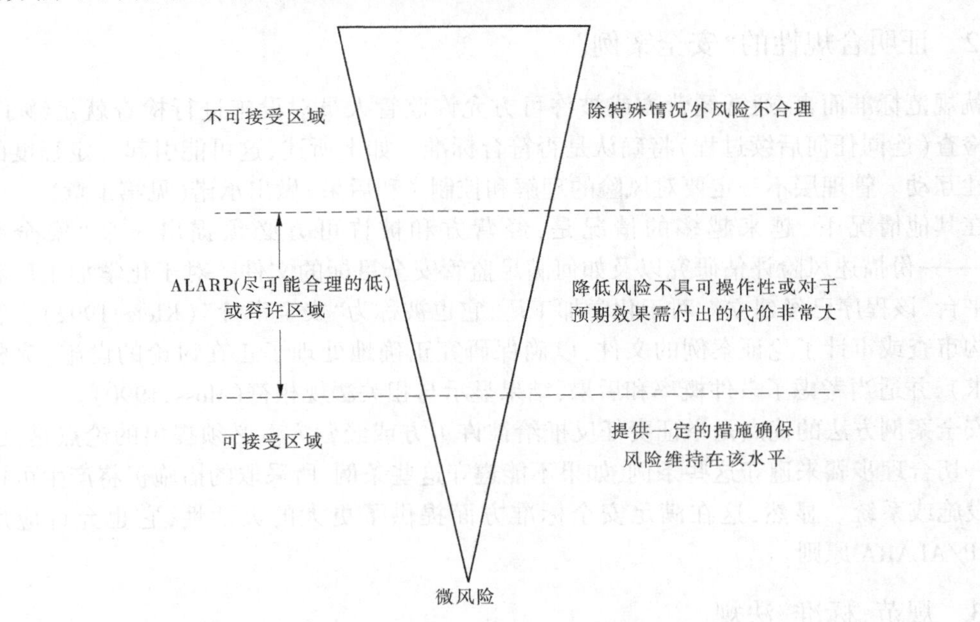

图 7-5　风险和 ALARP 级别(改编自 Sharp、Kam 和 Birkinshaw,1993)

监管安全目标正越来越多地从基于风险的思想发展而来,包括前文讨论的感知风险

和正式决策分析的概念。这些也可用于开发下列三种类型的监管安全目标:

(1)规格标准(或者视为符合);

(2)可量化的性能要求;

(3)量化安全目标。

可量化的性能要求和量化安全目标是基于性能的标准,也就是说,它们规定了需要实现的性能标准(或安全目标)。因此,执照方或经营方有责任选择系统配置、操作方法及组织架构,以达到性能水平。这使得在寻求符合规定的解决方案时可以灵活地采取行动和做出选择。越来越多的情况是,被许可方或经营方有责任提供合规证据,这是"安全案例"办法的一个重要组成部分(见 7.5.2 部分)。

另外,规范标准本质上是一种"烹饪手册"式的方法。符合设定的要求将保证验收。显然,这种方法不能为经营方或被许可方提供太多的灵活性。它也倾向于对抗性,并且有可能产生一种氛围,在这种氛围中,经营方或被许可方可能会尝试是否有可能"侥幸成功"。

管理当局使用的其他验收标准包括质量保证措施和标准的实施和遵守情况(例如,ISO 9000 系列,AS/NZS 4360—1995)。典型的质量保证措施包括定期进行危害情景分析(例如,HAZOP、FMEA)并及时处理其结果、制定书面操作程序、制定应急程序、实施安全管理制度、定期对安全管理系统进行审计(Corbett,1990;HSC,1992)。

认识到监管安全目标主要基于过去的经验是非常重要的(Allen,1992)。因此,当前的监管安全目标可能需要在获得相关的新知识时进行修订,例如从增加的操作经验、新的毒理学数据、"意外"系统故障的发生或新技术的开发中获得的知识。

7.5.2 证明合规性的"安全案例"

就规范标准而言,通常经营方或被许可方允许监管人员对设施进行检查就足够了。这种检查(连同任何后续过程)将确认是否符合标准。如上所述,这可能引起一定程度的对抗性互动。管理层不一定要对风险的理解和控制(和后果)做出承诺(见第 1 章)。

在其他情况下,越来越多的情况是,经营方和被许可方必须提出一个"安全案例"——一份描述风险评估研究以及如何满足监管安全目标的文件。对于化学加工厂和海上平台,该程序已经建立。对于化学加工厂,它也被称为"安全审计"(Kletz,1992)。管理机构审查或审计了论证案例的文件,以确保研究正确地处理了正在讨论的设施(完整性要求),并适当考虑了事件概率和后果,结果显示与相关法规相符(Moss,1990)。

安全案例方法的优点是举证责任反推给被许可方或经营方。必须提出的论点是,已采取一切合理步骤来遵守这些条例,如果不能遵守这些条例,所采取的措施仍将产生可接受的设施或系统。显然,这在满足安全标准方面提供了更大的灵活性,它也允许应用 ALARP/ALARA 原则。

7.5.3 规范、标准、法规

规范、标准或视为应该遵守的法规规定了必须采取的特定行业的安全措施。典型的规范、标准、法规包括:

(1)钢筋(钢筋混凝土梁)的最小混凝土保护层 50 mm,以达到 2 h 防火等级(AS3600,1994)。

(2)铀选矿尾矿的最小地表覆土厚度为 2.4 m(EPA,1983)。

(3)液化石油气储罐(供汽车零售店使用)与住宅物业之间的最小距离(DOP,1993)。

(4)"最佳可用技术"方法,规定在不给个人或公司造成广泛经济困难的情况下,降低最大风险来源的技术(例如,Russell 和 Gruber,1987)。

(5)"深度防御"方法,规定必须在系统中设计冗余、并联系统、安全装置(例如,应急泵)和安全特性(例如,防火墙)。

(6)为确保系统的"安全"运行而必须遵守的其他程序。

这些条例和其他法规主要来自于过去的经验,尽管它们可能来自于一般风险分析(DOP,1993)。通常,这些法规是通用的,因为它们适用于特定过程或行业的所有场所和系统配置,而不是特定于场所。因此,只要符合规范要求,规范、标准、法规并不要求必须为项目的批准进行风险分析。

如前所述,规范、标准、法规可以基于风险的分析发展而制定。例如,美国环境保护署(EPA)在 1983 年评估了控制铀厂尾矿中氡释放的措施;如果吸入氡会致癌。据估计,如果没有控制措施(铀厂矿尾矿暴露于环境中),未来 100 年内将有 600 人死于癌症。然而,一项风险分析发现,如果这些尾矿被 240 万土壤覆盖,花费 5 亿美元,那么 95%的死亡将得以避免(拯救 570 人的生命)。480 万美元的保险金将进一步降低风险,从而避免 99.5%的死亡(597 人的生命得以挽救),但代价为 7.5 亿美元。美国环境保护署(EPA)拒绝了后一种选择,因为预计死亡人数会有相当大的不确定性,并且 570 和 597 二者数值相差不大,因此额外的 2.5 亿美元"很可能什么都买不到"。因此,美国环境保护署(EPA)条例(EPA,1983)规定,铀厂尾矿的最小地表覆盖层厚度为 2.40 m(Russell 和 Gruber,1987)。

7.5.4　可量化性能要求

可量化性能需求提供了定量的但不一定是概率的标准,可以根据这些标准直接计算或度量对需求的遵守情况。典型的可量化性能要求包括:

(1)可能的最大洪水(PMF)不得超过大坝(例如,Lave 等,1990)。

(2)限制工厂人员和公众接触有害或有毒物质(例如,用于电离辐射的 50 mSv y^{-1}–HMSO,1985)。

(3)结构系统必须支持建筑设计中使用的最小设计恒、活、风、地震和雪荷载(例如,AS1170.1,1989)。

(4)如果一个或多个水密舱室"向海洋开放",船舶必须保持浮力和稳定性(Caldwell,1992)。

(5)(海上平台上的)临时安全避难的最低持续时间为 1 h(HSC, 1992)。

(6)后代不应采取任何行为保护自己免受高放射性废物的影响(IAEA,1989)。

许多可量化的性能要求都基于风险方法而制定。例如,结构工程设计规范规定,结构单元(例如柱)的抗力必须大于施加的作用力(例如,从荷载中获得的轴向力);也给出了计算荷载、作用力和抗力的设计公式。设计代码的开发人员使用了大量风险分析来涵盖各种可能的设计组合范围。这是为了确保使用规范规定的设计公式将导致可接受的“名义上”的结构失效概率。所采取的方法是要求失效的名义概率：①在一系列结构材料和加载条件下相对恒定；②不超过每年 1×10^{-4} 和 1×10^{-5} 失效概率的“目标值”。这一过程被称为“校准”，详见 Melcher(1987)。失效概率被认为是“名义上的”，因为它们是用相对简单的方法计算出来的，这些方法不一定能准确地反映实际情况，但仍然是有价值的设计模型。这项方法所采用的安全指标，是根据以往公认的结构工程惯例而获得的，一般都会被欣然接受。它们通常情况下仅用于项目之间的对比，未尝试将“名义上的”或“概念上的”概率与基于监管或社会的可容许风险水平进行比较。整个过程是相对比较，而不是绝对比较。因此，名义概率在其使用框架之外是无效的(Melcher,1993)。该程序允许在实际设计中使用传统的“安全系数”和荷载、抗力的设计方程，在传统规则背后明显地隐藏着概率基础(尽管通过校准确定了精确数值)。因此，结构设计师无须在实际设计过程进行风险分析。

7.5.5 定量安全指标

规范、标准、法规和可量化的性能要求主要适用于性能不特定于场所的系统、子系统和系统元素。然而，对许多工程系统来说，系统的性能和安全性是场所特定的，其性能受现场位置(是否接近人口区?)、生产或储存材料的有无毒性、所使用的设备和其他变量的影响。在这些情况下，为了提供工程系统配置符合一个或多个监管定量安全指标的量化证明，进行风险分析是必要的，通常此类风险分析也是强制性的。

定量安全指标通常采用基于风险的验收标准。它们基于：

(1)个别安全要求的绝对最低定量措施。

(2)低于风险极小值，被视为“微不足道的”(Byrd 和 Lave,1987)。

(3)介于风险区域之间，需要进行正式决策分析以提供风险的经济或社会合理性。

该方法遵循 7.5.1 部分引入的 ALARP 和 ALARA 原则(见图 7-5)。定量安全指标可适用于系统或子系统的特定故障(如堆芯熔化、安全系统故障)、有毒物质的释放、工厂人员和场外健康影响。确保风险满足量化的安全指标本身并不意味着风险是可以接受的。定量安全指标仅仅是一个“指标”，其他非概率标准也是判断风险总体可接受性的重要依据。

行业内部和行业之间的定量安全指标会有所不同。这是非常普遍的情况，因为它们往往是一个涉及利益相关方之间的权衡和谈判的复杂决策过程。此外，任何新的或拟议的指标都有可能通过现有的设施来实现(除非已知它们是不安全的)，特别是如果关闭设施的经济和社会影响可能是政府和当地社区无法接受的。因此，现有设施的定量安全指标往往不那么严格。

7.5.6 定量安全指标实例

7.5.6.1 美国的核电站

美国核管理委员会(USNRC)“安全目标的最终政策声明”包括两个定性安全指标和

两个定量安全指标。质量安全指标(基于 ALARA 原则)是：

(1)应向公众个人提供一定程度的保护，使其免受核电站运行的后果，使个人不对生命和健康承担重大的额外危险。

(2)核电站运行对生命和健康的社会风险应与可行的竞争性技术发电的风险相当或低于其风险，而不应额外增加其他社会风险(USNRC,1986)。

这些定性安全目标由以下定量安全指标(USNRC 称之为“定量设计目标”)定量定义：

(1)核电站现场(1 mi)附近的个人或人群因反应堆事故可能造成的“即刻死亡”(过早死亡)的风险不应超过美国民众普遍面临的其他事故造成的“即刻死亡”风险(每年 5×10^{-7})之和的 0.1%。

(2)反应堆事故可能造成的癌症死亡(潜在)对核电站附近地区(10 mi)的个人或人群的风险不应超过所有其他来源造成的癌症死亡风险(每年 2×10^{-6})之和的 0.1%。

1982 年，美国人口为 2.31 亿。由于事故和癌症，约 95 000 人和 40 000 人死亡，代表每年死亡率分别约为 5×10^{-4} 和 2×10^{-3}(Spangler, 1987)。利用这些数据及上述安全目标，可得出每年 5×10^{-7} 的量化安全指标(5×10^{-4} 的 0.1%)，用于排除 1 mi 范围内人群的即刻死亡风险。在电厂 10 mi 以内的人口中，相应的潜在死亡风险为每年 2×10^{-6}。请注意，这些定量安全指标分别适用于那些由于引发内部事件(设备故障、操作人员错误)的系统风险和外部事件的系统风险(火灾、地震)(USNRC,1989)。

7.5.6.2　英国的核电站

对于英国的核电站来说，主要的定量安全指标是发电部门的责任。核设施监察局(NII)必须接受这些既定的定量安全指标，但负责审查发电当局所进行的风险分析。主要的定量安全指标如下：

(1)导致放射性排放量的所有事故小于每年 1×10^{-4}。

(2)导致大规模不受控释放(例如，大型堆芯熔化)的单个事故少于每年 1×10^{-7}。

(3)导致大量不受控释放的所有事故少于每年 1×10^{-6}(Cannell,1987)。

7.5.6.3　澳大利亚的潜在危险工业

在城市整体规划中，存在潜在危险的工业选址是一个关键问题。一种方法是应用定量安全指标作为风险接受标准(DOP,1992)。在这个应用程序中，概率风险评估的结果通常是以风险等值线(风险取决于与危险源的距离)给出。从表 7-9 中观察到，工业开发区附近的居民提出了每年 1×10^{-6} 人死亡的定量安全指标。表 7-9 还显示，定量安全指标受到人口脆弱性及其在危险物质泄露时采取规避行为能力的影响。因此，附近医院和学校的定量安全指标比附近商业场所的指标更严格，而对工业发展的场地要求较低，因为大多数工人流动性很强，他们的风险在某种程度上是趋于自愿的。尽管如此，该指导方针建议，在每年个人死亡风险超过 1×10^{-6} 的地点应实施额外的安全更新、审查和风险降低方案。

7.5.6.4　荷兰的潜在危险工业

荷兰对新的和有潜在危险的设施通过了下列定量安全指标(Ale,1991)：

(1)每年对公众的最大个人风险为 10^{-6}(人口最低“自然死亡率”的 1%)。

表 7-9　不同土地用途的建议定量安全指标

土地利用	个人死亡风险 ($\times10^{-6}$/年)
医院、学校、儿童护理设施、老年住房	0.5
住宅、酒店、汽车旅馆、度假胜地	1
商业发展,包括零售中心、办公室和娱乐中心	5
运动中心和活动开放空间	10
工业	50

注:本表源自 DOP,1992。

(2)每年对公众造成的个人风险不足 10^{-8},被认为可以忽略不计。

(3)对于一个最多有 10 人死亡的事件,社会风险的最高水平是每年 10^{-5},后果放大"n"倍会导致最大风险水平降低"n^2"倍。

(4)对于一个最多有 10 人死亡的事件,其社会风险不足 10^{-7},被认为可以忽略不计。

上述标准大概会受到高人口密度的影响。然而,就现有设施而言,标准可以放宽一个数量级。

7.5.6.5　美国的癌症风险

在一份对 132 项与公众接触环境致癌物有关的美国联邦政府监管决定的审查中发现:

(1)如果小群体和大群体的个人终生风险分别超过 4×10^{-3} 和 3×10^{-4},则通常应采取管制措施。

(2)如果小群体和大群体的个人终生风险小于 1×10^{-4} 和 1×10^{-6},则无须采取管制行为(Travis、Richter、Crouch 等,1987)。

这表明,在 1×10^{-4} 和 1×10^{-6} 范围内的终生(癌症)风险(年死亡风险 1.3×10^{-6} 和 1.3×10^{-8})被社会认为是可以接受的,这与 Rodricks 和 Taylor(1989)报告的结果基本一致。在某些情况下,管理当局可以接受比上文(1)所述更大的风险,如果:

①暴露的人数非常少。

②如果"最佳可用技术"已经在使用。

③进一步的管制可能导致特定设施的关闭。

对于大于上文(1)和小于上文(2)的风险,有人指出,成本效益是进一步监管的主要原因,并指出,只有在风险降低的成本低于拯救每条生命花费 200 万美元时,风险才会降低。这项研究发现,监管机构对可接受风险的定量解释相当一致(Travis 等,1987)。

7.5.6.6　其他工程系统

对于其他工程系统,文献中给出了典型的定量安全指标。简单来说包括:

(1)现代航空器的飞行控制系统每小时有 1×10^{-9} 的概率出现故障(Hood 等,1992)。

(2)航天飞机每次飞行约有 10^{-2} 的概率出现故障(Paté-Cornell 和 Fischbeck,1990)。

(3)港口液化石油气(LPG)运输船每年有 1×10^{-5} 的概率出现爆炸(Process Engineering,1991)。

(4)由于大型水利工程故障导致人员死亡的概率为每年 1×10^{-6}(Lafitte,1993)。

(5)海上平台上的临时安全避难所被破坏(1 h 内)的概率为 1×10^{-3}(HSC,1992)。

上述定量安全指标均与个体死亡风险和系统故障(失效)风险相关。然而,定量安全指标也可以用其他术语表示,例如对有毒物质的剂量或接触限度、伤害风险、财产或环境损害,以及社会风险。例如,图 7-6 显示了一些欧洲国家建议或采用的社会风险的定量安全指标。值得注意的是,定量安全指标随着死亡人数的增加而变得更加严格。这种关系

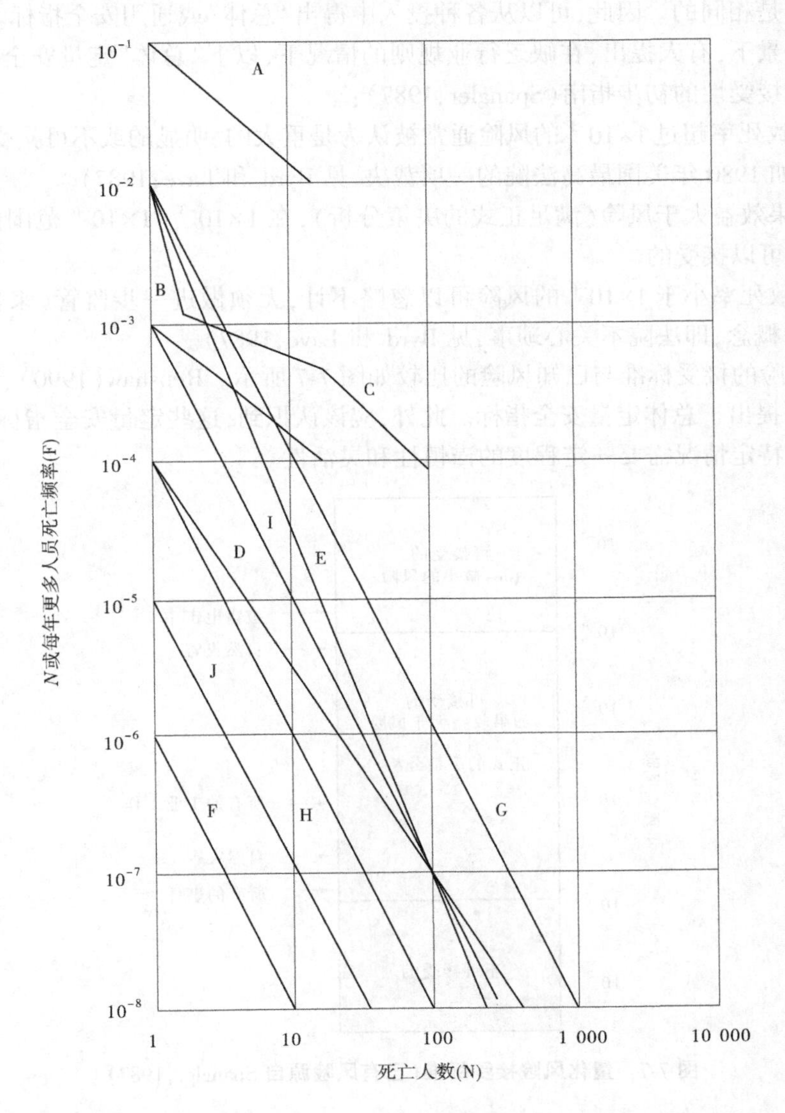

A—公司"X":不可接受界限;B—公司"X":不采取措施界限;C—公司"Y":风险目标;
D—英国核工业:不可接受界限;E—格罗宁根(荷兰城市):不可接受界限;F—格罗宁根(荷兰城市):可接受界限;
G—阿勒(伊朗城市):不可接受界限;H—阿勒(伊朗城市):可接受界限;I—荷兰:不可接受界限;J—荷兰:可接受界限

图 7-6　社会风险的量化安全目标(源自 DOP,1992)

往往反映了社会对风险的认知,即,相比于较常见的较少人死亡的事故(例如车祸),会导致数百人死亡的某单一事件(潜在的“灾难性”)更受关注,见第 7.3 节 7.3.2 部分。

7.5.6.7 **“总体”定量安全指标**

在大多数情况下,监管机构只对某一特定系统或其中有限的一组负有法律责任。这意味着不同系统提出或要求的定量安全指标可能会出现不一致,尽管如此,定量安全指标往往还是相当一致的。造成这种情况的原因是,大多数(如果不是全部)监管机构使用的方法基本上是相同的。因此,可以从各种投入中得出“总体”或通用安全指标。

在此背景下,有人提出,在缺乏行业规则的情况下,以下“总体”定量安全指标可用作判断风险可接受性的初步指南(Spangler,1987):

(1)年致死率超过 1×10^{-3} 的风险通常被认为是重大的、明显的或不可接受的,监管是强制性的(如 1980 年美国最高法院的一项裁决,见 Byrd 和 Lave;1987)。

(2)如果效益大于风险(满足正式的决策分析),在 $1\times10^{-3}\sim1\times10^{-6}$ 范围内的年致命风险通常是可以接受的。

(3)年致死率小于 1×10^{-6} 的风险可以忽略不计,无须做进一步监管(来自普通法中“极简主义”概念,即法院不关心琐事,见 Byrd 和 Lave,1987)。

这些风险的接受标准与已知风险的比较如图 7-7 所示。Renshaw(1990)、Paté-Cornell(1994)等也提出了总体定量安全指标。此外,应该认识到,这些定量安全指标是“总体性的”,应用于特定情况需要一定程度的谨慎性和灵活性。

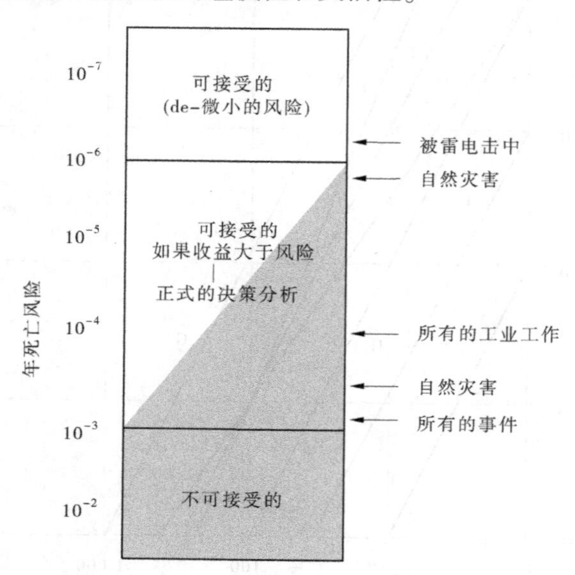

图 7-7　量化风险接受标准(已有风险源自 Spangler,1987)

7.5.7　一些问题

系统风险估计的精度不一定很高。在前几章中可以看到,在系统定义、系统表示、管理系统的标准、模型和参数值的选择、人为错误,以及风险分析过程的许多其他方面都存在局限性和不确定性。因此,如第6章所述,系统风险的估计存在一定程度的不确定性。此外,系统风险的单点估计(例如,从QRA获得)没有提供任何关于不确定性的信息(除了通过敏感性分析)。进行PRA更有意义,因为它允许通过系统分析传播不确定性。通过这种方式,整个系统风险可以用概率分布来表示,以差异作为衡量系统风险不确定性的尺度(见第6.3节)。然而,PRA方法只能传播已知的不确定性。此外,它不能反映不确定因素,如模型选择、对系统的了解和其他不确定因素(甚至错误),这些不确定性是分析师所不知道或者是无法量化的。此外,量化安全指标是否应与系统风险的平均值、中位数或某些置信上限(例如80%、90%或95%百分位数)进行比较,始终是不明确的。考虑到系统风险的概率估计,有人建议应采用"谨慎的悲观主义",并建议监管定量安全指标应参照置信上限,确保以保守的方式使用风险接受标准,这并不是普遍的。例如,USNRC似乎使用了平均系统风险来评估对定量安全指标的遵守情况(Paté-Cornell,1994)。

鉴于系统风险估计的不确定性,系统风险估计可能更合适仅用于"比较"或"相对"风险的目的。这可能包括风险管理措施的优先次序(风险等级)和类似项目的计算系统风险的"校准"(见第7.5节7.5.4部分)。此外,如第6章所述,应进行敏感性分析,以确定假设和不确定性对最终决定的影响。

以上讨论可以扩展。将定量安全指标表示为点估计值,不能反映风险接受标准的可变性和不确定性。将定量安全指标用概率分布来表示可能更现实,其形状代表了与建立定量安全指标相关的个人的不同技术、经济、社会和政治观点(Ra、Kee和Chang,1993)。这样的定量安全指标可以用来推断系统风险的概率接受程度(例如,14%接受该风险),而点估计定量安全指标仅仅表示风险的可接受性或不可接受性。

如果该系统受到多个监管机构的监管,则可能会出现不一致的情况。如果法规只关注系统故障的一个方面,也可能发生这种情况。Lave等(1990)提供了一个例子,世界卫生组织指出,大坝的监管安全标准是,它们应当能够抵抗:

(1)可能的最大洪水(PMF),发生的可能性为10^{-4}~10^{-6}/年。

(2)地震发生可能性为10^{-3}/年。

(3)大风发生的可能性为10^{-3}/年。

由于发生特大洪水而导致水坝倒塌的安全指标比其他原因水坝倒塌的安全指标更为严格,但水坝倒塌的潜在后果都是相同的。最后,人们普遍关注的是,基于定量的监管安全目标的设定可能使风险管理过程纯粹成为"数字游戏",游戏的主要目标变成了展示其合规性,而不是评估、审查和改善其安全性。这种担心是有道理的。因此,重要的是:

(1)定量安全指标必须附有用于风险分析和风险评估的模型、可靠性数据、假设和方法的准则。

(2)进行质量保证和同行审查,以验证风险分析和风险评估的质量。

前文中(1)的目标是,在某种程度上,确保由不同分析人员得出的系统风险至少在类似的系统配置中具有可比性。第二个问题将在第7.6节讨论。显然,本节所确定的许多问题尚未解决。读者可以参考Tweeddale(1993)、Melchers(1993)和Paté-Cornell(1994)获得更详细的信息。

7.6 质量保证和同行审查

由于风险分析的结果会对设施的设计、管理以及监管和许可决定产生重大影响,因此实施某种形式的控制是很重要的。这通常包括质量保证措施和同行审查,后者尤其适用于大型系统。质量保证程序往往集中于内部程序和实践的审查。同行审查由风险分析和风险评估程序领域的公认专家(在本例中)进行的独立和批判性的评审组成。

风险分析的组织、技术工作和文件相关的潜在问题领域如表 7-10 所示。这些事项可能对风险分析的质量及其结果产生重大影响。在 12 次核电厂 PRA 同行审查中,提出了许多重要的问题(见图 7-8)。这些包括:

表 7-10　影响 PRA 研究的技术充分性的潜在问题领域

领域	属性
组织	经验,平衡,整合,沟通,责任
技术工作	完整性,准确性,定量,核实,一致性
文档	清晰度,可追溯性

注:本表源自 EPRI(1983)。

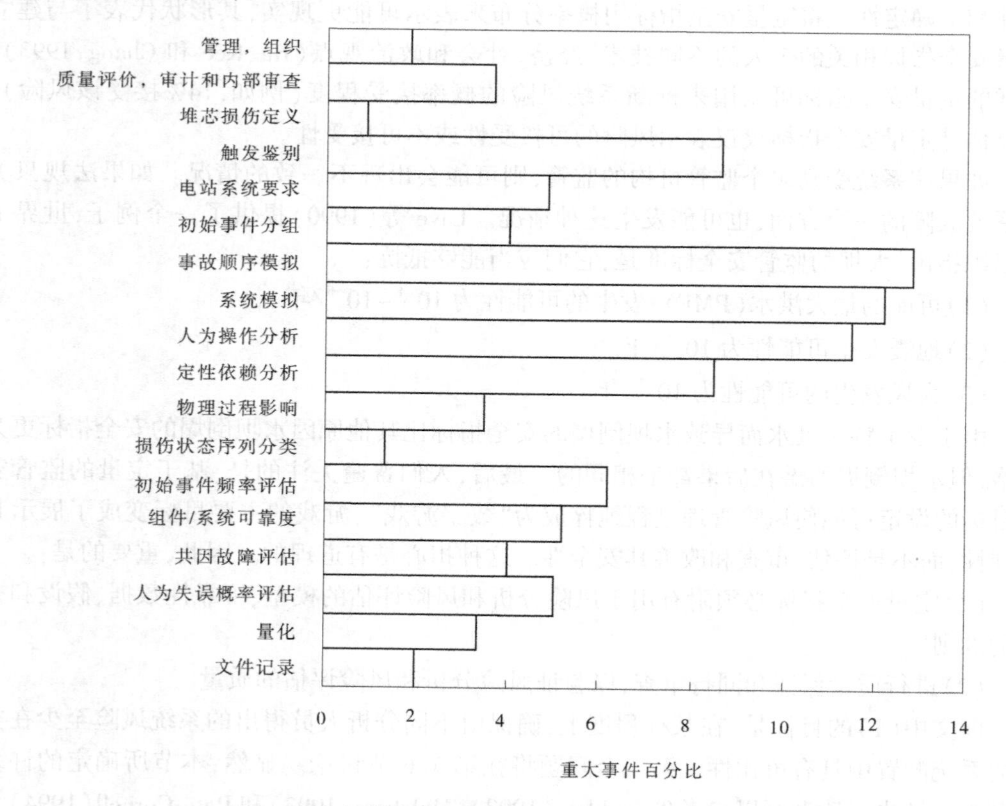

图 7-8　核电站 PRAs 重大事件(改编自 Gubler, 1995)

(1)事故顺序和系统建模。

(2)人员绩效分析。

(3)确定起因。

质量保证措施应解决这些重要问题。EPRI(1983)所描述的准则表明,这通常是通过内部行业内部审查来完成的,其中,任务内的工作由同任务组的其他成员评审。工厂和设计人员应包括在审查小组中,此外,还应进行内部跨学科审查(超出个别任务边界的审查),以补充学科内部审查。

例如,国际原子能机构为核设施的风险分析的同行审查提供了非常全面和通用的准则(IAEA,1995)。这些准则指出,同行审查的目标是:

(1)评估在PRA(或风险分析)中处理重要技术和方法问题的充分性。

(2)评估PRA的具体结论和应用是否得到基础技术分析(风险评估)的充分支持。

因此,同行审查也可满足质量保证认可的要求。它还可能减少组织偏差,分析偏差,并将增加分析师或监管机构的经验。此外,Gubler(1995)指出,同行审查的一个重要方面是进行审查的国际专家与PRA成员之间的沟通和意见交流。因此,同行审查将提高风险分析/评估和决策过程的质量,从而提高决策的可信度。这对于具有重大潜在政治和公共影响的决定尤其重要。请注意,同行审查应补充而不是取代定期的内部审查和其他质量保证措施。

7.7　总　结

风险和危险的可接受性既受到(可能接触到这些风险的)人们对风险的感知的影响,也受正式决策过程结果的影响。监管安全指标往往反映了这两个问题。对某一特定风险水平的看法受到一系列心理和社会人口统计变量的影响,这些变量反映了社会的价值观、信仰和态度,特别是最可能受到风险影响的社会部分。正式的决策分析,如期望值(风险—成本—效益)和预期效用方法,为决策者提供了分析技术,以评估可能的后果或结果的偏好。由于社会态度和优先事项的变化或对新危险的应急知识的出现,风险的可接受性及其所做的决定将随着时间的推移而有所不同。

如果适当实施监管安全标准往往会反映出社会愿意容忍的风险程度和危害程度。安全标准可以通过多种方式设置,最符合逻辑的方法是基于风险的方法,此类方法需要进行风险分析,以证明符合监管安全标准。核工业、化工业和海上工业的监管安全标准或目标规定,系统故障的风险必须满足一套具体的定量安全指标。由于风险评估的不精确程度,因此风险接受标准的设定是有争议的。然而,根据具体情况,定量安全指标一般定为每人每年死亡风险为 $1\times10^{-3}\sim1\times10^{-7}$,还采取了严重事故风险、有毒物质释放风险和子系统故障风险等措施。

虽然遵守定量安全指标是接受风险的一个重要标准,但不应将其视为决策的唯一标准。还需要考虑其他事项,如成功实施其他可量化的业绩要求、质量保证标准以及一般的经济和政治问题等。

最后,Cox和Ricci(1989)得出结论"技术风险的可接受性不仅是风险统计和客观数字的问题,而且是社会过程和社会愿意做出的权衡以实现平均合理公平、有效、可行和可接受的总体决策目标。同样明显的是,与风险接受标准相关的问题很复杂,而且存在相当大的不确定性;许多问题尚未完全解决。关于这个主题的进一步阅读,读者可以参考 Philley (1992), Pidgeon 等 (1992), Hood 等(1992), Reid (1992), Russell 和 Gruber (1987), Ricci 等(1989), Wilson 和 Crouch (1987), Whipple (1987), Cox 和 Ricci (1989), Kemp (1991)等。

参考文献

[1] Ale, B. J. M. (1991), Risk Analysis and Risk Policy in the Netherlands and the EEC, Journal of Loss Prevention in the Process Industries, Vol. 4, pp. 58-64.

[2] Allen, D. E. (1992), The Role of Regulations and Codes, in Engineering Safety, D. Blockley (Ed.), McGraw-Hill, London, pp. 371-384.

[3] AS1170. 1 (1989), Minimum Design Loads on Structures: Part 1 - Dead and Live Loads and Load Combinations, Standards Association of Australia, Sydney.

[4] AS3600 (1994), Concrete Structures, Standards Association of Australia, Sydney.

[5] AS/NZS 4360 (1995), Risk Management, Standards Association of Australia, Sydney.

[6] Atallah, S. (1980), Assessing and Managing Industrial Risk, Chemical Engineering, September 8, pp. 940103.

[7] Benjamin, J. R. and Cornell, C. A. (1970), Probability, Statistics, and Decision for Civil Engineers, McGraw-Hill, New York.

[8] Brehmer, B. (1994), Psychology of Risk Characterisation. In B. Brehmer and N. E. Sahlen (eds), Future Risks and Risk Management.

[9] Byrd, D. and Lave, L. (1987), Significant Risk is Not the Antonym of De Minimis Risk, in De Minimis Risk, C. Whipple (Ed.), Plenum Press, New York, pp. 41-60.

[10] Caldwell, J. B. (1992), Marine Structures, in Engineering Safety, D. Blockley (Ed.), McGraw-Hill, London, pp. 224-267.

[11] Cannell, W. (1987), Probabilistic Reliability Analysis, Quantitative Safety Goals, and Nuclear Licensing in the United Kingdom, Risk Analysis, Vol. 7, No. 3, pp. 311-319.

[12] Corbett, R. A. (1990), Proposed OSHA Safety Regs Target Process Plant Procedures, Oil and Gas Journal, Vol. 88, No. 34, pp. 80-84.

[13] Cox, L. A. and Ricci, P. F. (1989), Legal and Philosophical Aspects of Risk Analysis, in The Risk Assessment of Environmental and Human Health Hazards: A Textbook of Case Studies, D. J. Paustenbach (Ed.), Wiley, New York, pp. 1017-1063.

[14] Cox, D., Crossland, B., Darby, S. C., Forman, D., Fox, A. J., Gore, S. M., Hambly, E. C., Kletz, T. A. and Neill, N. V. (1992), Estimation of Risks From Observations on Humans, Risk: Analysis, Perception and Management, The Royal Society, London, pp. 67-87.

[15] Delbridge, P. (1990), Public Participation in Risk Assessments, Plant/Operations Progress, Vol. 9, No. 3, pp. 183-185.

[16] DOE (1990), The Public Enquiry into the Piper Alpha Disaster, Department of the Energy, Cm 1310, HMSO, London.

[17] DOP (1992), Risk Criteria for Land Use Safety Planning, Hazardous Industry Planning Advisory Paper No. 4, Department of Planning, Sydney, Australia.

[18] DOP (1993), Liquefied Petroleum Gas Automotive Retail Outlets, Hazardous Industry Locational Guidelines No. 1, Department of Planning, Sydney, Australia.

[19] Douglas, M. (1987), How Institutions Think, Routledge, London.

[20] EPA (1983), Environmental Standards for Uranium and Thorium Mill Tailings at Licensed Commercial Processing Sites; Final Rule, U. S. Environmental Protection Agency, Federal Register, Vol. 48, pp. 45926.

[21] EPRI (1983), An Approach to the Assurance of Technical Adequacy in Probabilistic Risk Assessment of Light Water Reactors, Rep. EPRI-NP-3298, Electric Power Research Institute, Palo Alto, California.

[22] Fischer, A., Chestnut, L. G. and Violette, D. M. (1989), The Value of Reducing Risks of Death: A Note of New Evidence, Journal of Policy Analysis and Management, Vol. 8, No. 1, pp. 88-100.

[23] Fischhoff, B., Lichtenstein, S., Slovic, P., Derby, S. L., and Keeney, R. L. (1981), Acceptable Risk, Cambridge University Press, Cambridge.

[24] Fischhoff, B. (1989), Risk: A Guide to Controversy, in Improving Risk Communication, National Academy Press, Washington, D. C.

[25] Furmston, M. P. (1992), Reliability and the Law, in Engineering Safety, D. Blockley (Ed.), McGraw-Hill, London, pp. 385-401.

[26] Gardener, C. T. and Gould, L. C. (1989), Public Perceptions of the Risks and Benefits of Technology, Risk Analysis, Vol. 9, pp. 225-242.

[27] Goicoechea, A., Hansen, D. R. and Duckstein, L. (1982), Multiobjective Decision Analysis with Engineering and Business Applications, Wiley, New York.

[28] Green, C. H. and Brown, R. A. (1978), Counting Lives, Journal of Occupational Accidents, Vol. 2, pp. 55-70.

[29] Green, H. P. (1980), The Role of Law in Determining Acceptability of Risk, (in) Societal Risk Assessment: How Safe is Safe Enough?, R. C. Schwing and W. A. Albers (Eds.), Plenum Press, New York, pp. 255-266.

[30] Gubler, R. (1995), International Peer Review Service (IPERS) of the IAEA, Status and Experience, PSA'95 Conference.

[31] Gutmanis, I. and Jaksch, J. A. (1984), High-Consequence Analysis, Evaluation, and Application of Select Criteria, in Low-Probability High-Consequence Risk Analysis, R. A. Waller and V. T. Covello (Eds.), Plenum Press, New York, pp. 393-424.

[32] HMSO (1985), The Ionising Radiations Regulations 1985, Statutory Instrument 1985, No. 1333, HMSO, London.

[33] Hood, C. C., Jones, D. K. C., Pidgeon, N. F., Turner, B. A., Gibson, R., Bevan-Davies, C., Funtowicz, S. O., Horlick-Jones, T., McDermid, J. A., Penning-Rowsell, E. C., Ravetz, J. R., Sime, J. D. and Wells, C. (1992), Risk Management, Risk: Analysis, Perception and Management, The Royal Society, London, pp. 135-192.

[34] HSC (1992), Draft Offshore Installations (Safety Case) Regulations 199-, Health and Safety Commission, U. K.

[35] HSE (1988), The Tolerability of Risk from Nuclear Power Stations, Health and Safety Executive, HMSO, London.

[36] IAEA (1989), Safety Principles and Technical Criteria for the Underground Disposal of High-Level Radioactive Wastes, International Atomic Energy Agency, IAEA Safety Series No. 99, Vienna.

[37] IAEA (1995), IPERS Guidelines for the International Peer Review Service, International Atomic Energy Agency, IAEA-TECDOC-832, Vienna.

[38] ISO 9000 (1987), Quality Management and Quality Assurance Standards, International Organization for Standardization.

[39] Jasanoff, S. (1984), Compensation Issues Related to LP/HC Events: The Case of Toxic Chemicals, in Low-Probability High-Consequence Risk Analysis, R. A. Waller and V. T. Covello (Eds.), Plenum Press, New York, pp. 361-371.

[40] Jasanoff, S. (1993), Bridging the Two Cultures of Risk Analysis, Risk Analysis, Vol. 13, No. 2, pp. 123-129.

[41] Johnson, J. W. (1990), Nuclear Power and the Price-Anderson Act: An Overview of a Policy in Transition, Journal of Political History, Vol. 2, No. 2, pp. 213-232.

[42] Kalelkar, A. S., Partridge, L. J. and Brooks, R. E. (1974), Decision Analysis in Hazardous Material Transportation, Proceedings of the 1974 National Conference on Control of Hazardous Material Spills, American Institute of Chemical Engineers, San Francisco, pp. 336-344.

[43] Keeney, R. L. and Raiffa, H. (1976), Decisions with Multiple Objectives: Preferences and Value Tradeoffs, Wiley, New York.

[44] Kemp, R. V. (1991), Risk Tolerance and Safety Management, Reliability Engineering and System Safety, Vol. 31, pp. 345-353.

[45] Kletz, T. A. (1992), Process Industrial Safety, in Engineering Safety, D. Blockley (Ed.), McGraw-Hill, London, pp. 347-368.

[46] Kozielecki, J. (1975), Psychological Decision Theory, D. Reidel Publishing Company, Dordre, Netherlands.

[47] Lafitte, R. (1993), Probabilistic Risk Analysis of Large Dams: Its Value and Limits, Water Power and Dam Construction, Vol. 45, No. 3, pp. 13-16.

[48] Larichev, O. I. (1983), Systems Analysis and Decision Making, in Analysing and Aiding Decision Processes, P. Humphreys, O. Svenson and A. Vari (Eds.), North-Holland, pp. 125-144.

[49] Lave, L. B. (1987), Health and Safety Risk Analyses: Information About Better Decisions, Science, Vol. 236, pp. 291-295.

[50] Lave, L. B., Resendiz-Carrillo, D. and McMichael, F. C. (1990), Safety Goals for High-Hazard Safety Goals, Water Resources Research, Vol. 26, No. 7, pp. 1383-1391.

[51] Lichtenstein, S., Slovic, P., Fischhoff, B., Layman, M. and Combs, B. (1978), Judged Frequency of Lethal Events, Journal of Experimental Psychology (Human Learning and Memory), Vol. 4, pp. 551-578.

[52] Lind, N. C., Nathwani, J. S. and Siddall, E. (1991), Management of Risk in the Public Interest, Canadian Journal of Civil Engineering, Vol. 18, pp. 446-453.

[53] Marin, A. (1992), Costs and Denefits of Risk Reduction, Risk: Analysis, Perception and Management, The Royal Society, London, pp. 192-201.

[54] Markowitz, H. (1952), The Utility of Wealth, Journal of Political Economy, Vol. 60, No. 2, pp. 151-158.

[55] Melchers, R. E. (1987), Structural Reliability: Analysis and Prediction, Ellis Horwood, Chichester,

England.

[56] Melchers, R. E. (1993), Society, Tolerable Risk and the ALARP Principle, Probabilistic Risk and Hazard Assessment, R. E. Melchers and M. G. Stewart (Eds.), Balkema, Netherlands, pp. 243-252.

[57] Meyer, M. B. (1984), Catastrophic Loss Risks: An Economic and Legal Analysis, and a Model State Statute. in Low-Probability High-Consequence Risk Analysis, R. A. Waller and V. T. Covello (Eds.), Plenum Press, New York, pp. 337-360.

[58] Morone, J. F. and Woodhouse, E. J. (1989), The Demise of Nuclear Energy? Lessons from Democratic Control Of Technology, Yale University Press.

[59] Moss, T. R. (1990), Auditing Offshore Safety Risk Assessments, Journal of Petroleum Technology, Vol. 42, No. 10, pp. 1241-1243.

[60] Otway, H. J. and Wynne, B. (1989), Risk Communication: Paradigm and Paradox, Risk Analysis, Vol. 9, pp. 141-145.

[61] Otway, H. J. and von Winterfeldt, D. (1982), Beyond Acceptable Risk: on the Social Acceptability of Technologies, Policy Sciences, Vol. 14, pp. 247-256.

[62] Paté-Cornell, M. E. (1984), Aggregation of Opinions and Preferences in Decision Problems, in Low-Probability High-Consequence Risk Analysis, R. A. Waller and V. T. Covello (Eds.), Plenum Press, New York, pp. 493-503.

[63] Paté-Cornell, M. E. and Fischbeck, P. S. (1990), Safety of the Thermal Protection System of the Space Shuttle Orbiter: Quantitative Analysis and Organizational Factors-Phase 1: Risk-Based Priority Scale and Preliminary Observations, Report to the National Aeronautics and Space Administration.

[64] Paté-Cornell (1994), Quantitative Safety Goals for Risk Management of Industrial Facilities, Structural Safety, Vol. 13, pp. 145-157.

[65] Philley, J. O. (1992), Acceptable Risk - An Overview, Plant/Operations Progress, Vol. 11, No. 4, pp. 218-223.

[66] Pidgeon, N., Hood, C., Jones, D., Turner, B., Gibson, R. (1992), Risk Perception, Risk: Analysis, Perception and Management, The Royal Society, London, pp. 89-134.

[67] Power, T. M. (1980), The Economic Value of the Quality of Life, Westview Press, Boulder, Colorado.

[68] Process Engineering (1991), Refining Attitudes Towards a Risky Business, Process Engineering, Vol. 72, No. 4, pp. 43-44.

[69] Ra, K-Y., Lee, B-W. and Chang, S-H. (1993), A Probabilistic Safety Criterion for Core Melt Frequency Based on the Distribution of the Public's Safety Goals, Nuclear Technology, Vol. 101, pp. 149-158.

[70] Reid, S. G. (1992), Acceptable Risk, in Engineering Safety, D. Blockley (Ed.), McGraw-Hill, London, pp. 138-166.

[71] Renshaw, F. M. (1990), A Major Accident Prevention Program, Plant/Operations Progress, Vol. 9, No. 3, pp. 194-197.

[72] Ricci, P. F., Cox, L. A., and Dwyer, J. P. (1989), Acceptable Cancer Risks: Probabilities and Beyond, Journal of the Air Pollution and Control Association, JAPCA, Vol. 39, No. 8, pp. 1046-1053.

[73] Rodricks, J. V. and Taylor, M. R. (1989), Comparison of Risk Management in U. S. Regulatory Agencies, Journal of Hazardous Materials, Vol. 21, No. 3, pp. 239-253.

[74] Rohrmann, R. (1995), Technological Risks - Perception, Evaluation and Communication, Integrated

Risk Assessment: Current Practice and New Directions, R. E. Melchers and M. G. Stewart (Eds.), Balkema, Netherlands, pp. 7-13.

[75] Russell, M. and Gruber, M. (1987), Risk Assessment in Environmental Policy-Making, Science, Vol. 236, pp. 286-290.

[76] Sharp, J. V., Kam, J. C. and Birkinshaw, M. (1993), Review of Criteria for Inspection and Maintenance of North Sea Structures, Proceedings 1993 OMAE, Vol. 2, Safety and Reliability, pp. 363-368.

[77] Slovic, P., Fischhoff, B., and Lichtenstein, S. (1980), Facts and Fears: Understanding Perceived Risk, (in) Societal Risk Assessment: How Safe is Safe Enough?, R. C. Schwing and W. A. Albers (Eds.), Plenum Press, New York, pp. 181-216.

[78] Slovic, P. (1995), Perceived Risk, Trust and Democracy, Risk Management Quarterly, U. S. Department of Energy, Vol. 3, No. 2, pp. 4-13.

[79] Spangler, M. D. (1987), A Summary Perspective on NRC's Implicit and Explicit Use of De Minimis Risk Concepts in Regulating for Radiological Protection in the Nuclear Fuel Cycle, in De Minimis Risk, C. Whipple (Ed.), Plenum Press, New York, pp. 111-143.

[80] Tann, R. V. (1992), Transportation of Nuclear Materials, in Assessment and Control of Risks to the Environment and to People, R. F. Cox (Ed.), The Safety and Reliability Society, Manchester, U. K., pp. 15/1 - 15/6.

[81] Travis, C. C., Richter, S. A., Crouch, E. A. C., Wilson, R. and Klema, E. D. (1987), Cancer Risk Management: A Review of 132 Federal Regulatory Decisions, Environmental Science and Technology, Vol. 21, No. 5, pp. 415-420.

[82] Tweeddale, H. M. (1993), Maximising the Usefulness of Risk Assessment, Probabilistic Risk and Hazard Assessment, R. E. Melchers and M. G. Stewart (Eds.), Balkema, Netherlands, pp. 1-11.

[83] USNRC (1975), An Assessment of Accident Risks in U. S. Nuclear Power Plants, United States Nuclear Regulatory Commission, WASH-1400, NUREG-75/014, Washington, D. C.

[84] USNRC (1986), Safety Goals for the Operation of Nuclear Power Plants; Policy Statement, U. S. Nuclear Regulatory Commission, Federal Register, Vol. 51, pp. 30028.

[85] USNRC (1989), Severe Accident Risks: An Assessment for Five Nuclear Power Plants, NUREG-1150, US Nuclear Regulatory Commission, Washington, D. C.

[86] Wilson, R. and Crouch, E. A. C. (1987), Risk Assessment and Comparisons: An Introduction, Science, Vol. 236, pp. 267-270.

[87] Whipple, C. (1987), De Minimis Risk, Plenum Press, New York.

附录　应　用

A.1　简　介

将概率风险和危害评估应用于典型工程系统有助于说明本书中提出的基本思想;即工程系统的系统风险概率测量的计算、有用性、局限性和不确定性。还将注意到,不同系统所采用的方法和风险分析/评估技术之间有很大程度的共性。这一点在以下相关的应用中进行了说明:①核电厂;②化学品储存设施;③航天飞机轨道器;④结构受拉构件的设计规则;⑤重力坝。

A.2　核电厂

美国核管理委员会(USNRC)进行了一项研究,对五座核电厂的严重事故风险进行评估,每座核电厂都有不同的设计(USNRC,1989)。这项研究旨在:①确定产生风险漏洞的特定工厂设计和运营特征,并因此启动适当的管理计划;②将系统风险与美国核管理委员会(USNRC)的安全目标进行比较。系统风险评估是针对堆芯损坏、事故进展、辐射防护和场外后果(辐射释放和公共安全风险)得到的。利用事件和故障树系统表示的概率风险分析(PRA)被用作主要的操作工具,见图 A-1。事件树逻辑用于 PRA 的人员可靠性分析(HRA)部分。

PRA 纳入了以下影响:

(1)"内部事件":①设备故障。②操作员错误:事故前错误;正常操作条件下的错误(例如,错误读取仪表或转动刻度盘),主要是"滑动"型错误。由 THERP 数据库量化的错误事件。

(2)事故后错误:未能响应或无法从事故状态中恢复,主要是"错误"类型的错误。使用时间可靠性相关性量化的错误事件(例如,HCR 数据库)。

(3)"外部事件":火灾(如控制室、辅助厂房),地震。

本书中考虑的几项任务的错误率和错误因素如表 A-1 所示。由于空难、飓风和洪水的发生频率较低,因此将其排除在分析之外。

设备和操作员表现的不确定性(或可变性)通过风险分析传播,因此堆芯损坏频率和其他风险被表示为概率分布,见图 A-2。对于弗吉尼亚州的 Surry 核电厂(容量为 788 MW 的压水反应堆),从 PRA 获得的核心损坏的平均风险如表 A-2 所示。操作员错误导致的堆芯损坏的平均风险是从一项包含人为错误影响的分析中获得的。设备故障指的是所有人为错误的错误率都等于零的分析。表 A-2 显示,人为错误是造成核心损坏风险的主要因素。

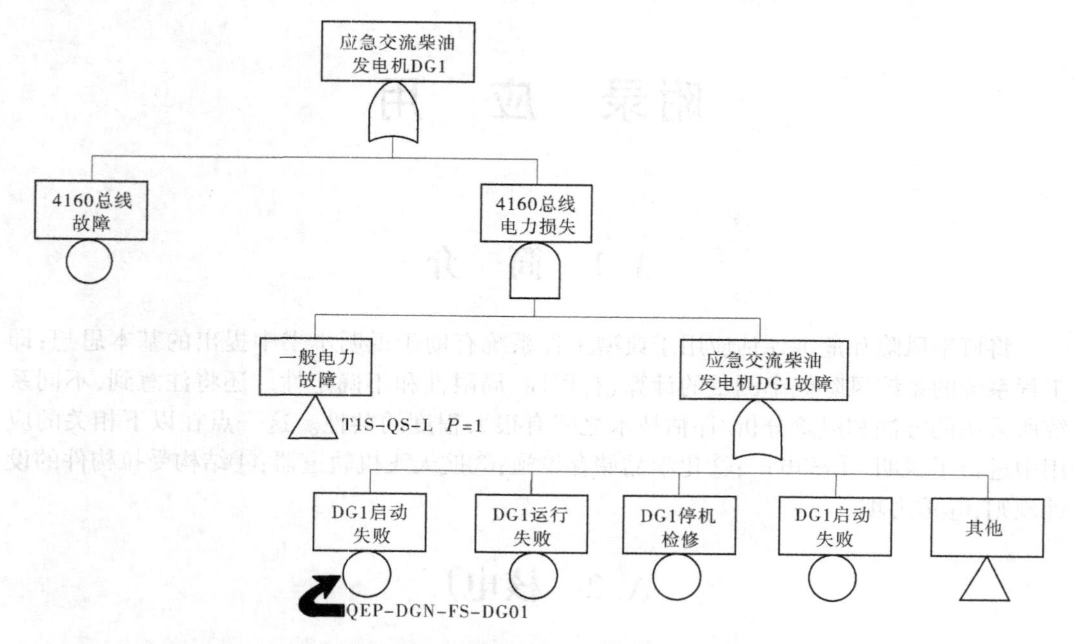

图 A-1　应急柴油发电机简化故障树(源自 USNRC,1989)

表 A-1　核电厂运行中典型的人为错误率(改编自 USNRC,1989)

人为错误	错误率	错误因子(EF)
仪器共模校准误差	2.5×10^{-5}	10
泵在隔离和维修过程中的故障	3.0×10^{-5}	16
操作人员未能启动液面控制	1.0×10^{-3}	5

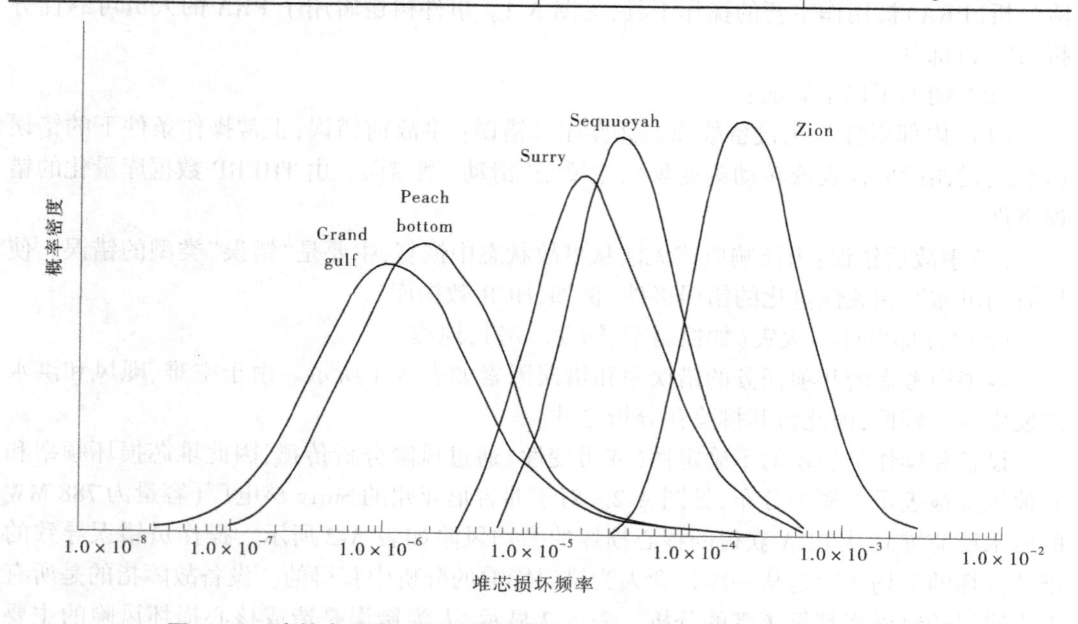

图 A-2　5 座核电站内部事件引起的堆芯损坏风险(源自 USNRC,1989)

表 A-2 Surry 核电厂堆芯损坏的平均风险(改编自 USNRC，1989)

	堆芯损坏的平均风险(每年)
内部事件:设备故障	1.1×10^{-5}
操作员错误	2.9×10^{-5}
外部事件:地震(LLNL)	1.2×10^{-4}
地震(EPRI)	2.5×10^{-5}
火灾	1.1×10^{-5}

注:地震分析使用了两个数据源:LLNL(劳伦斯利弗莫尔国家实验室)和 EPRI(电力研究所)。

公共风险(系统风险的一种度量)的估计也是从公共风险评估中获得的(见表 A-3)。美国核管理委员会(USNRC)针对不同的公共风险措施采用了以下定量安全目标：

表 A-3 Surry 核电厂的公众风险估计(每年)(改编自 USNRC，1989)

	内部起因	火灾
早期癌症致死率	2×10^{-6}	3×10^{-8}
潜在癌症致死率	5×10^{-3}	3×10^{-4}
50 mi 范围内的人口剂量	5 rems	0.4 rems
整个场址区域内的人口剂量	30 rems	2 rems
在 NPP 禁区边界 1 mi 以内的人群中个体早期癌症死亡风险	2×10^{-8}	7×10^{-10}
核电厂周边 10 mi 内人群的个体潜在癌症死亡风险	2×10^{-9}	1×10^{-10}

(1)5×10^{-7}——距核电厂禁区边界 1 mi 以内人口的平均个体早期死亡风险。

(2)2×10^{-6}——核电厂所在地 10 mi 范围内人群的平均个体潜在癌症致死风险。

这些安全目标基于这样的要求,即 NPP 事故的风险测量值不得超过美国人口通常面临的所有其他原因导致的早期或潜在死亡风险总和的 0.1%。

关于现外释放的后果的信息已纳入 PRA。研究发现内部引发事件的相关公共风险估计值“远低于”美国核管理委员会针对所有 5 个核电厂的安全目标,见图 A-3。然而,还就适当的设计变更和管理方案提出了广泛而详细的建议,以进一步降低事故的风险和后果。

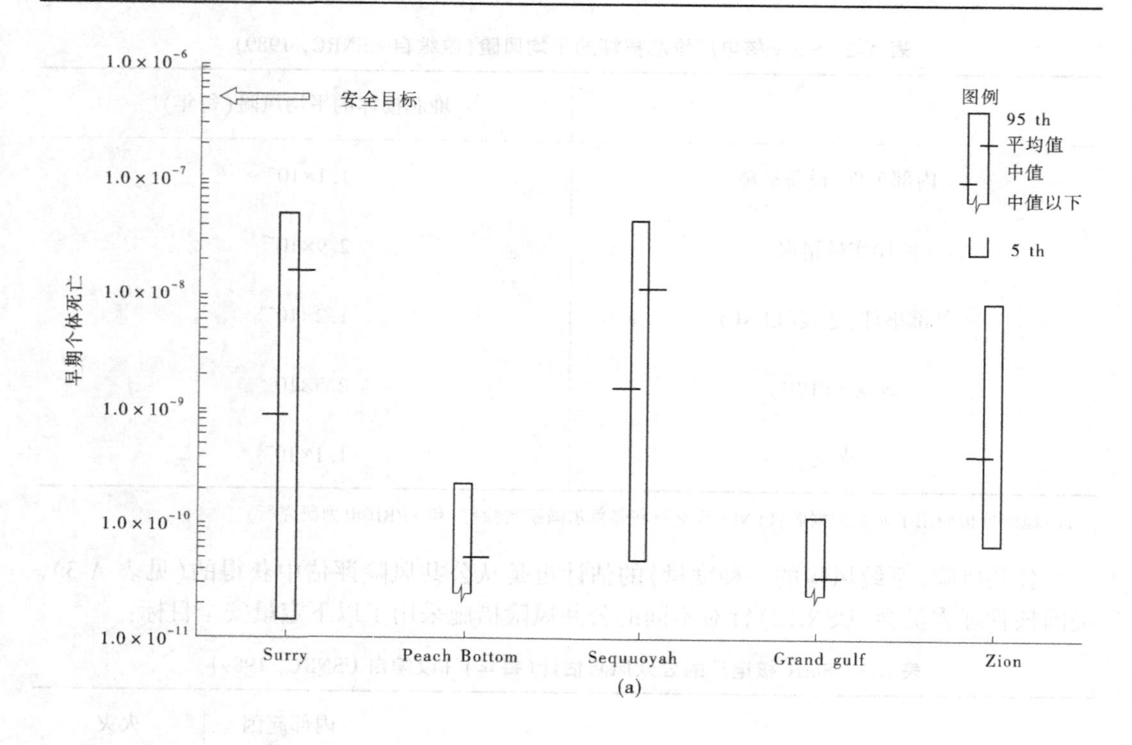

(a)

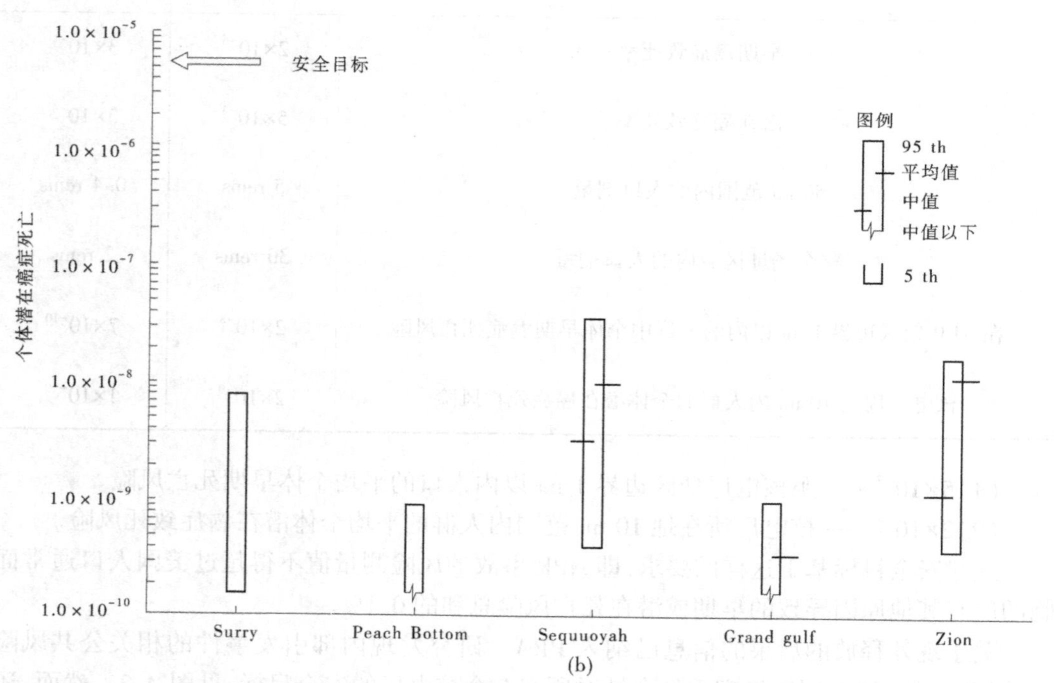

(b)

图 A-3　核电站个体早期和潜在癌症死亡风险对比——内部因素(源自 USNRC,1989)

A.3 化学储存设施

Boykin 等(1984)进行了一项风险评估,比较了对大型化学加工工厂的化学储存设施进行改进的相关风险。现有的化学储存设施已经运行了 30 年;在此期间,化学品没有大量释放。然而,大量化学品的存储是工业和公众的主要关注点。化学品储存系统包括三个储罐、一个循环和冷却系统,以及一个大气排放系统(见图 A-4)。这项研究考虑了升级系统的两种选择:

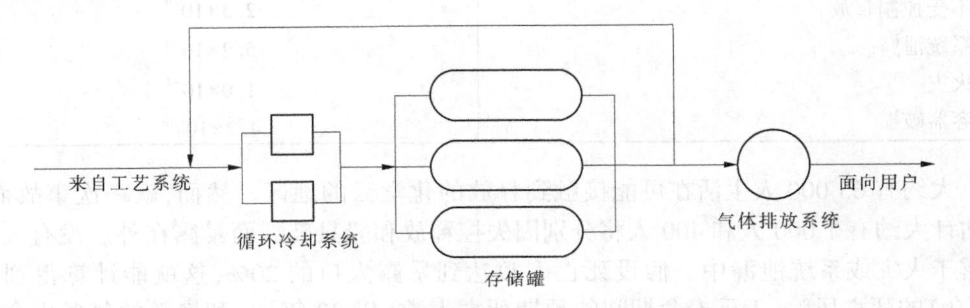

图 A-4 化学储存系统示意图(改编自 Boykin 等,1984)

(1)拟议系统 1:用封闭系统安全通风系统代替大气通风系统(费用为 1 200 万美元)。

(2)拟议系统 2:除了额外的安全设备(成本为 1 700 万美元),与拟议系统 1 相同。

两个提议的系统还包括冷却系统和通风系统的升级。

在本研究中,系统故障被认为是由于储存区释放有毒化学物质而导致的不可接受的死亡风险水平(对公众而言)。故障树用于描述可能导致系统故障的事件序列(超过 40 页的逻辑图);总共确定了 140 起事故事件。设备故障率的量化是从系统可靠性服务数据库和工厂维护记录中获得的。事件树随后被用来表示安全系统(例如,火炬塔、洪水)和操作员干预控制任何化学物质释放的影响。使用"成对比较"专家意见程序估计操作员错误率。通过对故障树和事件树的系统分析,可以计算出储存区域每年释放有毒物质的概率,见表 A-4。

表 A-4 每年有毒物质释放的概率总结(改编自 Boykin 等,1984)

事件	年度概率
现有系统:	
不受控制释放	3.6×10^{-4}
系统泄露	5.2×10^{-2}
火灾	1.0×10^{-4}
容器破损	3.6×10^{-8}

续表 A-4

事件	年度概率
拟议系统 1:	
不受控制释放	1.2×10^{-7}
系统泄露	5.2×10^{-2}
火灾	1.0×10^{-4}
容器破损	1.2×10^{-11}
拟议系统 2:	
不受控制释放	2.3×10^{-9}
系统泄露	5.2×10^{-2}
火灾	1.0×10^{-4}
容器破损	4.2×10^{-10}

大约有 65 000 人生活在可能接触到释放的化学云的地区。然而,就一次事故而言,据估计大约有 1 000 人和 400 人将分别因失控释放和船只破裂而暴露在外。没有人群会暴露于火灾或系统泄漏中。假设死亡人数达到暴露人口的 20%,这就能计算得到每年(公众)的死亡风险、工厂寿命期间的预期死亡人数(以 30 年计)和挽救的每条生命的成本。结果见表 A-5。

表 A-5　化学品储存设施的风险、成本比较(改编自 Boykin 等,1984)

系统	年死亡风险①	工厂寿命期的预期死亡率	成本(百万美元)	成本/挽救的生命
现有	1.1×10^{-6}	2.2	0	—
拟议 1	3.6×10^{-10}	0.000 7	12	5.5 百万美元
拟议 2	6.9×10^{-12}	0.000 01	17	7.7 百万美元

注:①年死亡风险=概率×后果(暴露的致死率 20%)/危险人群(65 000)。

然而,一项额外的分析显示,安装额外安全系统的过程可能比没有建议的安全系统的化学释放带来更大的风险,见表 A-6。风险增加了,因为即使是少量的化学物质释放(没有场外后果)也会直接伤害建筑工人。另外,研究表明直接比较建筑工人的自愿风险和公众的非自愿风险可能是不合理的。

表 A-6　建设风险比较(改编自 Boykin 等, 1984)

事件	年预期死亡率
释放:	
拟议 1	2.4×10^{-5}
拟议 2	4.6×10^{-7}
安全体系建设 (每人年)	5.0×10^{-4}

使用本书提出的基于风险的方法作为决策基础,管理层可得出以下结论:

(1)由于公众与工厂的距离太近(以及由此引起的公众责任风险的担忧),当前系统中意外泄露的风险是不可接受的。

(2)拟议系统意外泄露的可能性非常小。然而,风险对建筑工人的影响往往会否定对社会风险的低估计。

(3)减少意外泄露的后果可能更具"成本效益"。这可以通过构建一个新的进料系统来实现,该系统不需要化学物质储存系统。显然,可供释放的化学物质的数量将会减少到以至于认为不可能发生场外泄露的程度。新提案的实施成本可能比其他任何一个提案都低得多。

值得注意的是,在研究开始时没有考虑最终的替代方案,因为"问题定义不明确,给分析人员的替代方案范围有限"(Boykin 等,1984)。

A.4 航天飞机轨道飞行器的热保护系统

Paté-Cornell 和 Fischbeck(1990)对航天飞机轨道飞行器上使用的热防护系统(TPS)进行了风险评估。热防护系统由大约 20 000 块黑色瓷片组成,在重返大气层时,这些瓷片可以保护轨道飞行器的底部免受高达 2 300 ℃的高温影响。该研究开发了一个风险分析模型(本质上是 HRA 模型,因为 TPS 性能主要受人为因素影响),以评估因瓷片故障(一个或多个瓷片的损失)而导致交通工具损失(LOV)的概率。假设瓷片故障是由于:

(1)碎片损坏。主要来自起飞时的外部油箱和固体火箭助推器(由于安装/维护不当的隔热层),以及空间碎片。

(2)由碎片损坏以外的因素引起的剥离,瓷片系统的薄弱环节(由于瓷片放置/维护不当或反复暴露于荷载循环中)。

(3)再次加热。再次温度可能超过瓷片的容量(由于导航系统故障而烧穿)并可能对航天飞机的系统造成损坏。

图 A-5 所示的事件树表明了瓷片故障和交通工具损失之间的关系。风险分析中使用的典型事件概率如表 A-6 所示。这些事件概率是从以下组合中获得的:①从官方或个人记录中获得的事件发生频率;②主观评估。例如,在维护过程中发现 12 块黑色瓷片没有

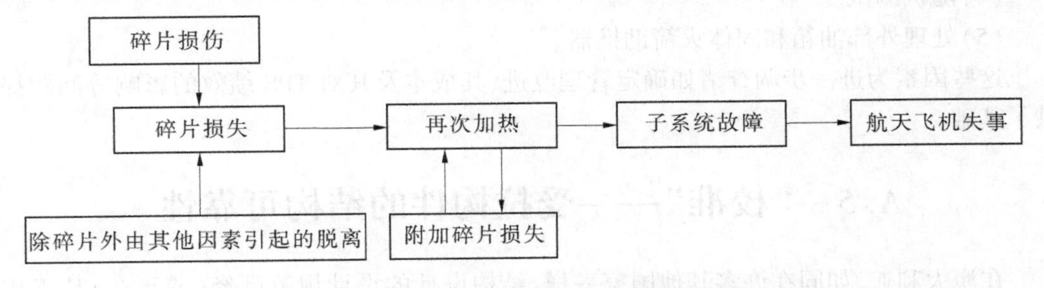

图 A-5 事件树(导致飞行器损失的防热系统故障)示意图

(源自 Paté-Cornell 和 Fischbeck,1990)

黏结(除了缝隙填充物外);这来自于不同时间安装在所有轨道飞行器上的总共130 000块黑色瓷片。然后假设存在相同数量的未黏结瓷片,并且这些瓷片尚未被检测到(它们没有显示出明显的弱化迹象,因此尚未被替换)。肯尼迪航天中心(Kennedy Space Centre)的一名专家随后估计,每一次飞行中,丢失这种未黏结瓷片的概率约为10^{-2}。因此,每一次飞行都有可能因瓷片放置不当而丢失一块瓷片(见表A-7)。风险分析还考虑了瓷片位置及其损失对交通工具损失概率的影响;这被称为"风险临界状态"(见图A-6)。

表A-7　航天飞机轨道器热防护系统的典型事件概率(改编自Paté-Cornell和Fischbeck,1990)

事件	P_r(事件)/飞行
单一瓷片丢失	
—碎片	1.0×10^{-7}
—瓷片位置/维护不足	9.0×10^{-7}
—反复用于负载周期	2.0×10^{-7}
单一瓷片丢失造成的烧穿	0.1

风险分析发现,交通工具损失的平均概率(由于TPS故障)为每次飞行1.2×10^{-3}。美国国家航空航天局(NASA)估计交通工具损失的总概率(各种原因)约为每次飞行1×10^{-2};因此,大约10%的交通工具损失总体概率是由于TPS故障(不是无关紧要的比例)。图A-7显示14%的瓷片占80%的风险;正是这些瓷片是非常关键的。此外,据观察最"危险且关键"的瓷片不一定位于轨道飞行器表面最热的区域。

从上面可以清楚地看出,很大一部分风险可以通过以下方式降低:①改进对最"风险关键"瓦片的检查(更有效地利用资源);②将人为错误与组织因素联系起来。出于这些原因,Paté-Cornell和Fischbeck(1990)认为以下组织(或管理)因素对TPS表现有重要影响:

(1)时间压力(瓷片维护和更换往往是下一次发射的关键)。

(2)承包商之间的责任问题和冲突。

(3)瓷片工人的地位低下——导致有经验员工的高更替率。

(4)随机测试。

(5)处理外部油箱和固体火箭助推器。

这些因素为进一步调查诸如确定管理改进、其成本及其对TPS绩效的影响等问题提供了基础。

A.5　"校准"——受拉构件的结构可靠性

在澳大利亚,如同在许多其他国家一样,结构设计的设计规范已经(或正在)从工作应力设计(WSD)格式转换为极限状态设计[LSD或"荷载和阻力系数设计"(LRFD)]格式。对于钢结构设计,相关规范分别为AS1250(1981)和AS4100(1990)。WSD格式根据

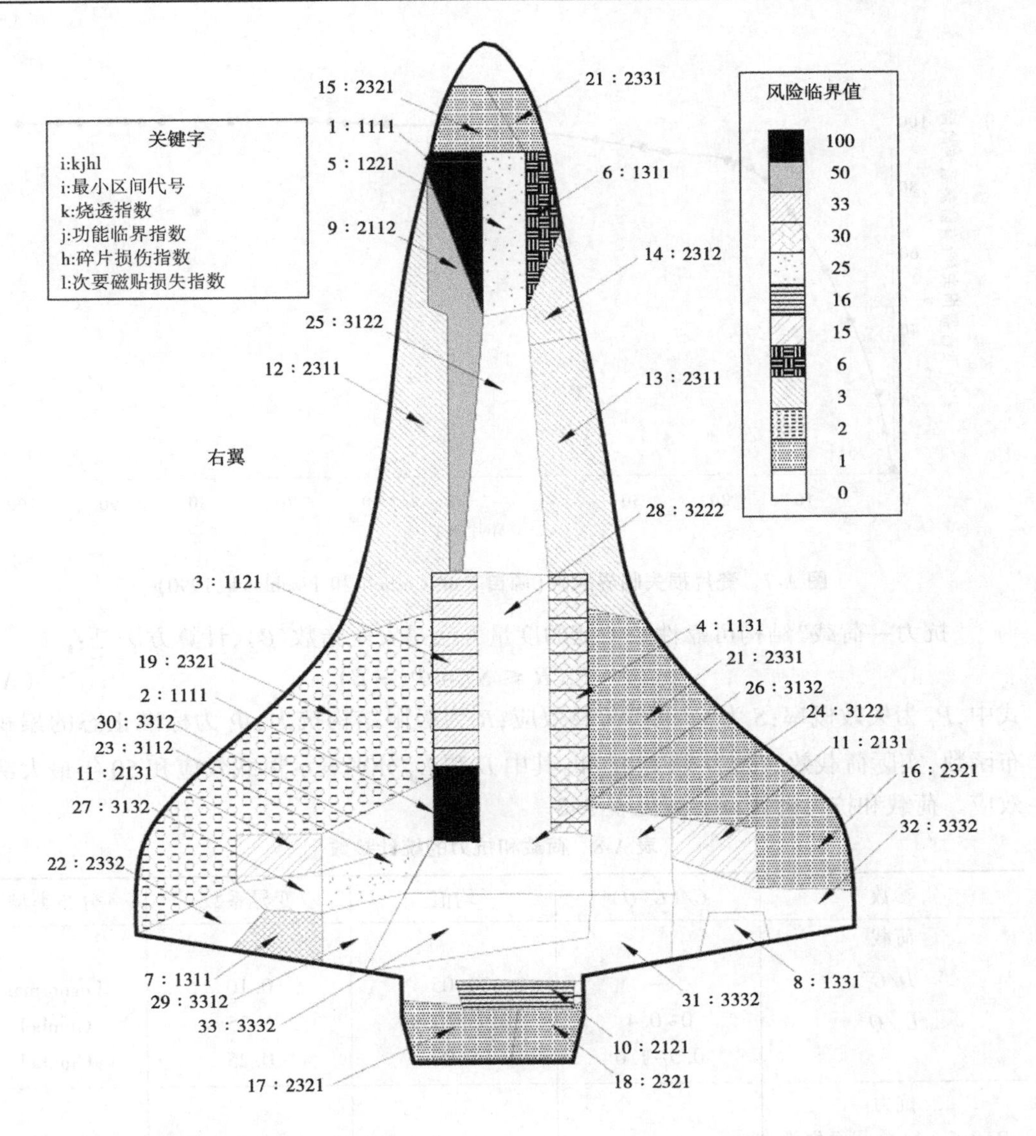

图 A-6　宇宙飞船表面的 33 个分区(改编自 Paté-Cornell 和 Fischbeck,1990)

安全系数[例如,最大载荷除以最小阻力(通常为 1.66)]来衡量安全性。然而,LSD 格式使用概率“校准”方法,使得设计的构件具有相似的失效概率。

LSD 规范规定的一个典型设计公式是:

$$\varphi R^{*} = \gamma_{G} G + \gamma_{Q} Q \tag{A-1}$$

式中,R^{*} 为构件的设计能力(如弯曲或拉伸等);G 和 Q 分别为设计恒载和活载效应(从 AS 1170.1—1989 获得);γ_{G} 和 γ_{Q} 分别为恒载系数和活载系数;φ 为承载力折减系数。对于 γ_{G}、γ_{Q} 和 φ 的不同值,可以对构件的结构可靠性进行估计。这允许在一系列构件尺寸和任务以及一系列恒载和活载下评估结构可靠性的一致性。

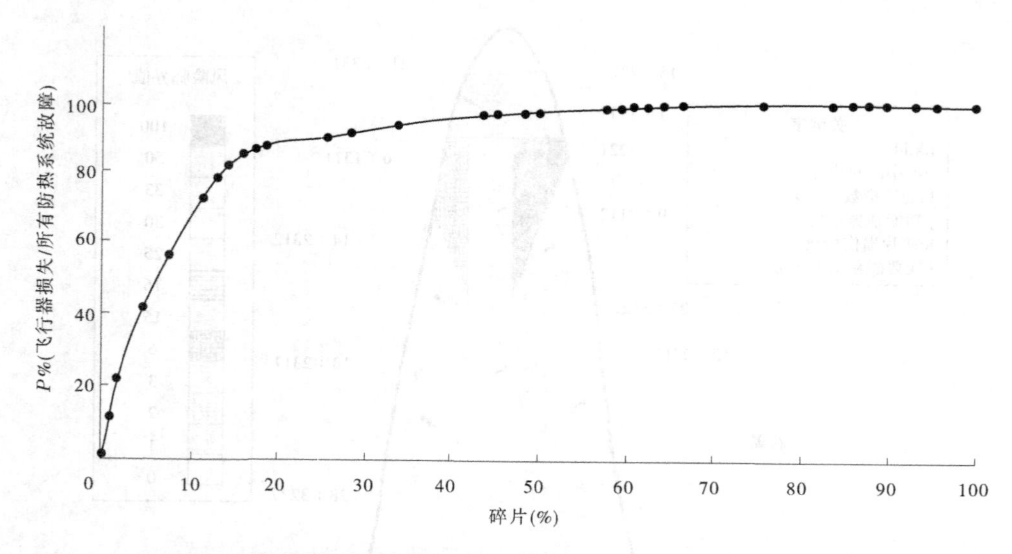

图 A-7　瓷片损失临界风险(源自 Paté-Cornell **和** Fischbeck,1990)

"抗力—荷载"结构可靠性较便捷的度量方法是安全指数(β),计算方法是:

$$P_f = P_r(R \leqslant S) = \Phi(-\beta) \tag{A-2}$$

式中,P_f 为失效概率;S 为"实际"荷载效应;R 为极限结构抗力;Φ 为标准正态的累积分布函数,实际荷载效应是 $\overline{D}$ 和 $\overline{L}_p$ 的和,其中 $\overline{D}$ 和 $\overline{L}_p$ 分别表示恒载效应和 50 年最大活载效应。荷载和抗力的统计参数见表 A-8。

表 A-8　荷载和抗力的统计参数

参数	$G/(G+Q)$	均值	变异系数	分布类型
荷载				
$\overline{D}/G$	—	1.05	0.10	Lognormal
$\overline{L}_p/Q$	0~0.4	0.71~0.90	0.25	Gumbel
	0.5~1.0	0.96	0.25	Gumbel
抗力				
$R/R*$ (1)总截面失效	—	1.17	0.09	Lognormal
(2)净断裂	—	1.16	0.08	Lognormal

注:表中数据源自 Pham(1987)。

Pham (1987)给出了根据 AS1250 和 AS4100 设计的受拉构件的计算安全指数(β),以确定 γ_G、γ_Q 和 φ 的最适值。两种规范都要求考虑两种可能的故障模式:

(1)总截面屈服。

(2)连接处截面的净断裂。

从 WSD 和 LSD 规范的校准过程中获得的安全指数如图 A-8 所示,$\gamma_G=1.25$,$\gamma_Q=1.5$,$\varphi=0.9$。注意,对于大多数钢结构,恒载与活载比通常为 0.2~0.6。从图 A-8 中可以看出,安全指数都超过了目标安全指数 3.0,通常认为这种情况适用于恒载和活载

(Ellingwood 等,1980)。图 A-8 还显示了 WSD 规定的安全指标有相当大的分散性。然而,LSD 规定的分散性较低,这意味着这些规定产生了更一致的失效概率。这表明图 A-8 使用的设计因子适用于所有类型的受拉构件(Pham,1987)。

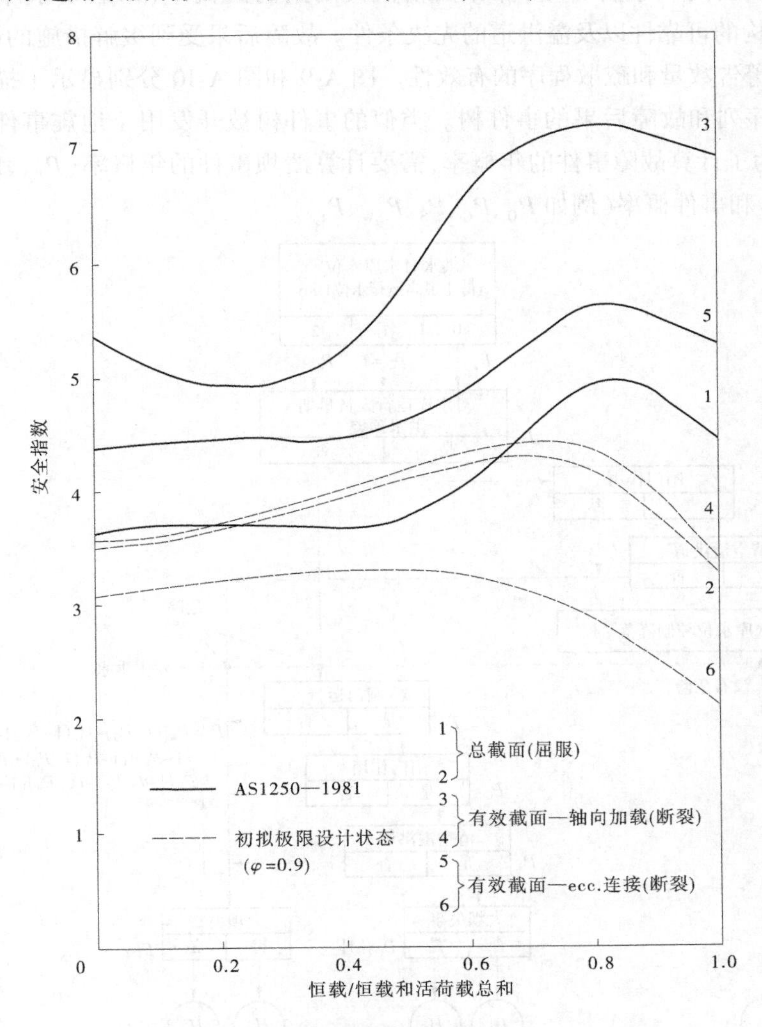

图 A-8 受拉构件安全指数(源自 Pham,1987)

A.6 重力坝

对于重力坝,可能的故障情况包括老化、持续漫坝(由每年过量洪水引起)、瞬时漫坝、地基不稳定和地震。最重要的故障情况通常是持续性漫坝和地震,其他的失效情景在风险分析中往往忽略不计。系统故障可以定义为水突然释放的后果。例如,持续的漫坝可能会冲刷大坝未受保护的地基,从而导致大坝决堤,进而造成大坝损失且会给下游人口带来灾害。

通常,可以开发每种故障模式所代表的故障事件和故障后果的事件树。在 Bury 和 Kreuzer(1986)所描述的风险分析中,故障事件的影响因素有:洪水发生时的水库水位,向大坝操作员发出的洪水警告量,操作员错误关闭闸门的概率(未启动水库下降控制水位),闸门机构的可靠性以及溢洪道的先决条件。故障后果受到缓解措施的影响,例如对下游人群的警告数量和疏散程序的有效性。图 A-9 和图 A-10 分别显示了描述持续漫坝的故障事件序列和故障后果的事件树。类似的事件树被开发用于地震事件。图 A-9 和 A-10 表明,为了计算故障事件的年概率,需要计算溃坝事件的年概率($P_{1.1}$、$P'_{1.1}$为基于溢洪道的功能)和事件概率(例如 P_O、P_G、P_S、P_{EW}、P_{EE})。

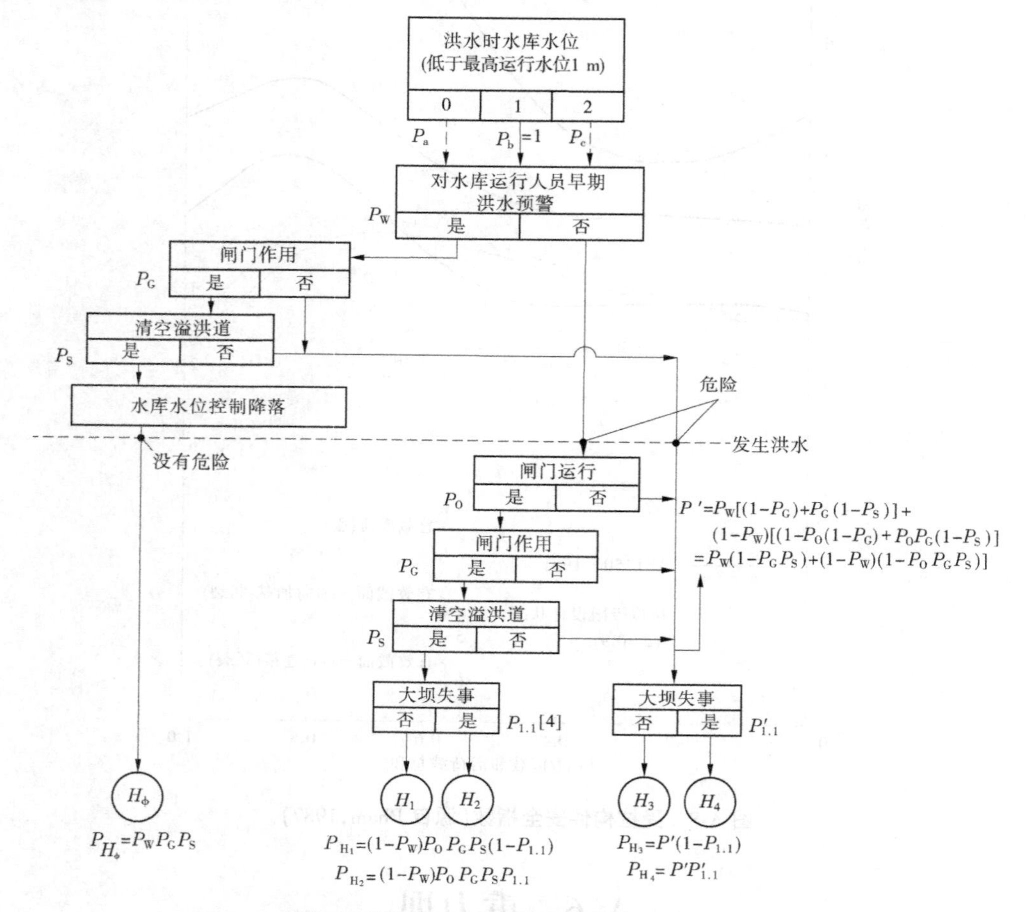

图 A-9　故障事件树——持续漫顶的原因(源自 Kreuzer,1986)

大坝每年的溃坝概率用"荷载—抗力"方法来计算,以表示大坝的抗滑能力(在地基上)、洪水和地震荷载,见表 A-9。这些模型是从洪水和地震频率事件数据以及对过去经验的主观评估中得出的。事件概率主要来自主观估计。表 A-10 给出了大坝溃坝年概率和事件概率的一些典型估计值(Bury 和 Kreuzer,1985)。

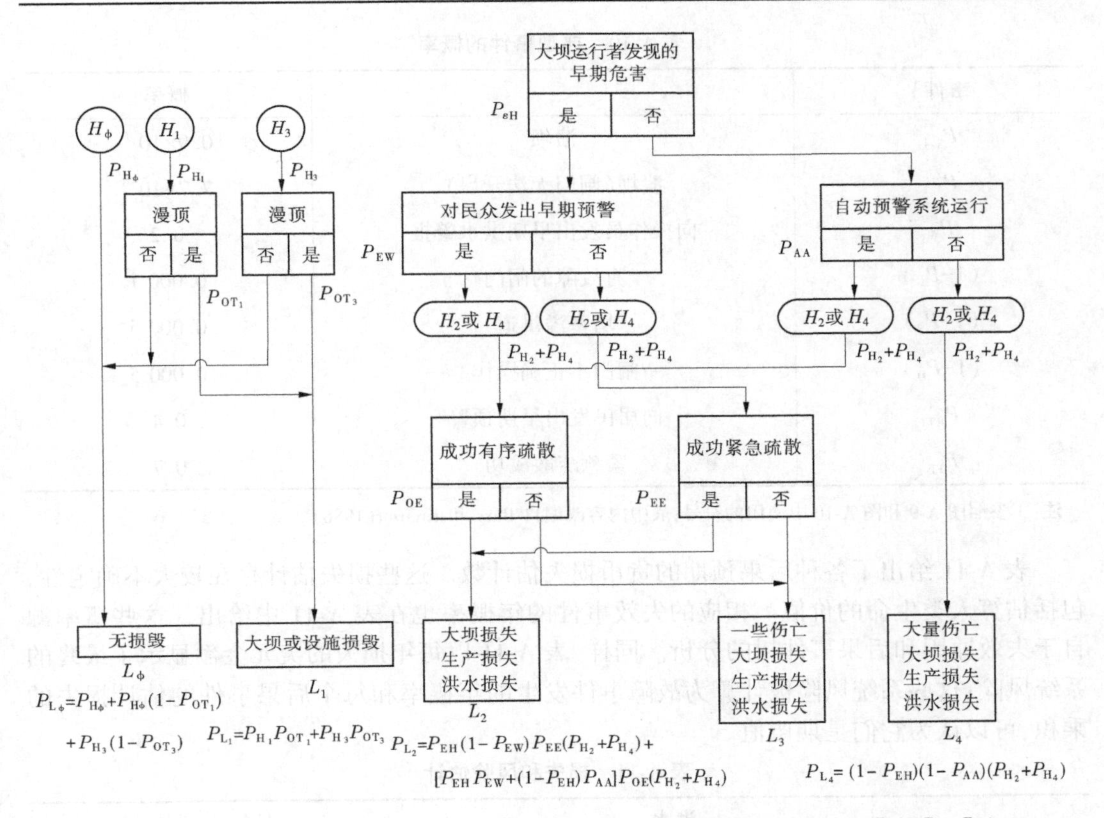

图 A-10 结果事件树——持续漫顶的故障(源自 Kreuzer,1986)

表 A-9 与典型输入参数相关的不确定性

参数	参数值	变异系数
大坝抗洪:		
μ_R	3 406 (t/m)	0.05
σ_R	329	0.05
大坝抗震:		
μ_R	4 017 (t/m)	0.05
σ_R	394	0.05
洪水荷载:		
μ_L	1 862 (t/m)	0.08
σ_L	14.6	0.16
地震荷载:		
μ_L	1 965 (t/m)	0.05
σ_L	139	0.45

注:本表数据源自 Bury 和 Kreuzer(1985,1986)。

表 A-10　典型事件的概率

事件[①]		概率
$P_{1.1}$	溃坝	0.9×10^{-6}
$P'_{1.1}$	溃坝(闸门无法开启)	7.7×10^{-6}
P_W	向操作员发出早期洪水警报	0.2
$(1-P_G)$	有故障的闸门	0.000 1
$(1-P_S)$	堵塞溢洪道	0.000 5
$(1-P_O)$	闸门不正确操作	0.000 5
P_{EW}	向居民发出早期预警	0.4
P_{EE}	紧急疏散成功	0.7

注:①参照图 A-9 和图 A-10 中使用的符号;表中内容改编自 Bury 和 Kreuzer(1986)。

表 A-11 给出了各种后果预期的货币损失估计数。这些损失估计存在较大不确定性,包括估算人类生命的价值。相应的失效事件的年概率也在表 A-11 中给出。这些概率源自于失效原因和后果事件树的分析。同样,表 A-11 以每年损失的美元金额显示了最终的系统风险;这些系统风险被计算为故障事件发生的年概率和每个后果事件的估计损失的乘积,可以认为它们是期望值。

表 A-11　损失和风险估计

后果	洪水				地震			
	工况	年概率	损失($/10^6$)	风险 a($/年)	工况	年概率	损失($/10^6$)	风险[①]($/年)
大坝/设施损坏	L1	7.8×10^{-6}	5	40	L6	1.1×10^{-3}	5	5 500
大坝/生产的损失	—	—	—	—	L7	3.4×10^{-6}	300	1 000
…+洪水灾害	L2	5×10^{-7}	350	180	L8	4.5×10^{-6}	400	1 800
…+少量死亡率	L3	2×10^{-7}	550	110	—	—	—	—
…+大量死亡率	L4	0	750	0	L9	3.4×10^{-6}	800	2 700
合计				330				11 000

注:①参考预期价值或系统风险。

表中数据改编自 Bury 和 Kreuzer(1986)。

系统风险的比较表明,地震是主要的风险来源。然而,尚不明确这一风险是否足够高,以至于需要采取风险缓解措施(例如,补救工程、疏散程序的改进等)。

Bury 和 Kreuzer(1986)还通过假设溃坝概率和事件概率均为正态分布随机变量来研究参数不确定性的影响。采用 Monte-Carlo 模拟法进行的不确定性分析发现,大坝溃坝年概率的 75%置信上限($P_{1.1}$、$P'_{1.1}$)比相应的平均值大一个数量级。该信息和事件概率的不确定性包含在用于计算风险估计的分析中。因此,可以获得风险分析结果中的不确定性度量(变异系数)。例如,总地震风险($ 11 000/年)的变异系数约为2.8;这表示结果存在相当大的不确定性(注意,这不包括估算货币损失中的不确定性)。看来,大部分变化是由于溃坝年概率计算中的不确定性造成的。事件概率的不确定性对这种变化几乎没有影响。

最后,Bury 和 Kreuzer(1986)得出结论,"尽管存在固有不确定性,但风险评估对于比较几个大坝,或大坝改造,或大坝设计的成本/效益比是有价值的,前提是所有备选方案的分析是一致的。成本/效益的绝对值似乎不太可信,特别是考虑到残余风险(模型不充分、遗漏、重大错误)仍然存在,而且难以量化。"

参考文献

[1] AS1170. 1 (1989), Minimum Design Loads on Structures: Part1-Dead and Live Loads and Load Combinations, Standards Association of Australia, Sydney.

[2] AS1250 (1981), Steel Structures Code, Standards Association of Australia, Sydney.

[3] AS4100 (1990), Steel Structures Code, Standards Association of Australia, Sydney.

[4] Boykin, R. F., Freeman, R. A. and Levary, R. R. (1984), Risk Assessment in a Chemical Storage Facility, Management Science, Vol. 30, No. 4, pp. 512-517.

[5] Bury, K. V. and Kreuzer, H. (1985), Assessing the Failure Probability of Gravity Dams, Water Power and Dam Construction, Vol. 37, No. 11, pp. 46-50.

[6] Bury, K. V. and Kreuzer, H. (1986), The Assessment of Risk for a Gravity Dams, Water Power and Dam Construction, Vol. 38, No. 12, pp. 36-40.

[7] Ellingwood, B., Galambos, T. V., MacGregor, J. G. and Cornell, C. A. (1980), Development of a Probability Based Load Criterion for American National Standard A58, National Bureau of Standards Special Publication 577, U. S. Government Printing Office, Washington, D. C.

[8] Melchers, R. E. (1987), Structural Reliability: Analysis and Prediction, Ellis Horwood, Chichester, England.

[9] Okrent, D. (1987), Safety Goals, Uncertainties, and Defense in Depth, in Risk Analysis and Management of Natural and Man-Made Hazards, Y. Y. Haimes and E. Z. Stakhiv(Eds.), pp. 268-282.

[10] Paté-Cornell, M. E. and Fischbeck, P. S. (1990), Safety of the Thermal Protection System of the Space Shuttle Orbiter: Quantitative Analysis and Organizational Factors - Phase 1: Risk-Based Priority Scale and Preliminary Observations, Report to the National Aeronautics and Space Administration.

[11] Pham, L. (1987), Safety Index Analyses of Tension Members, Civil Engineering Transactions, Vol. CE29, No. 2, pp. 128-130.

[12] SYSTEMS RELIABILITY SERVICE, Data Products Group, United Kingdom Atomic Energy Authority, Warrington, England.

[13] USNRC(1989), Severe Accident Risks: An Assessment for Five Nuclear Power Plants, NUREG-1150, US Nuclear Regulatory Commission, Washington, D. C.